UNDER WESTERN SKIES

NATURE AND HISTORY IN THE AMERICAN WEST

Donald Worster

生态与人译丛

顾　问：唐纳德·沃斯特

主　编：夏明方　梅雪芹

编　委（按汉语拼音音序排列）：

包茂红　钞晓鸿　邓海伦　高国荣　侯　深

克里斯多夫·毛赫　王建革　王利华

生态与人译丛

在西部的天空下

美国西部的自然与历史

〔美〕唐纳德·沃斯特 著

青山 译

商务印书馆
创于1897　The Commercial Press

2017年·北京

Donald Worster

UNDER WESTERN SKIES

NATURE AND HISTORY IN THE AMERICAN WEST

Copyright ©1992 by Donald Worster

All rights reserved

（中文版经作者授权，根据牛津大学出版社 1992 年平装本译出）

丛书总序

生态与人类历史

收入本丛书的各种译著是从生态角度考察人类历史的基础性的、极富影响力的、里程碑式的著作。同历史学家们惯常所做的一样，这些作品深入探讨政治与社会、文化、经济的基础，与此同时，它们更加关注充满变数的自然力量如何在各种社会留下它们的印记，社会又是如何使用与掌控自然环境等问题。

这些著作揭示了自然资源的充裕与匮乏对工作、生产、革新与财富产生了怎样的影响，以及从古老王朝到今天的主权国家的公共政策又是如何在围绕这些资源所进行的合作与冲突中生成；它们探讨了人类社会如何尝试管理或者回应自然界——无论是森林还是江河，无论是气候还是病菌——的强大力量，这些尝试的成败又产生了怎样的结果；它们讲述了人类如何改变对环境的理解与观念，如何深入了解关于某一具体地方的知识，以及人类的社会价值与冲突又是如何在从地区到全球的各个层面影响生态系统的新故事。

1866 年，即达尔文的《物种起源》出版七年之后，德国科学家恩斯特·赫克尔创造了生态学（Ecology）一词。他将该词定义为对"自然的经济体系——

即对动物同其无机与有机环境的整体关系所做的科学探察。一言以蔽之，生态学即是对达尔文所指的作为生存竞争条件的复杂内在联系的研究。"以"动物"代之以"社会"，赫克尔的这段文字恰可为本丛书提供一个适用的中心。

在本丛书中，并非所有的著作都旗帜鲜明地使用"生态"一词，或直接从达尔文、赫克尔、抑或现代科学以及生态学那里获取灵感。很多著作的"生态性"表现在更为宽泛的层面，从严格的意义来说，它们或许不是对当前科学范式的运用，更多的是阐明人类在自然世界中所扮演的角色。"生存竞争"适用于所有的时代与国家的人类历史。我们假定，在人类与非人类之间并不存在泾渭分明的界限；与任何其他物种的历史一样，人类的历史同样是在学习如何在森林、草原、河谷，或者最为综合地说，在这个行星上生存的故事。寻觅食物是这一历史的关键所在。与此同样重要的，则是促使人类传递基因，获取自然资源以期延续文明，以及对我们所造成的这片土地的变化进行适应的驱动力。但就人类而言，生存竞争从未止于物质生存——即食求果腹，片瓦遮头的斗争，它也是一种力图在自然世界中理解与创造价值的竞争，一种其他任何物种都无法为之的活动。

生态史要求我们在研究人类社会发展时，对自然进行认真的思考，因此，它要求我们理解自然的运行及其对人类生活的冲击。关于"自然的经济体系"的知识大多来自自然科学，特别是生态学，也包括地质学、海洋学、气候学以及其他学科。我们都明白，科学无法为我们提供纯而又纯、毫无瑕疵的"真理"，如同那些万无一失、洞察秋毫的圣人们所书写的"圣语"。相反，科学研究基于一种较少权威主义的目的，是一项尽我们所能地去探索、理解、进行永无终结、且总是倾向于修正的工作。本丛书的各位学者普遍认为科学是人类历史研究中不断变化的向导与伴侣。

　　毋庸置疑，我们也可以从非科学的源头那里了解自然，例如，农夫在日间劳作中获取的经验，或者是画家对于艺术的追求。然而现代社会已然明智地决定它们了解自然的最可信赖的途径是缜密的科学考察，人类经历了漫长的时间始获得这一认知，而我们历史学家则必须与科学家共同守护这一成就，使其免遭诸如宗教、意识形态、解构主义或者蒙昧主义中的反科学力量的非难。

　　这些著作中所研究的自然可能曾因人类的意志或无知而改变，然而在某种程度上，自然总是一种我们无法忽视的自主的力量。这便是这些著作所蕴涵的内在联系。我们期待包括历史学家在内的各个不同领域的学者及读者阅读这些著作，从而发展出探讨历史的全新视野，而这一视野，正在迅速地成为指引我们走过二十一世纪的必要航标。

唐纳德·沃斯特 文

侯深 译

译 者 序

唐纳德·沃斯特（Donald Worster）是美国当代著名环境史学家、战后美国"新史学"，尤其是环境史学的代表人物。与新史学其他成员一样，沃斯特的著作展示了更为广阔的史学观，更为有力的批判意识，以及更为强烈的社会责任感。作者在著作中所表现出的多元文化意识和环境意识代表了战后美国学术思想的精华。在这个意义上，也正因为如此，沃斯特堪称当代美国甚至西方史学家中的佼佼者之一。

沃斯特尤其擅长于思想观念的分析与批判，善于将政治经济史、环境史与观念史融为一体，他的作品视野广阔、立论宏远，又精于考证、笔锋犀利，在美国和国际上产生了一定影响。沃斯特著作颇丰，其中《尘暴》（1979）、《自然的经济体系：生态思想史》（1994）已有汉译本出版，其他著作有《帝国河流：水、干旱与美国西部的增长》（*Rivers of Empire*：*Water, Aridity, and the Growth of the American West*, 1985）、《在西部的天空下：美国西部的自然与历史》（*Under Western Skies*：*Nature and History in the American West*, 1992）、《不安定的土地：变化中的美国西部景观》（*An Unsettled Country*：*Changing Landscapes of the American West*, 1994）、《大河西去：约翰·韦斯利·鲍威尔传》（*A River Running West*：*The Life of John Wesley*

Powell，2001）、《热爱自然：约翰·缪尔传》（*A Passion for Nature*：*Life of John Muir*，2008）等。这些著作有的涉及环境思想，有的探讨具体环境问题，有的属人物传记，可以说内容广泛、风格多样、文史哲兼备。这在"专家"辈出、学科划分愈来愈细的今天是十分难得的。

《在西部的天空下》属区域专题史，汇集了作者有关美国西部环境史的多篇论文和学术讲演，可以说凝聚了作者多年的研究成果，也是作者将学术成果和对环境问题的思考传达给公众的尝试，代表了作者的思想和风格。

书的前两章是美国西部史的通览。第一章介绍了西部史的发展过程及新西部史的基本特点。美国西部史是在边疆史的基础上发展起来的。边疆史也称西进运动史，边疆扩张过程一直持续到十九世纪末，是美国史的主题之一。边疆史研究始于特纳。特纳认为，边疆在美国历史上占有决定性地位，边疆造就了美国民主，使得美国有别于欧洲。特纳之后，尤其是二战之后，边疆史逐渐被西部史取代，西部指西经 100 度以西的干旱区，有明确的界限。战后西部史强调西部人口与经济的增长以及西部与美国其他地区的一体化。这两种史学——边疆说与经济增长论——代表了美国文化中的孤立主义与帝国主义倾向。孤立主义也称花园理想，帝国主义则与征服同义。两种史学侧重点不同，却都是为美国白人文化唱赞歌，带有神话和西方优越论色彩。这两种史学的最大缺陷就是忽视了其他文化的价值和美国领土扩张的阴暗面，尤其是忽视了土著人和有色人种的遭遇以及西部开发的社会和环境代价。这种史学在二十世纪七十年代受到挑战。新一代史学家"用一种坦诚而严肃的态度来审视美国移民从原住居民手中掠夺西部的暴力和侵略过程，以及新移民是如何不顾少数民族、妇女及自然界的反对维护这种侵略行径的"（译者序中引文均出自《在西部的天空下》）。新史学以批判性和社会责任感为特征，角度新颖，论证充实，是对正统史学的一种全面修正。

第二章主要介绍新西部史的研究方法。作者既反对狭隘的区域主义、孤立主义，又反对抽象的进步、增长。他强调多样性与统一性的平衡，试图将区域特色与一体化结合起来，全面公正地看待历史，发现问题，迎接挑战。作者不忘将西部史放在西方文明乃至世界上不同文化的背景下来考察，同时又指出，西部史的核心应该是人与西部环境的关系。作者提出了西部特有的两种生态模式，一种是以牛仔为象征的畜牧业，另一种是水利业，认为这二者是理解西部的关键，也是探讨西部史的普遍意义的关键。

第三章涉及西部畜牧业的发展和经验教训。作者将美国西部畜牧业与世界其他地区的畜牧业传统做了比较，指出十九世纪后期发展起来的西部畜牧业的特点是资本主义市场经济。作者详细讨论了西部畜牧业对环境的影响，包括畜牧业对野生动物的毁灭性影响以及对植被的破坏。作者还讨论了土地所有制与环境保护之间的关系，指出政府一贯屈从于私有财产和市场，公有土地上的牧场管理软弱无能，而私人牧场的状况也在恶化。西部畜牧业的危机——包括草原植被的退化——粉碎了牛仔神话，也是对美国式资本主义畜牧业的否定。

第四章和第五章讨论西部的水利业。作者将魏特夫（Karl Wittfogel）有关水利业与东方专制的理论应用到美国西部，认为水利业对西部影响巨大。与古代东方水利业一样，美国西部水利业同样产生了集权，而且有过之无不及。美国西部水利业的动力包括西部人口与城市的高速发展、西部农场主对规模与利润的追求，以及联邦政府（垦务局）的野心。水利业的发展代表了少数权贵和技术精英的利益，违背了民主原则，所产生的权力集中以及环境灾难均超过了古代。大型水利工程破坏了河流环境，灌溉农业污染了水资源，建立在水利工程之上的西部越来越难以维持。

　　第六章讨论西部文化中的一对突出矛盾：自由与匮乏。西部土地辽阔、人烟稀少，是自由的象征。但西部气候干旱，自然条件恶劣。为了改善生活条件、增加财富，西部大兴土木，发展水利工程，在沙漠中建造现代大都市，结果破坏了环境，也导致权力集中。严酷的干旱环境是个人自由的保证，对富裕的追求却产生了对权力与技术的依赖，西部人在这二者之间无所适从，陷入不能自拔的矛盾。

　　第七章涉及大平原农业的发展，重点是二十世纪三十年代的沙尘暴。作者指出，三十年代的沙尘暴是美国乃至世界历史上最严重的生态灾难之一。沙尘暴的主要原因是开垦草原、发展大规模现代农业。"大翻垦"的动力是资本主义企业家文化，这种文化视土地为商品和赚钱的工具，"将追求个人财富作为一种社会美德"，鼓励冒险精神，无视社会责任，把危机转嫁给了整个环境和社会。

　　第八章与第九章是书中最长的两章，带有叙述史的特点。第八章的主题是南达科他州的黑山。作者以黑山地区的土著人向美国政府索要黑山的过程为例，讲述了西部种族冲突与环境保护之间错综复杂的关系。白人十九世纪后期从土著人手中非法夺取了黑山，他们在黑山淘金、定居、从事各种开发活动，而土著社会却一步步陷入贫困和绝望之中。拉科塔人希望重建家园，振兴自己的文化，但他们索要黑山的要求却屡遭拒绝。这段历史揭露了美国白人文化在法律、环境、宗教伦理各方面的不公正。

　　第九章是阿拉斯加的石油开发史。作者将阿拉斯加土著人的能源利用模式与白人的化石燃料经济做比较，展示了现代经济的不负责任和破坏性。"能源是人类物质生活的核心，每一个社会在根本上都是一种获取和使用能源的组织"。石油经济带来了繁荣与舒适，但也切断了人与土地的联系，滋生了普遍的贪婪与不负责，导致一个个生态灾难。作者追述了1989年威廉王子湾埃克森-瓦尔迪兹号石油泄漏事故的前前后后，揭露了这场灾难背后的历史与文化根源，即现代人对自由与权力的无限渴望。

第十章以北部地带（东起南北达科他，西至华盛顿）为例，讨论西部的文化归属感或地方特色问题。西部史始于冒险，西部人热衷于幻想，带有太多的传奇与神话色彩，却缺乏家乡意识和历史感，"西部不是一个从悠久而持续的历史中稳步成长起来的地区，而是一个充满了剧烈变化、无休止的移动和超常断裂的地方"。西部人应关注土地对人的影响，扎根土地，形成自己的归属感。

第十一章讨论人与自然关系的本质。作者批评了将人类文化与自然对立起来的观点，认为人是自然的一部分，人类虽然可以改造自然，但不可能彻底征服自然，征服自然的努力必然导致自我毁灭。适应才是人地关系的本质，顺应自然方能与自然共存。

总的来说，本书围绕新西部史的三个主题（见第一章）即多元文化意识、环境意识、个人自由与集权问题展开。另外，新史学强调史学家的独立性与社会责任感，这在本书中也有充分体现，故下面对这几点做简要梳理和介绍。

多元文化意识

作为战后民权运动中成长起来的一代知识分子的一员，作者是强烈的反种族主义、反民族主义者，在文化上表现出充分的开放和宽容。尤其值得称道的是，作者能耐心研究其他文化的历史，通过文化比较拓展视野，超越了西方优越论的影响。从南达科他黑山的苏族人到阿拉斯加的伊努皮亚特人，从旧世界的游牧部落到欧洲的传统村庄，作者对其他文化不是简单地否定，而是采取了谨慎、尊重的态度。在作者看来，人类文化是具复杂性的，任何文化都有可取之处，因此"西部史学家必须研究其他民族，并向他们学习，如试着站在美洲印第安人的立场上看待过去"，"如果我们急急忙忙只抓住他们的思维体系中的一个东西，以点带面，我们就会忽视这种复杂性"。本着这种精神，作者对西方优越论的核心，同时也是正统史学的核心即"进步史观"，做了批评。作者认为，真实的历史是循环式的，"只是在有限的时段内，比如说几十年或一二百年，并且是按照特定的标准，才可能发现上升或者下降的直线式轨迹"。也就是说，从长远来看，历史是多元的，落后与进步是相对的，而且比较的标准也是多样的。某一特定文化的优越往往是暂时的、局部的，故不同文化应互相尊重，互相学习。文化的多样性、稳定性及适应环境的能力而不是当下的财富或权力，应该是判断文明的更高标准。

环境意识

作为环境史的代表人物，作者深受当代西方环保思想影响。从一定意义上说，环境伦理可谓作者史学观的基础。环境史的最大贡献之一就是挑战旧史学只关心人类社会，偏重政治经济史、战争史和政治思想史的习惯，把历史作为环境与人类活动互动的结果。用作者的话来说，史学家"必须试着从非人类的角度来审视人类自己的行为。也就是后退一步，看看当初在自然界其他生物眼中人类是怎样的"。

环境史基于尊重环境的态度，这种态度在非西方传统中屡见不鲜，故作者的环境意识与他对非西方文化的尊重分不开。作者指出，在许多非西方传统中，人类的基本美德包括克制、节俭、尊重生命。在经济活动中，传统社会主要依靠对地表太阳能的利用，也就是农业和畜牧业，他们的文化包括代代相传的知识和整体意识、责任感，这集中体现在他们的信仰和价值体系之中。有限的物质生活水平意味着长久的稳定，并伴随着丰富的精神生活，如"伊努皮亚特人并不去控制自然，而是设法通过每年举行的集体仪式和共享财富的制度来帮助自然再生"，"精心安排的仪式和禁戒代代传袭，这些都融入部落的宗教生活，根深蒂固，成了指导个人生活的准则"，"人们对何时何地以及如何狩猎都有规定（如猎人应该卑恭地靠近猎物，在杀害前要请求原谅）"。

西方人文主义的最大特点就是藐视自然，征服自然成了近现代西方人的最高目标。"启蒙运动"之后的欧洲人否定传统，认为"人类是一个非常高贵、特殊的物种。我们具有最优美的理性和最惊人的技术奇迹，只要能想到的我们都无所不能"。征服自然理想的出现意味着一场比政治革命更根本的转变，"这场深刻的文化革命彻底改变了人类与自然界其他部分的关系。它使人成为衡量一切的标准，人被标榜为历史的目的，成了地球的主宰，似乎除此之外不会有别的可能性"。现代人以当前利益和物质享受作为行动的标准，"自然不过是将被制成有用的产品的原料清单。它不再拥有自己的逻辑、秩序，或内在价值"。人与自然分离了，自然成了征服的对象。通过现代技术取得的暂时胜利使人们妄自尊大，更加坚信自己无所不能，是自然的主人，人们对自己行为的环境后果愈来愈无知，愈来愈不负责。

然而，西部史和世界史证明，"人类对自然的主宰只不过是个幻想，一个无知的物种做的一个短暂的梦而已"。它像所有的抽象口号一样注定要失败。因为人类来自自然，属于自然，人类在改造自然的过程中也改造着自己，对自然的残暴必然波及人类自身。不论是畜牧业、农业，还是水利业、矿业和工业，控制自然的行为最终均导致灾难和失败，"自然能击垮历史上最顽固的上层社会，特别是当他们试图去完成自己力所不及的事情，而且在无休止的贪婪的推动下让自己在生态方面变得十分脆弱时"。

个人自由

追求个人自由是西部史的核心主题,也是美国文化的核心价值。正统文化将个人自由理想化、合理化,个人自由成了一切行为的基础。对个人自由的批评可谓作者史学观的一大亮点,触及了美国乃至整个西方文化的根本。自由固然宝贵,但美国人所追求的是什么样的自由呢?作者指出,美国及西方的所谓个人自由不是道德境界的提高或内心生活的拓展,不是长远的安乐和幸福,而是狭隘的物质利益和眼前利益。洛克法则"所有的自由和权利都来自财产"成了至高无上的真理。这种自由的本质实际上是非理性的。作者借用麦克斯·霍克海默(Max Horkheimer)的话,称之为"理性的丧失",或"合理化的贪婪",因为"理性的作用已不再是对生命终极目标的寻找,它已经沦为将眼前的事物简化还原到仅仅只是一个工具的地位"。

从历史的角度来看,对贫困的恐惧是近代以来西方崛起的动力,所谓进步就是追求"更多的利益、更多的舒适,为了权力而权力"。"权力在危害人民和土地的同时也在侵蚀自身,但它往往试图通过宣传流行的、占主导地位的神话和象征符号来掩盖这一事实",这些神话和象征符号首推个人自由。

作者也从文化对比的角度分析了个人主义的危害,矛头直指英美主流文化。"此前,人们一直普遍认为贪婪是人类最可鄙的行为之一,需要法律、规则和一种普遍的防范意识将其控制在安全的范围内。但在亚当·斯密等人的理论的影响下,贪婪开始被看成自我利益的合理追求,而不再是单纯的自私。也就是说它成了美德"。在古代,"人们担心个人欲望的膨胀和混乱如果得不到社会的约束将会毁掉每个人的未来。然而,现代社会却标榜不受类似的社会或自然因素制约的自主、自立。我们远比我们的祖先更相信自己,我们当中有些人甚至想把这种自信扩大,要废除几乎所有的法律、规则、传统、限制,认为这些东西侵犯了个人权利,或者最多也不过是一种不得已而有的罪恶,越少越好"。这种新的"理性"文化"并不关心旧宗教所宣扬的最终价值和目的,而是将重点放在方法和工具的有效性上"。人们贬低包括宗教情感在内的精神体验,却绝对信奉科学,岂不知科学与价值观没有必然联系。在物质利益至上的价值观主导下,科学"虽然令人惊叹并且不可抵抗,但它缺乏深刻的、深思熟虑的目标和方向感",只不过是权力的奴仆。追求"个人自由"的结果是道德意识的丧失,"我们越来越知道'如何去做',却渐渐忽视了'什么值得做'"。

具有讽刺意味的是,以追求个人自由为目标的西部史最终却走向剥夺个体自由。纵观西部史,哪一次暴力和不公不是打着"自由"的旗号进行的?西部史始于种族侵略,"这个文化一面鼓吹自己的自由观念,一面又剥夺其他民族的自决权"。同时,自由放任的经济体制加上政府的介入和高科技的滥用,最终导致权力与财富的高度集中。在西部,大政府、大企业、军事基地无所不在,昔日的自由之乡却沦为乡村无产阶级的诞生地,西部的短暂繁荣建立在多少非法移民、少数族裔劳工的血汗之上,当然也建立在生态环境的破坏和其他动植物的牺牲之上。

史学家的角色

新史学的一个重要特征是对史学家角色的重新定义。作者认为,史学家应将超然的独立性与社会责任感相结合。首先，作者写道，"新西部史最重要、最不寻常的地方就是决不替权力开脱，决不以沉默或公开赞同的方式屈服于权势"。正统西部史往往充当民族主义和商业势力的喉舌，屈从于权势，缺乏批判精神，"把读者带入绝对崇拜的狂热。这种狂热在美国西部源远流长"。新西部史则以冷峻代替狂热，以独立精神和批判意识为特色。同时，作者也认为，史学家不应脱离社会，"不能脱离公共辩论和权力之争，不能脱离对新道德标准的寻求和正在进行的有关根本原则和价值观的辩论"。如何平衡这二者呢？通过拓宽视野。用作者的话来说，就是"超越常人对自己家乡的忠诚，在更广阔的思想领域自由探索"。从本书的内容来看，这里"更广阔的领域"是指多元文化和生态意识。

作者对西部史的考察加深了我们对美国文化以及整个西方文化的认识，这种文化的一个基本特点就是神话自我、幻想征服。这种文化曾经和正在激励无数西方人和非西方人，却也给世界带来了太多的灾难，让人类和自然付出了太高的代价。的确，作者的史学观充满了幻灭感与悲剧意识，"真正的历史并没有结束，而且永远不会结束。随着故事的继续发展，我们将看到越来越多的悲剧和失败"。但这种悲剧意识不是自作多情、无病呻吟，而是来自作者对现实的深刻了解，作者并没有因此而消沉。总体来看，作者没有采用新奇的哲学理论或高深莫测的方法论，而是运用老式的智慧——谦虚，传统的方法——博见，还有古老的史学精神——正义感。作者的史学观是朴素的、折中的、积极的。作者所批判的是冒险家、幻想家、大政府、大企业、大口号，同时字里行间透露出对劳动者、弱势群体、小地方，以及多样性和生命的尊重。从中我们可以大致窥见作者史学观的归宿，那就是超越自我、尊重传统、顺应自然。而在这里面我们似乎也能看到中国传统文化的影子。

　　本书是我与历届研究生共同努力的结果。翻译由本人组织，章节分工如下：前言，王晓伦；第一章，申媛；第二章，张愿贞；第三章，朱振华；第四章，陈跃；第五章，黄媛；第六章，张科；第七章，厉文芳；第八章，赵慧颖、屈毅博、王清清；第九章，王晓伦、高智艳、刘惊、陈小丽；第十章，张乃丹；第十一章，荆慧雅。各章译稿完成后由本人逐句对照原文校对修改，然后再返回译者校对一遍。全书译完后本人对人名、地名、机构名称、动植物名称和常用词语做了统一，对译文做了进一步校对和润色。在此对大家的努力表示感谢。因本书系大家共同完成，故译者名以"青山"代之，以表纪念。另外，原书作者就译文中遇到的几个问题及时做了解答，在此也表示感谢。最后，因本书涉及面广，内容相当驳杂，而译者英语知识和汉语水平均十分有限，译文中错误和疏漏之处在所难免，恳请广大读者多多包涵。

王晓伦

2011 年 8 月于古城西安

献给

维斯和戴娜·杰克逊及他们创建的土地学院

目　录

前　言 ……………………………………………………………… i

第一章　超越农业神话 ………………………………………… 1

第二章　新西部，真西部 ……………………………………… 19

第三章　牛仔生态学 …………………………………………… 37

第四章　加州的水利社会 ……………………………………… 59

第五章　胡佛大坝：试论"控制自然" ……………………… 73

第六章　自由与匮乏：西部的困境 ………………………… 89

第七章　草原上的愚蠢之举：大平原上的农业资本主义 …… 105

第八章　黑山：圣地还是凡土？ …………………………… 119

第九章　阿拉斯加：爆发了的地下世界 …………………… 173

第十章　寻找归属的土地 …………………………………… 253

第十一章　没有秘密的土地 ………………………………… 267

注　释 ………………………………………………………… 287

动植物译名对照表 …………………………………………… 334

索　引 ………………………………………………………… 336

前　言

　　过去五六年中，当朋友们问起我近来在做什么研究时，我都会说："做了很多演讲，但没写什么。"事实上这些演讲最终也是一种写作，只不过不是史学家通常写的那种异常枯燥、细致入微的学术文章。我在美国四处奔波，有时也到国外去了解那些令我感兴趣的地方和问题，试图发现一些对学者和公众有用的东西。本书就是这些努力的结果。书中的文章相互连贯，自成一体，这完全出乎我的所料。文章中有的已经零星发表，另一些则是在关心这些问题的人们的聚会中做的演讲，以前从未发表过。两篇最长的文章，一个是关于黑山的，另一个是关于阿拉斯加的，都是专门为本书准备的。书中文章所涉猎的范围非常广，但又表达了一些共同的兴趣乃至信念。我还希望它们能够证明，一个史学家可以不时地超越自己学科内的东西，去探讨一些重要的社会问题。

　　长期以来，事实上从上研究生的时候起，我的主要志向就在北美大陆人地关系史方面。从抽象的概述到脚注中的细节，书中的每一篇文章都反映了这一点。在实现这一志向的过程中，我花了很多时间在图书馆里埋头 钻研，或者在自己的书房中手不释卷、伏案苦读。但我的注意力也一次又一次地投向户外，一天天观察我的居住地周围的草原和林地，看它们如何书写自己的历史。这些文章中有的还夹杂着一点篝火的烟味，这味道来自我在黑山实地考察，从头了解这个地方时的经历，或者来自我在内华达山或其他荒野和非荒野地区完全跻身户外，像环境史学家那样进行思考和观察的经历。有的文章则闪烁着西南沙漠的余光或者当我夏天漫步穿过苔原时看到的驯鹿的影子，或者回荡着圣华金河谷灌溉渠中流水的哗啦声。最使我振奋的历史具有以下特点：它看得见摸得着，具有生态特点，不离现实，具备自然才有的复杂性。因此任何对环境史这门新兴学科感兴趣的人都会在这些文章中找到志趣相投者的乐趣，尽管这只是通向现实世界的很不完美也很不完整的向导。有的史学家可以忽视自然在历史中的作用，有的则不能。这些文章包含了一位无法忽视自然的作用的人的甘苦。

大约在 1970 年代中期，我研究历史的兴趣又转回到美国西部，回到了从大平原一直绵延至加州的广阔地区。近年来许多其他学者也和我一样对这一地区发生了兴趣，以致今天美国西部史正在经历一场声势浩大的复苏，它不仅得到了新一代学者的关注，而且成为记者、电影制片人、小说家以及大学生关注的对象。全国各地的人们都意识到，该地区不仅在许多方面与众不同，而且在美国历史与文化认同中占据核心位置。人们都想从史学家那里了解，为什么西部如此重要？这意味着什么？我在书中的几篇文章里试图探讨这些问题，当然，我承认，我的回答只能是试探性的一面之词。不过在我看来，有一点无可争辩而且显而易见，那就是美国人与西部景观的关系影响至深、发人深省。我还相信，在这个全球环境危机不断加深的时代，这一关系意义重大。今天，我们不再像过去那样满怀激情或者斗志昂扬地前往西部，而是怀着一种对我们可能在地球上造成的悲剧与灾难的新的、更为清醒的意识来到这里。因此，这些文章代表了一个长在西部、对它依依不舍的人，一个将我们在西部所犯的一些错误牢记在心的人，一个深知作为一个民族我们一次又一次辜负了这片土地的期望的人的经历。

　　有的读者可能不理解为什么书中要包括一篇关于阿拉斯加的文章，这是因为根据我自己的定义阿拉斯加处于所谓"西部"地区的边缘，实际上是一个独立的地区。我的解释是，在准备此书的过程中我访问了这块自称是"最后边疆"的地区，所以忍不住要对这片不同寻常的地方及其历史写一点东西，下四十八州的美国人对它所知甚少，而它与西部史又如此相似。

　　在准备这些文章的过程中我得到了如此多的恩惠，以致感谢的话不知从哪里说起。对所有那些邀请我做报告的人们，那些耐心倾听我的演讲并提出问题的人们，那些邀我为他们的书籍或期刊撰稿从而使我深蒙荣幸的人们，以及那些在写作过程中提出建议的人们，在此我深表谢意。我在布兰德斯大学及堪萨斯大学的研究助理们尤其值得称道，他们是布莱恩·唐纳休、鲁丝·弗雷德曼、科斯汀·格尔汉姆、林·希克曼和保罗·索尔斯特罗姆。比·麦尔霍夫和堪萨斯大学为我的这些研究提供了慷慨和必不可少的支持。我的出版商格里·麦考利也理应再一次得到称赞，他的建议和友谊使我获益良多。牛津大学出版社的谢尔顿·麦尔像往常一样充满热情，给予支持；斯蒂芬妮·萨克森·福特对书稿做了极好的校对。我的妻子贝芙一如既往，是一个明智的评论者和慷慨的伴侣，她耐心、支持，惊人地随和。在许多杰出的从事环境史研究的大学教师同事中，我尤其要感谢威廉·克罗农、阿尔弗雷德·克罗斯比、卡洛琳·麦茜特、斯蒂温·潘和理查德·怀特，我们之间的交流并非总能达到一致的结论，但这些交流大大增加了我对本领域的了解。在从事西部史的同事中，帕特里夏·纳尔逊·利默里克始终是一个激发灵感的、开心的战友。我希望这些文章里不仅能有她那样的高见，而且能有她那样的机智。最后，本书的献词只略略表达了我对一些堪萨斯老乡的深情厚谊，他们是一群数目不多却难能可贵的仁人志士，是他们使堪萨斯成为一个更值得返回的家乡。

唐纳德·沃斯特
1991 年 11 月于堪萨斯石泉镇

第一章

超越农业神话

　　1831 年夏，一位名叫乔赛亚·格雷格（Josiah Gregg）的年轻商人沿着圣菲小道前进，他带来了自己对美国西部的看法，在当时看来，似乎除此之外不会再有别的观点。多年的生活磨砺使他身体羸弱，现在来到户外，呼吸着清爽的空气，格雷格很快就恢复了体力。到达堪萨斯州的康希尔格罗夫附近时，他又能骑马了，大约也就在这时，他开始打量周围的乡村景色，并思索它的未来。格雷格在他的《大草原贸易》一书中写道，"所有游历过这些美妙地方的人都期待着那一天的到来，那时所有印第安人将失去土地所有权，大批白人将定居于此，并驱散目前笼罩着这片荒凉地区的萧条景象。"[1] 对于一个一直在白人区生活而且体弱多病的人来说，这种想法未免有些奇怪。不过离家越远心情越好，格雷格极力渴望能促进美国的扩张事业。与同时代许多沿着西进小道前进，寻找利润或冒险机会的商人和旅行者一样，格雷格也期待着自己在行程终点所发现的不只是圣菲这样一座凋敝的

4 异国小城，他还期望一个更强大、更广阔的美国在这里出现，它将征服蒙昧的墨西哥人和印第安人，给他们带去美国自由制度的福祉。

在关于格雷格的一本简短的书中，小说家保罗·霍根（Paul Horgan）指责他有时古怪、呆板、愤世嫉俗，而且对所遇到的西南部拉美与天主教文化漠不关心。不过霍根很赞赏格雷格叙述中关于西部边疆具有"伟大的救赎力量"的说法，即"伟大的征服事业"和由此带来的个人自由。[2] 但是，我自己作为新一代西部史学家的一员，却很难对格雷格的征服理想持同样的赞赏态度。后来的历史事实远远不能证明美国扩张这一至高无上信念的正确性。随着时间的推移，格雷格的愤世嫉俗看起来似乎情有可原，我往往很赞同他对自己同时代人的尖刻批评。持这种新观点的人不止我一个。越来越多的美国公民开始对美国历史中某些进程的目的以及美国雄心壮志的后果产生质疑。

例如，当代一位前往西部的旅行者——纽约的伊恩·弗雷泽（Ian Frazier）就很好地表达了我们对西部的幻灭感，虽然他同我们一样热爱西部。在弗雷泽新近出版的《大平原》一书中，他讲述了自己在西部四处游历的所见所闻，却不再拥有格雷格对西部所抱的坚定而单纯的信念。弗雷泽的行程很不连贯，一会儿在蒙大拿州的冰川国家公园；一会儿在堪萨斯州黑人拓荒者的定居地尼克得莫斯；一会儿在北达科他州劳伦斯·韦尔克的故乡；一会儿又在西堪萨斯，在遭谋杀的克拉特家族的所在地。沿途的景色有时让他欢喜雀跃——这是"一片尚无报摊、商场和豪华餐馆的辽阔土地"。不过高兴之余，他又为印第安部落的失败而叹息，因为他认为过去的印第安人是这片土地的灵魂。在他的想象中，平原上"疯马①自由驰骋，永远不

---

① Crazy Horse，和下文的坐牛等，均为印第安首领名字。——译者注

会被白人抓获，这里是他们的天地"。弗雷泽就这样长途奔波，沿途看了无数历史标记，听了许多农夫讲的故事，观赏了田间大批的牛群、大片的尘土和高粱地，最后竟发现自己站在蒙大拿州那可怖的洲际导弹基地旁。在那里他写下了自己所谓的"关于大平原两百年历史的压轴句"（事实上是一段话）：

> 我们捕尽了河狸；消灭了曼丹人，染病给黑脚、希达萨人、阿希尼波因人，灌醉了阿里卡拉人；把这片土地称为荒漠，匆匆穿过它赶往加州和俄勒冈；5 吸干了野牛，连骨头也不留；杀光了成群的驼鹿、狼、鹤、草原松鸡和草原犬鼠；挖出了金子，然后埋在别处的库房里；打垮了苏人、沙伊安人、阿拉帕霍人、克劳人、基奥瓦人和科曼切人；杀死了疯马、坐牛；收获一批又一批移民的梦想，并把那些醒悟了的送往别处；翻耕了表层土，直到它被吹到海里；运出小麦、牛；深挖地下，把挖出来的土送到发电厂当燃料，再把电送到别处；赶走小农场主，使小镇空无一人；开采石油和天然气，用管道运走；用光了河水和泉水，地下水减少时就钻深井取水灌溉。作为回报，我们把难以想象的财富转化为武器埋在这富饶的土地之下。紧接着，我们对于这些武器的最大希望就是它们永远在草原下嗡嗡作响，处于战备状态，消耗着我们的恐惧和劳力，但不会被使用。[3]

写到这里，弗雷泽的冒险之旅戛然而止：没有格雷格所展望的文明统治下的和平、繁荣、理性和自由，只有制度化的疯狂所带来的梦魇——当今军事战略家们宣扬的互相毁灭的前景被引入西部，使它成了现代战争的中心。当然，这个地区也有其他的发展前景，其中不乏更为积极和乐观的东西。但弗雷泽认为应该以此结束自己的行程，因为他看到的是一个陷入了由自己的侵略习性造成的恐惧之中的民族。这个结论是其他著作家，包括史学家所赞同的，而且逐渐为公众所接受。

在格雷格首次沿着人迹罕至的小道完成那使他精神焕发的旅行之后一个半世纪，西部的景象是他无论如何也无法预见到的。今天西部终于从过去的神话和浪漫中走了出来，并第一次向人们展示出自己的真实面目。现在它看上去比过去要小，虽然仍以土地辽阔和天空晴朗著称。时不时它还能在新来的居民心中唤起古老而模糊的希望，不过一般来说，现在人们想从这里得到的是更实际、更具体的东西———一份工作，一个家，一次旅行。自由成为了模棱两可的成就，在很多情况下，在许多人看来，它仅仅是一个空洞的字眼，西部人比过去任何时候都更加清醒地认识到了这一点。显然，美国白人曾经以为自己在密西西比河以西的土地上创造的伟大事业已经消失，不再像过去那样令人信服了。我对这个思想转变过程略有所知，想为史学家的贡献说几句话。我们正以清醒的头脑，以脱离了神话的、批判的态度，为这个曾陷于梦幻和理想的地区重新书写历史。新历史刨根问底，十分彻底，看来它正逐渐被人们接受。这是一个漫长的、来之不易的胜利，我认为是肯定这一成绩的时候了。

第一个真正修正西部史，并在一定意义上堪称新西部史预言家的人是亨利·纳什·史密斯（Henry Nash Smith），是他第一个告诉我们旧历史错在哪里，并敢于称之为神话。那就是他于1950年出版的《处女地》（*Virgin Land*）。史密斯所说的神话指人们为自己创造的、由英雄起源和英雄事迹构成的伟大故事，即民间流传的无名作家创造的历史。神话告诉我们历史如何发生发展，现在怎样，为什么会这样。现实可能暂时会与神话相矛盾，但随着时间的推移，它会越来越接近神话理想；神话能强有力地影响事物的发展。后来史密斯承认他过于简单地排斥了神话，认为它不真实。事实上，大众的信仰和历史永远交织在一起，难解难分，二者相互影响，此起彼伏地向前发展。但仍有必要指出，任何神话都包含着虚构的成分，关于西部的神话也不例外，正是这些成分把人们引入艰难甚至悲惨的境地。

我们有许多关于西部的神话，其中影响最大的是关于一个纯朴的乡野民族如何进入西部——如罗伯特·阿瑟恩（Robert Athearn）所说，一个普通的民族来到一片极不普通的土地——并创造出恬静富足的生活的故事。[4]在这片广阔美丽的土地上，人性将从过去的邪恶中净化，获得新的尊严；健壮的自耕农将有机会在此过上理智、安详的生活，远离肮脏的事物。数百万农民将在这片尚未开发定居、广袤无垠的土地上安居乐业，给这里带来生机与活力，并把它变成世界的花园。虽然一开始为了驱赶土著居民需要流血，但这不要紧，被鲜血染红的总是别人的双手。农夫们将过着纯洁、体面和正直的生活。

这个农业神话从一开始就充满了明显的、无法调和的矛盾。一方面，人们认为文明将在这一地区达到更高的发展阶段。关于这一点，史密斯写道：花园神话"肯定了进步与经济大发展的信条"。另一方面，西部又被当作逃避文明的地方，同一神话暗示着"一种对城市化和文明进步的结果的不信任"。[5]从逻辑上说，一个人不能同时持两种相反的观点，在物理学上，一个人不能同时既前进又后退。然而这个农业神话却能够包含两种相反的可能性，因为它并不遵循逻辑推理；相反，它是一首歌，一个梦，一个幻想，其中浓缩了一个民族对于过去和未来的所有矛盾心理。而且如果你足够乐观的话，也会认为在逻辑学和物理学上行不通的事情，对你来说却是可能的。近代被西方殖民的地区中没有哪个能像西部这样乐观，一种近乎盲目的乐观。

用史密斯的话来说，人们无法相信在他们的这个花园里会有"严重的缺陷或邪恶的东西"。虽然他们知道这个世界充斥着邪恶，却认为这些已被远远地抛诸身后。那些被扔在花园外的人自然"是不幸或邪恶的"。史密斯继续道：

> 这种观点得到了另一种思想的支持，那便是把任何威胁到这片乐土的邪恶势力都归咎于外部世界的入侵。既然邪恶之花不会盛开于花园内部，那么它理所当然来自外部，因此一般的防卫策略就是加高围墙，防止裂缝。[6]

在西部成长起来的这个完美社会将摆脱困扰美国东部或欧洲的所有问题：贫穷、种族与阶级差别、愤怒与抗议，以及那种把美国南方与北方、法国与德国对立起来的仇恨与冲突——这种冲突自亚当和夏娃被逐出伊甸园以来就或多或少地困扰着人类。这个完美的西部必须被精心隔离起来，远离历史及外部世界的污染。

弗雷德里克·杰克逊·特纳（Frederick Jackson Turner）的边疆论直接来源于这个农业神话，这是史密斯最重要的发现之一。[7] 作为第一位认真研究西进运动的史学家，特纳始终非常相信这一古老神话的真实性。重归荒野，人类便会洗尽铅华，返璞归真。他把这一信念传给了自己的弟子们，于是西部史诞生了。而从一开始这就几乎是一种矛盾修饰："西部"和"历史"是两个相互矛盾的词。能给一个逃离了时间的民族写出什么样的历史呢？它当然不能是一部与旧世界有任何相似之处的历史；所以书写者将不必关注那些无关紧要的旧世界的东西。书写者不必通过外语考试，不用阅读外来著作，也不必跻身于巴黎的学者当中。他们不必去调查西部有哪些明显的缺陷，因为这些根本不存在。

只有理查德·霍夫施塔特（Richard Hofstadter）这位来自哥伦比亚大

学的冷静的观察家看到了为什么特纳及其追随者的理论终将被美国人抛弃。
他说，特纳不是一个"人类社会的批评家"，他常常被爱国主义的激情冲昏
头脑，他缺乏批评家的"理性激情"，不能在对社会问题的分析中磨炼思想。
平日举止文雅的特纳看不到西进运动的可耻面："肆无忌惮的土地投机、非　　8
法裁决，对北美大陆的残酷掠夺，美国扩张主义的傲慢，印第安人的悲惨
下场，针对墨西哥人与中国人的排外主义，还有在边疆一些地方人们被迫
退入荒蛮甚至几乎是原始状态的事实。"[8] 这些没有引起特纳的关注，他不
会理解为什么有人要去调查这些事情并为这些事情感到痛心。对如此多的
事避而不谈，并不是说特纳在撒谎，而是说他删去了那些与他心目中一个
更加重要的真理——一个自由民族的发源史——不一致的东西。二十世纪
没有善待特纳的声誉，这与其说是因为他的理论缺少有力的证据，不如说
是因为特纳缺乏尖锐的批判精神。正如霍夫施塔特所说："最引人注目的是
他那空洞的民族主义，是他所尝试的社会批判的空洞性，是他的思想的总
体上的空洞。"[9]

　　与史密斯、霍夫斯塔特同时代的西部历史学家们，也就是二十世纪
五六十年代成长起来的一群男女，开始为一种新的、更具学术性的区域史
打基础。他们以研究生讨论班的形式培养出成百名该领域的博士，让他们
进入档案馆（他们严肃地称之为"史料出处"），教他们如何搜集材料，如
何做脚注。他们开始大量发表研究论文。1961 年 10 月，这一代史学家的
领导人物齐聚新墨西哥的圣菲城，要在特纳理论丧失权威地位之际重振西
部研究。会后成立了"西部史协会"，并开始出版学术期刊《西部史季刊》。
宴会上这些开创者们围坐在一起时，一提起特纳，大家还会颔首致敬，有
些人甚至会郑重地在胸前画十字。他们当中仍有雷·艾伦·比灵顿（Ray
Allen Billington）这样的花园理论的代言人和边疆学派的其他追随者。尽管

如此，史学家们已经慢慢开始从"后特纳"角度思考西部了。

西部首次以清晰而具体的面貌出现了，它大概包括从大平原诸州至太平洋沿岸之间的地区。不过，尽管战后的史学家们承认西部是真实具体的地方，而不是特纳心中那片模糊而充满神话色彩的拓荒的土地，他们并不强调西部有什么特别之处。他们书写的西部史的主题是美国经济发展如何在新地区不断重复，该主题一次比一次醒目，字里行间洋溢着赞美，尤其是他们所用的多是常见的经济口号。战后这一代整天挂在嘴上的仍然是"西部交通的发展、投资的增长、人口的增长、州数量的增长，以及城市文明的增长"这样一些标准美国式的老生常谈。[10]

的确，增长是西部开拓中最突出的思想，但只要做一点冷静和理智的分析，就会发现，这一思想与充满了怀旧感的农业梦想格格不入。战后的史学家们敢于面对这一矛盾，并把古老的农业神话扔到窗外。他们不主张西部是理想主义者和浪漫主义者逃避历史的乐园，而是坚持认为西部史的核心是进步和城市化。所有的经济增长指数都表明，西部最初远远落后于国内其他地方，不得不长期忍受作为东部殖民地的命运；尽管如此，它还是奋起直追，并成为现代美国的一部分。以此来看，西部史讲的并不是开拓者们如何逃离腐败的过去，而是如何通过竞争和努力与全国保持一致，从而把西部融入国家主流的故事。

作为对特纳回归原始时代的观点的回应，战后一代史学家在像厄尔·波姆罗伊（Earl Pomeroy）和杰拉德·纳什（Gerald Nash）这样的学者的带领下发现了二十世纪。他们宣称西部并没有随着边疆的消失而在1890年突然结束，相反，这是它走向辉煌的开始。经过短暂的拓荒岁月，西部进入了一个崭新的、技术和事业不断增长、前途无量的开放性时期。历史学家们尤其注意到数百万新移民在涌入这一地区，他们的经历——城市、工作、休闲、政治、与东部的冲突、对东部资本的依赖、与联邦政府的关系，尤其是他们对现代富裕生活的追求，这些越来越成为史学家研究的主要内容。马背上与寻衅的野蛮人奋战的传奇人物，以及巨大苍穹下孤身劳作的农夫几乎消失了，取而代之的是非农业的、专业化的、充满了角逐的、以技术为中心以城市为基础的、重新定义了的地区史。

　　这并不是说在战后一代史学家的作品中不再有神话因素存在。古老的农业神话也许失去了影响力，但许多人对被史密斯定义为西部神话一部分的旧的"进步与经济高速发展理论"仍然坚信不疑。我们可以把这个神话称为商会的神话。对商人来说，只要西部还没有与新泽西的荷伯肯变得一模一样，只要我们美国人书写的从东海岸到西海岸的工业征服的传奇还没 10
有完成，西部就仍然是一个未完成的边疆。二十世纪五六十年代，不少西部史学家的所作所为就好像他们是商会的会员，他们的著作和论文几乎可以充当鼓吹"新西部"时期到来的公司报告或各州出版的旅游手册。

　　的确，在西部可以找到很多值得庆贺的事情，但史学家的作用就在于宣传这些东西，就在于扮演像西部竞技节目解说人默夫·格兰芬那样的角色吗？毕竟有大量资金充足的机构在做这些事。而吹捧者不会去做，只有史学家才会做的是审视霍夫斯塔特讲的那些根本的社会缺陷。有相当一段时间，甚至在特纳理论被抛弃后，史学家没有进行这方面的考察，他们没有兴趣关注西部史黑暗和可耻的方面。没有人期望研究生在研讨班上学习批判的视角。相反，他们教学生积极、乐观、相信政府本质上是好的，不要流露任何强烈的不满情绪。学生们都照办了。在道德的自我满足方面，如果不是在具体的理论中，他们仍然忠实于特纳的精神，他们书写的历史仍然是空洞的东西。当世界上其他地方的史学家敢于面对希特勒屠杀犹太人的恐怖、声名狼藉的南方奴隶制和全球工业化产生的罪恶工厂时，西部史学家仍然是一副无忧无虑的面孔。他们知道其他地方发生了可怕的事情，但在幸福的北美大陆的更为幸福的西部，除了在《土地法案》里能找到几处欺诈和腐败，少数几个三流的参议员应受到谴责之外，并没有什么大的罪恶可言。悲剧意识尚未进入西部。

战后一代史学家的力作之一——杰拉德·纳什的《美国西部的转变：二战的影响》（*American West Transformed: The Impact of the Second World War*）清楚地说明了这一点。在他之前，没有人如此有力地展示了二十世纪区域史的广阔范围和前景。也没有人像他这样满怀热情、事无巨细地追溯新西部城市化和工业化的出现。当然，也没有人反对他得出的许多结论：

> 美国西部在二战后焕然一新。1941 年很多西部人担心这一地区的扩展已经接近尾声。经济发展停滞不前，人口不再增长，对旧东部的殖民地式的依赖渗透了生活的方方面面。但 1945 年的战争使这里发生了惊人的变化，西部人看到了无限增长和扩充的前景，一种新的多样化经济繁荣昌盛，大量人口的涌入改变着西部的社会结构，文化在成熟并达到了前所未有的发展。战后的西部已经成为一个具有创新精神、自给自足、对前途充满信心的地区。二战促成了这些变化，回头来看，二战构成了美国西部史的一个重要转折点。[11]

毫无疑问，这段话展示了一种远远超越了特纳旧边疆学说的历史想象，作者正在与同代史学家一起用崭新的视角审视西部。但在我看来，纳什对边疆的重新阐释遗漏了一些东西，而且是严重的遗漏。例如，怎么能在讨论二战的影响时忽略这样一个明显的事实呢？即战后西部被军事工业集合体控制，它的经济状况受五角大楼决策和冷战进程制约。这个事实今天在从圣地亚哥海军基地到蒙大拿导弹库之间的地区随处可见。换句话说，在列举所谓的西部成就时，怎能忽略原子弹带来的世界末日的阴影呢——西部自二战以来饱受放射性核尘埃的毒害，被核废料处理问题所困扰，人们提心吊胆地生活在落基山平地军火库、阿拉莫哥都、洛斯阿拉莫斯、汉弗特和内华达试验基地这样的设施附近，因核辐射病倒，垂死挣扎。显然，这一地区所包含的内容远比弗雷德里克·杰克逊·特纳或战后一代纳什等人告诉我们的要多。但要正视那些黑暗面、探索其根源，并找到其意义还要等到下一代人。

　　大约在 1970 年，也就是迪·布朗（Dee Brown）强烈谴责美国对印第安人的军事侵略的著作《心埋伍德尼》（*Bury My Heart at Wounded Knec*）出版的那一年，终于有人开始讲述西部史中那些不为人知的一面。年轻一代被越战和美国其他一些不光彩的东西——贫穷、种族主义、环境恶化——所震动，再也不能谎称西部最重要的东西只有公共马车、寻宝、牧牛业、冒险家，或航空公司、歌剧院、银行储蓄，或中产阶级白人如何学滑雪。这时亟需的，是用一种坦诚而严肃的态度来审视美国移民从原住居民手中掠夺西部的暴力和侵略过程，以及新移民是如何不顾少数民族、妇女及自然界的反对维护这种侵略行径的。实施暴力的能力也许是生来就有的，但当它的丑陋面目出现在地位显赫并颇有成就的人们当中时，却被冠以"进步"、"增长"、"西进运动"、"向自由进军"等一系列美妙的词语。现在是史学家对"暴力"和"帝国主义"直乎其名的时候了。

　　在过去二十年里，一部崭新的西部史已经出现，其目的就是要面对并了解西部过去的根本缺陷。新历史努力把西部放回到世界共同体中来考察，而对它在道德上的与众不同不抱什么幻想。它试图回忆所有那些特纳想要忽略掉的不愉快的东西。因此，我们开始书写一部超越神话、超越传统白人征服者、超越小说电影中男女主人公的简单感情冲动、超越使过去合理化和为过去辩护的公共宣传者的角色的历史。以下就是这部新历史所提到的一些最重要的观点。

　　首先，被侵略、被奴役的西部各民族应在该地区的历史中占有一席之地。直到最近，许多西部史学家仍假定西部在白人到来之前无人居住，或者当地的居民很快被血腥地一次性清除了，因此史学家只须站在白人的立场看问题。尤其是他们忽略了土著居民——印第安人和讲西班牙语的美国人的继续存在，忽略了这些民族的内在价值观和政治利益。

　　所有这些在过去几年里发生了翻天覆地的变化。现在，任何希望受到尊重的史学家都至少要承认：在白人到来之前有非白人生活在西部，并且直到今天他们仍生活在那里。一些白人和非白人史学家甚至试图从被征服民族的角度重写整个历史。我并不是说这些成绩只属于五十岁以下的学者；相反，许多战后一代的史学家也开始采用多元化的角度。杰拉德·纳什就是一个例子。在上文提到的他的著作中，七章中有三章专门涉及黑人、讲西班牙语的美国人、印第安人和美籍日本人的经历，字里行间充满了同情和坦诚。不过，崛起于二十世纪七八十年代的更年轻的一代史学家尤其使这种新的多文化视角成为自己的特色。他们发现，少数族裔不但往往不能
13 分享西部不断增长的权力和财富，而且在某些方面对这些权力和财富的本质有着不同的看法。作为重新评价的一部分，我们越来越感到需要重新审视当地居民被剥夺了土地的最初过程，回忆白人是如何四处搜刮土地和资源的，并揭露人口占多数、男性占主导地位的白人文化的自相矛盾，这个文化一面鼓吹自己的自由观念，一面又剥夺其他民族的自决权。还有，我们学会了去更多地关注许多非土著有色人种的命运，他们从非洲、太平洋诸岛、亚洲来到这个农业神话的花园，与欧洲移民一起生活。这些人使西部成为一个远远超出了农业神话想象的多元社会，一个事实上比美国北部

和南部更加多样化的地方。

因此，我们发现了一个被古老神话长期掩盖了的重要事实：西部根本不是一个逃离人类社会、摆脱社会冲突的地方；相反，美国白人在西部发现了更广阔的世界。西部一直处在近代史最令人激动的过程的前沿，即欧洲帝国扩张使世界上首次出现了多种族、全球性的社会。这显然是一个极为坎坷的过程，受到一系列因素的困扰——种族歧视、民族中心主义、野蛮暴行、相互误解、多数和少数族裔都感到的不满，尤其是统治者的压迫与剥削。尽管如此，西部多元化社会稳步前进，从未停止，所以这里有拓宽我们文化视野的种种潜力。这在过去是无法想象的。

新西部史的第二个主题是：西部对经济发展的追求往往意味着对大自然的无情掠夺，并造成大量生物的死亡以及资源的消耗与破坏。也许现在看来令人吃惊，但特纳时代的古老农业神话暗示着西部给人们提供了这样一个机会：回归和接近自然、恢复健康、与大自然和谐共处，远离工厂、技术、城市贫民窟和贫穷所带来的喧嚣和纷扰，这种喧嚣和纷扰使当时欧洲和美国东部的生活成了一种精神负担。人们认为西部有治愈创伤的神秘力量，这一传统观点至今仍很流行。人们认为"真正的西部"是一个没有工业或城市的地方，一个有着由罗伯特·雷德福特扮演的孤独猎手徜徉其中的无比美丽的荒野乐园。按照这一片面定义，加利福尼亚的大部分地区、亚利桑那州的露天铜矿以及爱达荷州的工会大厅都不属于西部。那疲惫地行驶在丹佛高速公路上，困难地呼吸着污浊空气上下班的人流也将被排除在外。根据这一古老定义，真正意义上的西部只有蒙大拿州以及科罗拉多州西南部的路易斯拉莫大农场——在这些仅存的濒临灭亡的圣地，人们可以自由自在、精力充沛地生活在大自然的怀抱。

然而，从一开始西部的命运就是为工业发展提供原材料。当我们正视这个事实时，真相就会显现，驱走神话和自欺欺人。西部从一开始就处在美国永无休止的经济革命的前沿。西部远不是自然之子，它实际上脱胎于现代技术，像一个吸毒者生下的婴儿，承受着那个可怕的妊娠过程所留下的所有伤痕。

农业是最先依赖于全球工业经济的领域之一。与农业神话中所说的恰恰相反，西部农民是世界上最早的农业商人之一。在加州中央大峡谷这样的地方（顺便说一句，在西部，这一地区长期被史学家忽视），这一事实所带来的后果有劳动剥削、阶级冲突和环境破坏，这是有目共睹的。工业和资本主义的这一发展过程得到了联邦政府的大力支持，后者的作用主要是通过水利工程、矿井包租和建立军事基地这样的公共投资来促进私有资本的积累。这种作用在美国无处不在，事实上贯穿了全球经济，不过美国西部可能是最能说明这种资本主义政府的作用的一个例子。

关于这一点，长期以来史学家们或多或少知道一些，但他们一直选择降低甚至忽视这一事实的重要性，直到最近情况才有所改变。过去，史学家很少讨论西部发生的生态灾难和不幸，包括石油公司、其他能源组织和采矿企业对公共土地的掠夺、沿海水域的污染和沙漠地区的空气污染、大规模灌溉对水质和水量的影响，以及著名的畜牧业王国的大量牲畜对野生动物生境的破坏。

当然，老一辈史学家并没有完全忽视一直存在于西部的环境破坏。他们经常采取"合理开发"的立场——也就是主张谨慎合理地把自然资源转变成财富的功利主义立场。然而，这一立场忽视了约翰·缪尔（John Muir）那样的反对物质主义资源管理的比较激进的环境保护论者。即使教科书中提到缪尔，他也往往被描绘成一个不切实际的神秘主义者或"生态疯子"。然而，正是缪尔最终成为他那个时代最有影响力的环境改革家，正是他那激进的热爱非人类生命群体的观点使他走出西部，引起了全世界的关注。

在过去的一二十年里，对工业资本主义如何影响西部环境这一问题的忽视开始得到纠正，原因是与其他地区相比，西部研究已与环境史这一新兴领域更为紧密地结合在一起。这一结合使人们对资本主义、工业主义、人口增长、军备开支和盲目经济增长在该地区所扮演的角色提出了质疑：这些东西真的带来了进步吗？

新西部史的第三个观点是：西部一直处于高度集中的权力控制之下，虽然和其他地方一样，这种权力往往戴着骗人的面具。过去的"边疆学派"认为西部内部没有多少权力和等级造成的问题，权力掌握在东部人手中，而西部是纯朴的民主之乡，虽然不幸受制于东部，但幸运的是在地理上遥不可及。战后史学家仍然怀着这个幻想，他们在讨论技术、经济增长、城市化这些问题时不大讨论西部权力集中的问题。现在我们可以更加坦率了。实际上，西部一直是权力和地位激烈较量的舞台，这种较量不仅存在于各种族之间，也存在于不同阶级、不同性别以及白人内部不同群体之间。斗争的结果具有美国其他地区看不到的特征——权贵阶层的形象与其他地区不太一样，他们集中在联邦土地管理机构与其服务对象的结合点上，如土地管理局与各种牲畜业协会之间或垦务局与西部灌溉区之间。

西部权力阶层虽然与众不同，但仍然遵循着人们所熟知的权力发展的规律——腐败、剥削和对下层人民的冷漠。权力在危害人民和土地的同时也在侵蚀自身，但它往往试图通过宣传流行的、占主导地位的神话和象征性符号来掩盖这一事实。在美国西部，这意味着脚蹬牛仔靴、身穿按扣衬衫、挥舞美国旗，还有把倾倒有毒物质的垃圾场称为自由的乐土。

也许新西部史最重要、最不寻常的地方就是决不为权力开脱，决不以沉默或公开赞同的方式屈服于权势。新一代史学家坚信他们有责任与权势保持距离,从而批判地看待权力,也即批判地看整个西部社会——它的理想、动力、它所产生的种种矛盾,并对它的新形象、目标和价值进行展望。

16 　　　对传统史学家来说,这可能是世界上最难咽下的药丸了。他们也许会同意,现在是认真考虑是否允许非白人加入讨论中来的时候了;他们甚至会同意在谈论西部时可以使用一些诸如"资本主义"、"侵占"、"帝国主义"和"环境破坏"之类语气强硬但很中肯的词语。但他们同时会说,看在老天爷的面上,对当权者不要过于苛刻(也就是说,不要对他们怀有敌意),他们毕竟是伟大而必不可少的进步与发展的代表。他们让我们拿到薪水,给我们建大学、建图书馆、历史博物馆及艺术博物馆。不要非难他们,不要让自己成为一个吹毛求疵的人。如果你一定要批判权势,或者要以一种批判的眼光看待自己国家的过去,那么感情不要过于强烈,态度不要过于尖刻。不要挑明一些重要的理想可能已被违背,也不要认为我们必须找到新的理想。如果你坚持要这样做的话,就会被认为是不切实际、幼稚无知、心存偏见、爱争好辩和忘恩负义。你甚至可能会变成一个"空想家"(这个可怕的标签往往被贴在任何不愿接受权威或官方思想的史学家身上)。换句话说,就是要确保西部史和西部地区远离争议或过激的挑战。一定要用一种理性的顺从的方式来写历史,将大量篇幅用在脚注和参考文献上,但要少一点新观点,特别是那些不同寻常或非传统的观点。如果你有这样的想法,那就留在心里,或者用含混枯燥的文字将其掩盖起来,那样的话就不会有人当真了。

　　　许多传统西部史学家认为,历史应当是"客观的科学",应该专心致志搜集纯粹的实地资料。没有什么比这种观点更容易误导人了。西部史若想生动、若想让人们倾听的话,就不能脱离公共辩论和权力之争,不能脱离对新道德标准的寻求和正在进行的有关根本原则和价值观的辩论。史学家不是实验室里与世隔绝的技师，他们应是泰然自若、充满自信的学者，他们的独特使命和首要任务就是质疑所有约定俗成的看法，认真对待各种观点，尽可能合理地进行分析，不断揭开历史的神秘外衣。如果西部史学家不能把自己看作批判式的学者——我认为过去的西部史学家正是如此，那么他们就在最危险的意义上变成了空想家，他们就成了意识形态的奴隶而不是主人。

　　新西部史坚持认为学者必须审慎地、深思熟虑地发挥作为文化分析家 17 的作用，甚至时不时地把自己作为社会的良知。史学家在承认自己是社会的一员、同情社会需要、关注社会命运的同时，也应该像所有学者一样成为一个自由的局外人，应该超越常人对自己家乡的忠诚，在更广阔的思想领域自由探索。

　　为了有效地肩负这一重任，忠实于自己作为学者的角色，西部史学家必须研究其他民族，并向他们学习，如试着站在美洲印第安人的立场上看待过去。甚至更进一步地，必须试着从非人类的角度来审视人类自己的行为——也就是后退一步，看看当初在自然界其他生物眼中人类是怎样的。这种观点通常不受欢迎，因为公众发现很难容忍那些看上去违背人类利益的事情。当白人学者站在非白人少数民族的立场上研究西部史时似乎显得特别不忠，而非白人少数民族也会像白人一样不喜欢批评意见。大多数少数民族史仍停留在1893年弗雷德里克·杰克逊·特纳史学的水平：颂扬"我们少数民族"，记录"我们所完成的伟大成就"，为"我们"如何被忽视、剥削、排斥而哀叹。可以预料，像主流白人社会一样，少数民族的历史也将发生改变，西班牙裔人、印第安人和亚裔美国人将发现自己内部也有持反对意见者。同时，西部主流白人社会凭借自己的权势和财力已经达到足够的自信，他们对史学家的要求已不再局限于拉拉队或辩护人这样的恭顺角色。我相信时机已经成熟，这正是为什么新一代西部史学家应运而生，使这一地区成为国内国际关注对象的原因。新一代史学家得益于前辈们的工作，但他们所要扮演的是一种完全不同的社会角色。

以下是我所认为的新西部史的纲领：

——在祖辈那里寻找我们存在的前兆，在他们那里寻找困扰我们今天的种种问题的根源；

——更加完整、公正、透彻地了解我们的先辈和我们自己，包括他们所取得的成就中的不足和矛盾；对先辈及我们所取得的成绩提出质疑；发掘新观点，发现新的价值观；

——不再轻率地接受官方和非官方的神话和理论；

18 ——寻找新的区域认同和归属感，比过去更具有包容性和开放性，与全球生态责任意识更为一致。

新西部史正在为整个领域绘制蓝图。它肯定有自身的缺点，而且这在未来的日子里会更加明显。但如果新西部史能够履行自己的承诺，它将有助于使美国西部成为一个比过去更加懂得深思和自省的社会，这个社会将不再一味留恋它所独有的纯真本质，而是接受这样一个事实：它必将成为这个并不完美的世界的一员。

第二章

新西部，真西部

　　我对搞中国研究的同事说我讲授西部史，他抱怨说："这个系的每个老师不都教西方史吗？英国、德国、法国、意大利史——我们的课程设置都是西方史，这儿没有人了解或关心东方。"我打断他说，我指的"西"不是欧洲、不是整个西方文明。我的"西"是**美国西部**：那是一片神奇的土地。在那儿，不安分的拓荒者勇往直前，开拓了一个又一个边疆；在那儿，美国民族的特点——自立、民主、创新精神——得以形成；在那儿，我们脱去文明的外衣，换上简陋的鹿皮衣裳；在那儿，几百万沮丧消沉的移民从世界各地汇集到一起，抖擞精神成为美国人，发出雄壮粗野的自由吼声。这就是我所指的西部，仅此而已，别无其他。我的那位同事"哦"了一声，先有的抱怨变成了迷惑："你的意思是'西部'是边疆、印第安人、克林特·伊斯特伍德①?"我含糊地点了点头，默默地走开了。想在学者参加的聚会上仅用喝一杯雪利酒的工夫把这一切解释清楚远非易事。

西部史已有很长的历史了，但其研究领域仍令人困惑，难以界定。很快它将满百岁，通常如此高龄的研究领域一定是目标明确且成果丰硕的，但西部史却不尽然。它的成果的确引人注目——该领域已有几种优秀刊物，有定期举行的高质量学术会议，有让人引以为豪的大量文献，一个人一辈子也看不完。至于目标，该领域却仍处于青春探索期，这位少年还不清楚他是谁或者长大以后想干什么。西部史的范围有多大？西部在哪儿，不在哪儿？对于这些问题仍然没有一致和成熟的答案。

但是可以肯定地说，关于西部史已有了一批经典著作，在探寻上述这些问题时，我们或许可以借助于它们。然而在西部史中，传统文献总是引起迷惑而非帮助解决问题，因为它在告诉人们，任何人都可以随意给西部下定义，任何地方、每个地方都可以被称为西部。

我本人在地理上的困惑就能从一个简单的角度说明西部史领域的含混性。我生在南加州的莫哈维沙漠，书上说毫无疑问此地是西部的一部分。我长在大平原，书上又告诉我那儿也是西部。但当我数年前移居夏威夷时，我是仍在西部还是出了西部呢？为了寻找答案，我查阅了《西部史季刊》，从近期发表的西部史文章的索引中得知夏威夷群岛肯定属于西部。夏威夷的国王们头戴羽毛帽子，光彩夺目，他们吃着芋头、鲻鱼，喝着椰汁，被认为同印第安部落首领坐牛（Sitting Bull）和盖若莫尼一起生活在美国西部（不论他们本人意见如何）；而来自英国约克郡的詹姆斯·库克船长同麦里维泽·刘易斯或约翰·查尔斯·弗里蒙特一样属于西部探险家。再到美国

---

① Clint Eastwood，美国电影明星，主演了许多西部片。——译者注

的另一端看看。最近我穿越五千英里从火奴鲁鲁飞到马萨诸塞州的小镇康科德，它建立于 1635 年，为马萨诸塞湾殖民地第一个内陆定居点。你将得知它现在是或从来都是西部的一部分！这么说是有根据的。例如，必不可缺的大部头参考书《美国西部读者百科全书》中就有一条关于马萨诸塞州定居历史的词条，比关于俄勒冈小道的那条还要长。[1]那么，年轻人，不管你是向西走还是向东去，实际上你总是向西行。

正像西部史学家所界定的那样，西部差不多就是整个美国或我们所征服的所有地区。想进一步弄明白个体是怎样吞并全体的，请看哈佛史学家弗雷德里克·默克（Frederick Merk）的最后一部著作《西进运动史》（*A History of the Westward Movement*），该书是作者去世一年后于 1978 年出版的。默克完全可以将此书称为美国史。书中的章节包括印第安文化、南方棉花种植、最高法院关于德莱德·斯科特案的判决、大湖区的工业化、田纳西河流域管理局、肯尼迪和约翰逊执政时期的农业政策。默克教授用六百多页的篇幅追述了美国的发展历程，在结束语部分，他进一步扩展了西部作为"开放边疆"的概念，使其涵盖所有的科学技术、所有人类对自然的驾驭、所有"人与人之间的关系"。最后他总结道："这就是正在挑战整个民族力量的边疆。"[2]如果顺着他的思路，则哪里有乐观精神，哪里热爱自由与民主，哪里有克服困难、不屈不挠的意志和创造美好未来的决心，哪里就是西部。当然，默克所说的是俄勒冈，但也可以是澳大利亚或香港。

且慢，西部的含义还不止于此。早在默克发明轧棉机之前，早在十七世纪欧洲人在寒冷的马萨诸塞海岸建立殖民地之前，甚至早在美洲大陆被发现和命名之前，史学家们就向我们讲述了一个更为古老和模糊的西部。关于这一点，我们有亨廷顿图书馆资深研究员雷·艾伦·比灵顿这样的高级权威为证。此人直到 1981 年去世一直被许多人尊为西部史领域最有影响的人物。他的《向西扩张：美国边疆史》（*Westward Expansion : A History of the American Frontier*）是该领域最权威的著作之一。根据此书（1974 年第四版），西进运动仅仅是"起源于十二世纪的一场声势浩大的多民族迁徙的最后阶段，当时欧洲封建王朝开始驱赶威胁基督教世界的野蛮部族"。进军伊斯兰世界的十字军是最早的拓荒者，耶路撒冷是他们的边疆。虽然他们失败了，但成功者紧随其后，马可·波罗、克里斯托弗·哥伦布和庞塞·德莱昂——随之而来的大批人马将西方版图拓展到世界的遥远角落。按照比灵顿的叙述，这场伟大传奇持续了八个世纪，一直到美国人民党奋起自卫，抵抗"东部利益的无情剥削"。如果我理解得没错的话，这场运动的确壮观，它起始于狮心王理查的部队，直到奋战在干旱多尘的堪萨斯的老光脚杰里·辛普森及其同伴。我的祖父，一位喜欢嚼烟草的半人民党人，一定会喜欢这个故事。然而，正当我们准备好同比灵顿一起向未来挺进时，这

22　场壮观的运动却突然消失了。比灵顿在该书的最后章节宣称，随着 1896 年人民党竞选失败，西进运动悲哀地结束了。二十世纪将不会有什么西部史。过去西部无所不在，现在它却销声匿迹了。[3]

　　为了查明西部在哪里，我翻阅了过去十年或十二年出版的主要书籍，这些书都是著名学者的作品，从中我们获益匪浅。但是读后我却不能手指地图说："这就是西部。"书中对西部的界定过于抽象模糊，事实上让人迷惑不堪。他们都说西部是场"运动"，是次"扩张"，是个"边疆"，但很显然又是指任何运动，任何扩张，任何边疆。

　　将西部抽象化并让人难以琢磨的始作俑者是弗雷德里克·杰克逊·特纳。作为对这个领域进行思索的第一位学者，他曾获得多方赞扬，他将史学家们引上了一条泥泞湿滑的路，最终到达的是片沼泽地。长期以来，人们不清楚目的地在哪儿。而特纳竖立的路标却诱使他们对前途充满希望。他在

一封写于二十世纪二十年代的信中说："我所说的'西部'是一个过程而不是一个固定的地理区域。"[4] 早些时候，他在哈佛开设的西部史课程的讲义中也做了同样的区分；这门课被描述为"若干西部史选题的研究，西部是一个**过程**而不是一个**区域**"。在一篇未发表的文章中他解释了这个过程所包括的内容：

1. 持续向西部扩展的定居活动，以及

2. 定居地边缘自由地带中的所有经济、社会和政治变化；

3. 不断向前推进的定居活动；

4. 这些相继开发的定居地生活的各个阶段，包括林中生活时期、拓荒农耕时期、科学农耕时期和制造业时期。[5]

简而言之，特纳的"过程"实际上有四个，或者说是多个过程构成的一张纠缠不清的网，其中所有因素同时发生作用，包括美国工农业的整个发展过程、人口增长和迁移史、国家政府机构的创建，以及处于网中某处的美国性格特点的形成。难怪特纳之后西部史研究难以步入正轨。

迷路时，最明智的策略就是回到出发点，回到特纳先生曾指路的地方，然后寻找另一条路。不要去理会写着"通向过程"的路牌，而应该看看另一个写着"通往固定地理区域"的路标，或者最好是寻找通往某个具体区域的具体前进路标。沿途我们也许会摸索、争执，但我们不会回到深陷清教教义之中的马萨诸塞或者战败战死的十字军那里。

摒弃特纳和他的边疆主题的做法并非我首创。大约三十年前，此观点就在 1957 年《哈普斯杂志》上的一篇文章中隐约可见，是由被称为"西部头号史学家"的沃尔特·普利斯科特·韦伯（Walter Prescott Webb）提出的。文章题为"美国西部：永远的海市蜃楼"。如果这篇文章在当时受到足够重视，西部史研究可能会朝着一个更好的方向发展。文中没有特纳含混不清的西

部是移动的边疆的观点；相反，韦伯给西部在北美大陆的位置确立了明确
的坐标。他在文章的第二段宣称：

> 幸运的是西部再也不是变化的边疆，而是能在地图上标出，能够去游览
> 参观的地方。到那里的人都知道那是西部，它起始于密西西比河以西的第二
> 排州。[6]

换句话说，西部起始于南北达科他、内布拉斯加、堪萨斯、俄克拉
荷马和得克萨斯。这样一来，西部同北部和南部一起成为构成美国本土
四十八州的三大地理区域之一。

韦伯认为，西部与其他两大区域的不同之处主要在于它缺乏足够的降
水来维持欧洲传统式农业。密西西比河以西的第二排州年均降水量低于20
英寸，这是传统方式下种植谷物所需的最少量。从这里到加州海岸的大部
分地区都很干燥：最干旱的地区形成了沙漠，其他地区是半湿润环境。不
得不承认，在这个地区内也有例外和多样性——太平洋西北岸就是显著的
例子，为了分析方便，韦伯不得不忽略这些地方。毕竟，地区只是个笼统
的概念，总会有例外。

研究西部史的人都知道，韦伯这个具体化的西部的想法来源于十九世
纪探险家约翰·韦斯利·鲍威尔（John Wesley Powell），后者的《美国干旱
区土地报告》作为众议院文件于1878年发表，该文大约以100度子午线作
为湿润与半湿润地区的分界线。[7]韦伯将这条线向东移了几度，使他曾经生
活过的得克萨斯的奥斯汀刚好位于该线旁边。同时他大胆宣称鲍威尔划出
的干旱地带就是西部。作为二战后的一代，他认为这两个地区已经完全重
合了，史学家最好承认事实，不要重蹈特纳的覆辙。

虽然我所接受的书本教育不能使我完全相信韦伯，但是骨子里我感到他是对的，他关于西部就是美国干旱地区的观点完全符合我的经历和感受。我生于1941年11月4日，与特纳同日，只是晚了80年。但我从来没有像特纳那样认为西部是移动的过程。相反，我心中的西部是个独特的地方，这里生活着独特的人：他们像我的父辈那样被沙尘暴从西堪萨斯赶到更加炎热干旱的加州的尼德斯，沿途在飞满苍蝇的咖啡馆工作，在果园里工作，当铁路工人，无时无刻不被西部土地的博大所震慑，也被这里已经聚集起来的经济权力所震慑。我所知道的西部没有浣熊皮帽，没有众多的河船、斧子和小木屋。这些属于另一个时代，另一个地方——东部，那里大自然就近赋予人们充足的生活所需。相反，在我所知道的西部，男人和女人们在极其贫乏的自然条件下谋生，而且具有讽刺意味的是，他们又是在财富高度集中的社会中谋生。

我所描绘的西部景象与今天大部分西部史学家的观点相近。如果被迫明确表态，通常我们会站在韦伯和鲍威尔而不是特纳一边。例如，迈克尔·马龙在《史学家与美国西部》的前言的第一页就表示他所指的西部或多或少就是韦伯的西部——即"标志降水量减少的98度子午线以西的整个地区，北起南北达科他东部，向南直到得克萨斯中部"。[8]然而，史学家嘴上这么说，实际上却经常不顾自己得出的合理推论，仍然不由自主地受特纳摆布。我们接受西部是独特的固定区域这一新观点，但在书写历史时却不能做到坚定不移、头脑清醒，保持区域论的立场。

以下是我提出的主要问题：区域史是什么，不是什么？把西部作为区域而不是边疆来分析时，我们应该采取什么策略？为了保持思想和道德上的活力，区域史应尽可能包罗万象，研究所有事件和发生在所有人身上的一切，应该是完整的历史。要明确目标但不应强加刻板的教条公式，尤其是对西部这种多样化的区域。但在构成一个地区的因素中，有的意义更为重大，应有主次之分。我们所要做的就是决定哪些是核心因素，哪些不是。

让我们从什么不是区域史开始。在最严格的意义上讲，区域史不只是美国民族在政治、经济或文化上复制自己的历史。任何区域史学者都必须从这样一个设想出发，那就是从某个重要的方面来说，他所研究的区域是更广阔的整体的一个独特的组成部分。只发现两者的共同点对史学家来说毫无意义。菲利克斯·法兰克福特曾经写道："区域主义就是对人类难以驾驭的多样性的一种认识，这种多样性部分是由自然造成的，但同样来源于人类对自然做出的各种反应。"[9] 后面我将讨论自然的复杂作用，现在先让我们关注"多样性"这个词。区域史学家必须积极寻找多样性，即使很难找到或定义，或者是找到了但感觉不好。但是我们做到这一点了吗？还不够系统。事实上，有一思想流派甚至否认西部有任何值得发掘的特点或创新之处。

1955 年，厄尔·波姆罗伊就持此观点，在又一次把我们从特纳的影响中解放出来的英雄举动中，他写道："西部人从根本上来说是模仿者而非创新者。"[10] 通过一个又一个例子，从建筑到准州制，波姆罗伊指明西部人是怎样从东部得到思想并建立自己的制度的。在一定意义上波氏是对的，而且这种观点是期待已久的。但过分坚持他的观点会导致这样的疑问：为什么还要研究西部？为什么要不厌其烦地列举更多的例子，如果这些仅仅是东部的翻版？直接研究原版岂不更好？如果我们一味坚持西部仅仅是借用了东部，那么它就不是一个地区而是一个省，一潭遵奉者和盲目模仿者的单调无聊的死水，只会从东部的某个首府得到灵感。对一个思想活跃的人来说，没有什么比年复一年地住在这样的地方更枯燥乏味了。有抱负的人会很快离开这里，前往他方。波氏当然不希望发生那样的事。事实上，他曾警告西部研究不要滑向二流学术水平。然而，过分强调西部是东部的延续肯定会将我们直接引向平庸和乏味。

波氏正确地告诉我们不要过分强调例外。那将导致过度强调原创性，导致自负的沙文主义和反抗"外来干涉"的"艾草起义"①。正像波氏和拉马尔所证明的那样，那将掩盖联邦政府在西部形成中所起的决定性作用，这一作用尤其表现在准州制的发展中。[11] 但是，仍须指出，区域主义就是要说明一个区域的独特之处，否则就不成其为区域主义了。

区域史也不应该与少数民族迁移定居到另一个地方的历史相混淆。然而我敢斗胆地说，少数民族史与区域史经常形成矛盾。在美国，少数民族史通常是关于国外传入的难以驾驭的多样性和他们在同化的压力下为维护自身存在而进行的斗争。在欧洲，少数民族通常有自己的区域基础——也就是说，植根于特定的地理区域；但在美国，他们的文化特征却处于流动状态——语言、音乐、节日、食物、宗教穿过空间，来到钢铁小镇、大草原、市郊，却惊人地保存完好。许多少数民族来西部定居，但身在西部并不一定意味着他们**属于**西部。一个少数民族何时何地在何种程度上成为该地区历史的核心部分，取决于它如何被这一地区改变，或在其"难以驾驭的多样性"的形成中如何发挥积极的作用。[12]

不同于少数民族史，但在区域多样性形成中角色更复杂、遇到问题更多的是被侵略征服的当地原有居民的历史，这包括印第安人的历史，在一定程度上也包括讲西班牙语的美国人的历史。他们在这里生存和适应环境的时间比任何人都长，所以他们比任何人都更属于这里。他们不是移民而是土著。尽管如此，不能随便和简单地将他们纳入区域史研究当中。他们

---

① Sagebrush Rebellion 指二十世纪七八十年代西部州企图使联邦政府将西部共有土地转让给各州的努力。参见本书第 44—45 页。——译者注

是主权国家被迫地区化的结果——他们被迫成为"西部"的一部分（也成为"南部"和"东北部"的一部分，但尤其是"西部"的一部分），正如他们被迫成为美国的一部分一样。区域史学家不以土著人的历史和他们与土地的关系为开端，等于在继续上演掠夺他们土地的不公正历史。而单单把他们包括进去，把他们作为地区性的美国人还远远不够。

最后需要澄清的是，我们必须小心，不要把区域史等同于美国或世界经济体系的等级关系的历史。西部一次又一次地落入东部企业家的控制之下。正如威廉·罗宾斯最近所说，我们需要发展"一种广阔的理论模式，将西部放在国内和国际环境下加以研究"，这样才能了解外部对西部的剥削。[13] 的确，我们应该问一问西部的煤、黄金、铀和木材都到哪里去了，谁从中获利，问一问这些资源是如何帮助资本主义工业体系建立的。但是必须警惕的是，不要简单地用对外部剥削的调查代替对区域主义及其内部因素的更为全面的研究。

区域、国家、世界是历史这个方程式中的三个要素，它们随着时间的推移不断改变着影响力和价值。区域史学者尽管主要研究区域史，但也不能忽视其他两者。他们的特别任务就是要了解那些外来的经济政治力量、帝国和资本是怎样进入西部并同地区特色相互作用的——要么试图消灭西部特色，要么被西部转变成新的更加当地化的形式。

但在我看来，这些仍然是次要的，或者对区域史研究来说是潜在的陷阱。那么西部史的核心是什么呢？那儿会有什么因素和事件呢？让我们回想一下法兰克福特的话，他说西部史的核心在于它是那些难以驾驭的多样性之一，这些多样性"部分是由自然造成的，但同样也来源于人类对自然的各种反应"。换句话说，区域史首先是不断发展的人类生态史。当人们试着在地球上的某个地方谋生并使自己适应那里的局限性和可能性的时候，该地区就形成了。区域史学者应首先了解一个或数个民族是怎样得到一块土地的，然后还要了解他们是怎样看待和利用它的。史学家应搞清他们所运用的生存技巧、劳动、经济模式和社会关系。

说得更时髦一些，区域特征主要源于它的生态生产方式——或更简单地说，来源于生态模式。[14] 如果这些模式与国内或国外其他地方现存的模式没什么两样，那就没有什么可研究的了。另一方面，如果这些模式完全不同于其他地方，那么我们研究的则根本不是一个地区而是一种异邦文明。我们所要研究的地区恰恰处于"一致"与"不同"这两极之间。

因此，应该把默克的"开放边疆论"、特纳的"定居过程论"和波姆罗伊的"延续性理论"作为与区域史相关但又有所不同的别类研究放到一边，暂时忘掉帝国主义、基督教、城市化和市场这些更大的潮流。我们要把注意力首先锁定在人们是怎样从我们讨论的这片土地上得到食物、能源和生计的，还有他们的努力怎样影响了西部社会与文化的形成。

在我国最古老、最有特点的地区——美国南方，历史的大部分时间只有一种占主导地位的生态模式，那就是建立在非洲奴隶劳动之上的生产烟草和棉花的种植园农业。正是那种生态方式赋予了南方永久的特征和即使现在仍难以摆脱的命运。内战失败一百多年后的今天，南方人仍能在土地上看到过去的生态模式、落后的经济地位以及依然问题重重的种族关系的痕迹。

然而在西部，我们所面临的不是一种而是两种白人控制下的基本生态模式。第一种是牛仔和羊倌模式，第二种是灌溉者和水利工程师模式。我们可以称其为**畜牧业西部**和**水利业西部**。它们是美国其他地方所没有的，是韦伯和鲍威尔划出的分界线以西的特产。我们必须了解它们是怎样一并发展起来的，各有何社会影响，它们在空间上又是怎样相互竞争的，怎样一直并存到今天，又各自蕴含什么样的文化价值。

全世界都知道美国西部根本上是牛仔的天下。这不是神话，尽管小说和电影往往将这一事实神化。当牛仔开始来到这里放牧时，西部就不再是模糊的探险地带，而是开始成为一个明确的地区，包括从大平原到太平洋沿岸之间各州的广阔区域。[15]

这个西部并没有像特纳所预计的那样发展。因为按照他的理论，西部作为一个过程、一个发展进化的社会，其畜牧业应该是定居过程的一个阶段，它昙花一现，应该很快让位给农业和制造业。但是西经100度以西的情况并非如此。

皮货商、矿工和垦荒的农民来到了西部，正像他们来到大陆其他地方一样；传教士和驱赶印第安人的士兵也来了。他们都发挥了重要作用，但也许除了硬岩矿工外，他们都不是这里所特有的。只有牛仔定居下来并建立起一种独特的生活方式。[16]到二十世纪初，这种生活方式已经根深蒂固，并在一些文学作品中有所反映，如维斯特的《弗吉尼亚人》（1902）和亚当斯的《牛仔日记》（1903）。甚至在今天，在二十世纪的最后二十五年里，畜牧业仍一如既往、蒸蒸日上。牧场和牧群管理的技术也许改变了，但基本的生态模式却原封不动。围绕这种模式成长起来的自力更生的个人主义精神也保存了下来。目前这种生活方式及其历史意义都还不会消失。即使突然消失，它也会在西部留下永恒的印记，正如棉花种植园在南方一样。

另一方面，西部的水利业很少引起西部史学家的注意。[17]它吓了我们一跳，至今还没完全搞清楚它的意义。其中有几个原因：西部水利业兴起于二战之后，然而直到最近，史学家们却还醉心于十九世纪的研究。与畜牧业相比，水利业在技术上更深奥，组织上更复杂，因此更加需要努力深入地去了解。尽管它已成为几首歌曲、几部电影和小说的素材，但它毕竟缺少浪漫色彩来引起公众的关注。事实上水利业太抽象，不为人所知，不具有人性特征，甚至有时是邪恶的，很难得到赞美和热爱。灌溉渠、虹吸管、运河和蓄水大坝创造了这个西部，在这里，日常生活取决于对稀缺易逝而又绝对重要的自然资源——水——的精心管理。

　　水利模式要比畜牧业模式古老得多，可以追溯到几百年前亚利桑那的霍霍坎印第安人和其他土著社会。[18] 现代白人统治时期，水利业最早于1847 年出现在摩门教徒的沙漠之州犹他，随后很快又出现于科罗拉多附近的格里利和加州中央谷地。加州最终成为水利业发展的主要中心，其影响力一直辐射到蒙大拿和得克萨斯。到 1978 年，据农业部统计，西部十七个州共有 43 668 843 英亩灌溉土地，占世界总量的十分之一。其中加州 860万英亩；得克萨斯 700 万英亩；内布拉斯加 570 万英亩；爱达荷和科罗拉多各 350 万英亩。加起来占美国农产品销售额总量的四分之一，即 260 亿美元。如果按县计算，全国十个高产县有九个在西部，其中八个在加州。[19]

　　这个水之帝国完全为西部所独创。诚然，大量资金、技术以机器设备、农药、化肥等形式投入全美的农场里，西部水利业仅被当作另一种技术形式，是现代农业综合企业的一种高级表现形式。然而，西部的特色就在于普通灌溉者不仅要为提高产量不时地购买水，而且完全依赖于水，为了生存必须有稳定可靠的水源。水在他的生活里不是市场竞争的对象，不能考虑买或不买，也绝无替代品。在水这个问题上，农场主们没什么真正的选择，水渠里水位的高低决定了他们的生死。正是对水这种必不可少的资源的完全依赖这一事实产生了一种特殊的生产方式。

　　由于这种依赖性，区域史学家需要了解：灌溉业给西部带来了哪些社会变化？在该种生产方式下人们是怎样组织起来的？他们之间的关系如何？思想和观念方面有哪些特点或独特之处？灌溉设施又是怎样使这个西

30

部不同于东部或畜牧业西部的？

有趣的是，虽然弗雷德里克·杰克逊·特纳并不认为西部是一个地区，但他却是首批注意到这个水利业特征的人之一。在 1903 年发表于《大西洋季刊》的一篇文章里，他注意到过去十五年里西进拓殖活动已到达大平原，"新的地理环境加速了西部民主社会的进程"，他继续道，"用老式个人拓荒方法征服大平原根本不可能"，新地区需要"昂贵的灌溉设施"、"联合作业"和"小农望尘莫及的资本"。他写道，"缺水决定了新边疆的开发将是社会化的而非个人的"。他将这里与美国其他地区所经历的社会结构变化做了比较：这个西部从一开始就有"工业"体系，并将促进无论是土生土长的还是外来的像安德鲁·卡耐基那样的"工业巨头"的成长，他们将总体控制这片土地。开发干旱的西部像创建一个工业社会一样，这一过程对运用平常技术的普通人来说太浩大，因此他们必须"团结起来，受强者的领导"。他们还不得不依靠政府为他们修建大坝和运河，并教他们"该种什么，什么时候种和怎么种"。特纳总结到："干旱地区的拓荒者必须既是资本家又受政府保护。"[20] 特纳清楚地认识到这同在东部水源充沛条件下种植作物有着本质的不同，可奇怪的是他仍然假定他那神圣的边疆民主理想不会受影响。换一种方式看问题就会击碎他那使西进运动充满希望的民族骄傲。时代不同了，现在我们能够更现实地看待西部水利业所形成的社会特征了：等级、财富与权力集中、专业管理、对政府和官僚的依赖。美国沙漠是能长出庄稼来的，但其中也有"寡头"庄稼。

这一点在八十三年前就依稀可见。二十世纪三十年代后期，约翰·斯坦贝克（John Steinbeck）在他的小说《愤怒的葡萄》（The Grapes of Wrath）中印证了这个事实。小说通过俄克拉荷马乔德一家的所见所闻，描述了灌溉业的西部。被迫西迁的乔德一家成为永久的弯腰苦干的下层农工，既无法得到土地，更得不到水源。斯坦贝克感到摆脱这种非民主的结局并非易事，只要西部想要或需要一个水利系统，并且想使之发展壮大，就很难避免这样的结局。实现这一宏伟目标需要拥有资金或专业技术或两者兼备的权力精英。这个权力精英不一定非要由资本家阶层组成，实际上可以由政府出面干预，以便开发更多水源而且将其分到更多人手中。但是这样做政府就会形成集权，并成为一种控制人们生活的威胁，这种威胁往往会达到人们难以容忍的地步。很简单，水利王国对水资源的控制必将导致一些人对另外一些人的控制。[21]

灌溉业带来的另外一个后果是城市发展的深化和集中，这一点同样出乎意料，甚至现在也未引起广泛重视。城市同样需要水，在缺水的地区由于水源既少又远，城市必须到很远的地方找水。城市越大就越有力量战胜对手。在这场较量中，既缺少资金又缺乏技术能力的小城市处于劣势。它们不可避免地要么败走要么成为大城市的附庸，正像加州欧文斯峡谷城与洛杉矶竞争的结果那样。韦伯注意到这场不公平竞争的后果："今天的西部实质上是一种绿洲文明。"[22] 尽管西部幅员辽阔，但人们却发现自己被赶到一些孤立的绿洲上，拥挤不堪地生活在那里，周围却是一望无垠、空空荡荡的荒野大地。

最后，灌溉业以我们尚未理解的方式触及并塑造了人们的想象。旧的观念在这儿获得新生，或以一种新的方式被采用。例如，来这儿的美国人 32 都在骨子里怀有征服自然界的欲望。他们并不是来思考这片土地的，也不会轻易容忍土地给他们带来的艰苦。西部人说，我们要在这令人敬畏的河谷进行一搏，要用凡人的力量阻止奔腾不息的哥伦比亚河、斯内克河、密苏里河、普拉特河、格兰德河和科罗拉多河。个人或一小群人是不可能完成这样的壮举的。我们必须团结一致，共同奋斗。畜牧业的西部赞扬不畏艰险的个人主义，而灌溉业则宣扬狂热的集体征服自然的思想。[23]

灌溉业西部与今天莫斯科、纽约或东京所流行的现代科技社会有许多相同之处，但它们并不是一回事，至少目前还不是。科技社会认为自己已完全摆脱环境的束缚，克服了所有的限制，终于屹立于自然的控制之外。但在今天的西部，这种吹嘘仍荒唐可笑。显然，西部还没有研究出制造哪怕一个水分子的方法，更不用说取之不尽的水了，它连一种水的替代品都没找到。水依然极度匮乏而且不可替代。在西部找到大量生产水的方法之前，它还得听天由命。这就决定了西部仍然不同于其他地区。[24]

通过对西部这两种主要模式的回顾，我提出了一种分析策略，如果被采用，它将最终引导我们认识真正的西部。以前，韦伯曾告诉我们哪里能找到真正的西部，但他自己却灰心丧气，半途而废。他害怕在研究过程中找不到具有思想深度的东西来满足史学家的需要。在1957年的一篇文章中他写道："西部史简短且古怪。简短是因为时间短，材料不充足；古怪是由其性质所致。"韦伯在英国当了一段时间的客座教授，又广泛游历了美国东部和南部，最后于二十世纪五十年代回到西部。这时他更加认识到西部"充满消极因素，缺少积极因素"。他尤其将西部未能取得重大文化成就归罪于缺水。

> 研究传记人物的史学家去一个缺乏伟大人物的地方干什么? 史学家去一个没有编年史、没有重要战役、没有重大胜利、没有军队投降的遗址、没有埋葬战死疆场的士兵的墓地的地方干什么? 他怎能从贫乏的材料里写出厚重的历史呢? [25]

33   从前我们听到过这样的叹息，那是视野狭隘者陈旧而又可怜的哀号，他对自己失去了信心，也对自己从周围环境中发现深刻意义的能力失去了信心。或许，为了避免这样的疑虑，西部史学家应该远离像牛津这样的地方。或者如果坚持要去的话，他应该提醒自己，如果仔细观察就会发现，欧洲那些古老的国王和武士并不比新的好多少。毕竟历史不只是战争和军队。他应该尽可能多读几遍何塞·奥加特·盖斯特（J. O. Gasset）曾经说过的话：干旱的土地不一定意味着贫瘠的大脑。[26]但韦伯把这些全忘了。晚年的他似乎对西部失去了热情，转而开始贬低它。现在要靠后一代——我们这一代继续前进，发现更深刻、更全面、更丰富的区域史。

如果克利福德·吉尔茨（Clifford Geertz）能在巴厘的斗鸡比赛中找到深刻意义，以马内利·勒·罗伊·拉杜利（ELR Ladurie）能在朗格多克的农民身上找到可写的东西，那么西部史学者就不必灰心。[27]想象力丰富的人会发现，这个地区还是大有历史可写的。经过欧洲移民二百多年和印第安人几千年的生活，这片广袤而又人迹罕至的干旱土地具备了可供任何人进行研究的东西：贪婪、暴力、美、抱负和多样性。如果给予足够的时间和精力，某一天它也会向我们呈现出一部有关人们长期不懈地适应环境的历史。

我们正在开始了解真正的西部在哪里，曾经是什么样子，本可能成为什么，将来可能成为什么。我们正在开始第一次了解这个地方。

第三章

牛仔生态学

当谈到美国西部时，从皮奥里亚①到波斯，世界上几乎任何一个地方的人都会说西部就是牛仔，就是牛仔在牧场驱赶牛群的生活。不用你提醒，他们还会补充说，西部已成为整个美国民族的象征。可是史学家们通常对这些回答不屑一顾，看不到其中的可取之处，甚至往往认为这都是些哗众取宠的虚构，是庸俗的大众文化，荒诞不经，毫无价值。结果，书写美国史的史学家们都或多或少地忽视了牧场生活（就像他们往往忽视了密西西比河以西的生活一样）。据一项对流行的十四种美国历史教科书的调查，畜牧业、牛仔和牧场在这些课本中所占的篇幅平均每一千页中有不到两页。[1]显然，对于美国史中哪些东西才算重要这个问题，史学家的观点与大众相差甚远。在这个问题上，我认为大众的直觉更值得关注，当然，其中的原

① 皮奥里亚为美国伊利诺斯州中部城市。——译者注

因并不完全与大众的看法相同。

忽视西部的学术界中一个明显的例外是丹尼尔·布尔斯丁（Daniel
Boorstin）。在他的通览美国历史发展之作的第三卷，布尔斯丁一开始就赞
美那些"能抓住时机的人"，那些在内战后"去西部寻找别人想都不敢想的
东西的一代企业家"，一群"白手起家"的人。他们之中的杰出代表就是广
义的牛仔——像查尔斯·古德奈特那样把牛群驱赶到运输点的西部人和像
约瑟夫·麦卡伊那样的牛群托运商。这两个人只是那些意识到能从无望的"西
部沙漠"环境中得到牛肉的许多人的代表。[2] 布尔斯丁认为这些人是新美国
的象征。他们不愿受僵化的传统道德观念的束缚，敢于投入动荡不安的现
代生活，一边摸索一边制定规则。其他人不相信自由企业已经取代了旧的
道德观念，他们骂牛仔为暴徒和偷牛贼。大多数的学院派史学家即使对牛仔、
牧牛人传奇以及牛肉和羊毛业不反感，也认为它们枯燥乏味，并将其排除
在主要的社会变革和斗争之外。

与美国南部种植园史相比，畜牧业与西部史的地位显得尤其微不足道。
即使是在二十世纪末的今天，在经历了如此剧烈的城市化与经济增长之后，
种植园仍然是美国南部研究的核心。而且与牧场相比，种植园史在教科书
中占有更突出的位置。但牧场与种植园一样，都是农业资本主义革命的产物。
两种制度都成为决定地区特色的有力因素。种植园和牧场的关键区别在于：
种植园实行了一种令人深恶痛绝的劳工剥削形式，对种族关系产生了长远
的影响。种植园制度不仅存在于美国，而且也存在于其他一些国家，主要
是在欧洲人强迫其他种族大规模种植各种奇珍异果的温带地区。种植园是
欧洲人征服有色人种的一种残酷手段，那些致力于了解这段充斥着种族征
服、剥削和不公的历史的史学家们理所当然地给予了它特别的关注。

然而，在西部牧场上，人与人之间的关系看上去似乎总是更加坦诚、

35

愉快和不受约束，因此也更容易被遗忘。的确，历史上每个牧场的建立都
需要驱逐土著居民。而且典型的牧场上总有一群报酬低微的工人，其中一
部分是非白人——如印第安人、墨西哥人和非洲裔美国人；如果把夏威夷
群岛也算在内的话，甚至还有亚洲人和波利尼西亚人。在西部所讲的欧洲
语言里有西班牙语、德语、丹麦语和盖尔语。与南部的种植园相比，牧场
通常更像是一个处于白人霸权统治下的微型国际联盟。可是我们受约翰·韦　36
恩主演的西部片的影响太大，对西部总是持有相反的看法，完整的西部种
族和族裔多元化史仍有待书写。同样，与奴隶制相比，西部牧场上的工作
关系看上去似乎很平常，是温和、平等而不是充满了剥削。在这种制度下，
拿工资的工人自由地出售他们的劳动，有时候只干一两个季节就离开了。
这种工作必然具有很大的独立性。由于驱赶牛群的牛仔经常远离工头的监
视，由于现实中这种工作需要更多的自主性和个人努力，还由于受雇的牛
仔可以骑着骏马、手持长枪穿行于广阔的空间，所以牧场工人比纺织工和
棉田里的劳工拥有更多的人身自由。因此，虽然"牛仔无产阶级"的说法
已被史学家多次提出，却总像是落在石头上的种子，毫无收获。[3]

　　但是，即使牧场上的劳动剥削和种族压迫不如种植园里那么残酷，它
仍有引人注目的、具有历史意义的独特之处。这一点对美国西部的发展至
关重要，对于美国其他地区也具有借鉴意义。首先，这个问题对当今世界
上的许多国家，特别是亚非拉地区的发展中国家十分重要。我指的是"我
们如何靠这个脆弱的地球谋生而又不毁灭之"的问题——换句话说，我们
如何才能过一种可持续的生活，既不破坏自然环境，又不破坏赖其为生的
社会。由于从人类的角度看，西部的大部分地区属于脆弱的边缘性环境，
因此，从这个意义上说，西部是地球上一个绝好的实验室。正如沃尔特·普
雷斯科特·韦伯曾说的，西部是一个中间是沙漠的半沙漠。[4]与北部和南

部相比，西部的环境并不利于农业和城市的发展。只是在最近几十年，由于有了发达的现代引水技术和空调制冷技术，这个地区的人口才得以快速增长。许多第三世界国家面临同样的局面，它们也同样面临自然条件不利的土地的挑战——按现代农业的标准来说，那些土地所处的地区要么太热，要么太冷，要么太干旱，要么山太多，让人类望而却步。但由于人口的爆炸性增长，这些土地被用于种植作物或发展畜牧业，人们也开始在那里定居。

除了环境挑战之外还有另一个问题，那就是采用什么样的土地使用权或所有制形式才能确保农业的可持续发展：是私有制还是公有制？是企业经营还是官方经营？这里，美国西部畜牧业的历史又为我们提供了可资借鉴的经验，因为从一开始，牧场经营就被有关这个问题的争论所困扰。

但是，为了有效地回答这些问题，我们必须比以前更强调用比较人类生态学的方法来看牛仔史，必须强调人类与其他动物的关系、动物与植被的关系，以及植被与土地所有权之间的关系。下面我将简要介绍一下这种新的比较学方法，并提供一些思路，以使全世界的学者都能认识到这个地区的重要性。我们首先应跳出狭隘的地方主义观念，突破所谓美国独一无二的陈见，试着把牛仔及其牧场放到人地关系的大背景上来考察。

除了在"牧场"一词被滥用的加州（那里有减肥牧场、鳄梨牧场、高尔夫和网球牧场、郊区小牧场、退休总统住的牧场），牧场一般指专门饲养牛、绵羊、山羊或马匹的面积广阔的农庄。但它同时也是古老的畜牧生活方式的现代重构，想全面了解牧场的现在与未来，必须了解它的前身。

畜牧活动作为一种集中饲养牲畜的生存方式，最初是同时管理动植物的一种简化了的农业。它很可能是因有限区域内人口增长过快而产生的。一部分人可能被迫放弃农耕，不得不迁徙到条件更差的土地上谋生——也就是说，他们被迫迁出河谷地带，来到辽阔的高原、高山，或者是只能生长矮灌木、降水量稀少且不稳定的草原地区。在这些地方，他们不得不放弃大部分原有的生活方式，把饲养各种反刍动物作为生存的基础。显然，最早被迫来到那些荒芜之地的是中东的游牧部落——以赛玛利的后代，他们赶着骆驼、山羊和绵羊漫游在荒漠之中，与农耕部落保持着一种共生的关系，时而与它们贸易，时而去袭击它们。这种相互依赖的关系一直延续到最近。

　　人类学家布赖恩·斯布纳从古代历史上的游牧民族中确定了五个大文化区：下撒哈拉非洲以牧牛为生；从撒哈拉、阿拉伯一直到印度的广阔沙漠带，骆驼是主要动物；伊比利亚、意大利、希腊、土耳其和阿富汗的山间高原主要以养羊为生；中亚大草原以养羊为基础；从挪威到白令海的环极地地带，驯鹿一直是主要放牧动物，是衣服和食物的主要来源。[5]

　　也许当代西部史学家对这些历史悠久的游牧传统所能做的最有意义的工作，莫过于探讨这些与动物生活在一起的不同地域的民族是如何维持他们的生活方式的。例如，东非的游牧部族跟牧群生活在一起已有一万年之久；虽然根据一些权威人士的论述，这些部族对非洲的植物产生了深远的影响，但至少直到近期，他们一直成功地保持着一种动态的平衡。[6]无论他们对自然造成了什么破坏，无论在这十个千年之间他们经历了什么悲剧，他们至少存活到了研究他们的人类学家出现的年代。他们是如何做到这一点的？他们是如何控制对土地所造成的影响，从而使它能够持续生产的？他们在保护畜群赖以生存的牧草方面取得了多大成功？这些游牧民族造成了何种土地退化？其程度如何？

　　有关这些问题的答案就像传统游牧社会的数量一样多。在有些地区，尤其是极干旱地区，游牧生活磨砺出了高度自立的民族，牧民们靠不断迁徙来保护其生态基础。部族内部经常发生内讧，敌视的部族之间也经常发生战争。例如，在伊朗西南部的卡什卡依，按照惯例，部落中的每个大家族都把自己的畜群与其他家族的分开，并在酋长分配的牧场上放养，他们并不需要遵守多少社会规则。每个家族都尽可能地扩大自己的畜群，使牧场长期处于高负荷状态。当牲畜数量过多时，他们就会向酋长要求得到更多的土地。每个部落都尽量多占土地，并保卫它们免受对手的侵犯。地区部族之间粗暴的力量对比——有时相当粗暴——决定了谁能够进入冬季和夏季牧场。虽然私有制从未存在过，但部族内部形成了按畜群数量划分的等级制。

　　传统的牧民过去对保护资源或改良牧场没有什么兴趣，但他们对自己使用的牧场非常了解（这里我之所以用过去时态是因为真正的游牧生活事实上已经不复存在）。他们必须知道几个月后哪里有牧草，能维持多少牲畜，哪里有水源，旱季什么时候到来。一旦当地资源耗竭，他们就要另谋出路。有时他们会尽量通过外交途径进入其他部族的领地，如果不行，他们就会诉诸武力强行进入。最终等自己牧场的草恢复了，他们就赶着畜群回来重新啃食。只要人口数量受到战争和疾病的限制，只要畜群的数量也因不断发生的干旱、饥荒、动物捕杀、偷盗或低繁殖率而受到遏制，牧民们就能生存在牧场的承载力之内，植被也会变得越来越具有活力、越来越顽强。[7]

　　但在另一些地区，畜牧业的历史却朝着一个完全不同的方向发展。生存的策略不是从一个地方到另一个地方的临时性游荡，不是永不停息的循环流动，而是要学会如何在一个地方定居并去适应那里的条件。欧洲阿尔卑斯山周围就有很多这种密集型定居式畜牧社会的例子。这里，传统上每年有一部分时间牧民把畜群赶到附近的高山草甸上放养——从事一种被称为季节性迁徙放牧的垂直的游牧活动。当夏天结束时，他们就把畜群赶到山下固定的村落，在那里用储存的草料饲养畜群度过冬天。因此，在一年的大部分时间他们与其他农夫没有什么区别，只不过收获的是牛奶和乳酪，而不是粮食。从新石器时期起，这个地区的夏季高山草场就已经开始被使用了，自中世纪以来，"这里发展出了欧洲地区最稳定、最平衡的农业社会和文化"。[8]在南美的安第斯山还有喜马拉雅山地区，也能找到类似的定居村落、游牧与谨慎的环境利用相结合的例子。[9]

有关山地畜牧业的经典生态学研究是罗伯特·奈丁（Robert Netting）的《阿尔卑斯山上的平衡》（*Balancing on an Alp*），该书的研究对象是位于罗纳河与采尔马特及意大利边界之间的瑞士村庄托布尔，该村至今仍充满生机。至少七个世纪以来，这里的日常生活遵循严格的成文规则。这些规则是任何沙漠游牧部落都无法忍受的。这些规则中最早的那些可以追溯到1224年，它们被用拉丁文写在一张羊皮纸上，内容主要涉及土地使用问题。例如，规则明确指出村中谁有放牧权、谁在集体牧场中拥有份额。这些规则被如此严格地遵守，以至从来没有外来者被允许加入到这个封闭的圈子中来。[10]每个家庭冬天靠储存的干草饲养的牛的数量都有限制，这些干草是各家在自己的私有土地上生产的。全村约有五千个地块，一个家庭最多 40 能拥有一百个，各个家庭的地块错落相间，大家共用一些大仓库。这是一个紧凑、平等的群体，没有贫富之分。封建时代并没有破坏其社会生态秩序，现代资本主义经济到目前为止也还没能摧毁它。它在公有制和私有制之间取得了一种平衡。它以当地的条件来确定人们的需求，对这些需求给以严格的限制。最重要的是，托布尔的畜牧生活建立在居民普遍接受、一贯支持的对自然有限性的强烈共识之上；否则那些规则就不会被接受。正如奈丁所说，"该村数百年经久不衰的事实以及高山和森林持续的生产力都证明了集体管理的有效性，证明了自然保护措施和坚决贯彻防止过度放牧和无节制砍伐林木的规定的明智。"[11]

　　我们可以环游世界，考察各种各样的畜牧生活。以上所做的简短讨论
目的是想说明，有大量历史资料是那些研究美国西部的学者至少应该略有
所知的，这些学者具有从事比较研究的广阔空间。牛仔不只属于怀俄明，
也属于人类生态学这个更加广阔的世界。

　　在十九世纪六十年代的得克萨斯南部，北美牧场开始成为一种制度，
牧场的发展完全属于内战以后。虽然沿用了遥远的古代伊比利亚和凯尔特
的畜牧业术语、工具和动物传说，北美牧场毫无疑问属于现代资本主义制度。
它形成于新世界的环境脆弱地带，这里以前很少有驯养动物。北美牧场专
门饲养引进的牛和其他动物，以供市场之需，为东部迅速发展的大都市和
欧洲提供肉类、皮革和羊毛。在这种新的畜牧业体系中，畜群成了一种资本，
被用于获取利润，从而使资本无限增长。但是畜群只是资本的一部分——
它只是把西部草场这种更基本的资本加工成为一种适合于人类消费的产品
的工具。牧草变成牛来到芝加哥或堪萨斯城的屠宰场。在这里它们成百万
地被宰杀，然后加工成牛排。[12] 在美国，从一开始畜牧业就与全国的铁路
线一起成长，规模横跨北美大陆。在 1879 年冷藏船发明之后，它更是成为
横跨大洋的全球性产业。[13]

　　北美牛仔是人类悠久的畜牧传统中继瑞士和马赛牧牛人、柏柏尔和俾
路支牧羊人，以及秘鲁和也门的美洲驼和骆驼牧民之后出现的一种全新类
41　型。但是，和先辈们一样，他也必须面对那个古老的根本问题：他和土地
之间应保持一种什么样的关系？与其他传统相比，他能存在多久？

　　从事这方面研究的史学家一致认为，美国畜牧业发展的前三十年，即
1860 年至 1890 年这段时间，是十足的灾难。虽然这段历史多彩多姿、激
动人心、富有传奇色彩，但也改变不了灾难的事实。从得克萨斯北部到加
拿大的平原地区，往西直到太平洋，成千上万的企业家围拢牲口，把它们

驱赶到数百万公顷对私有企业开放的公地上。这些企业家中没有部落酋长，没有古老的羊皮文件详细规定他们的权利和责任，他们对所征服的土地一无所知，也不愿耐心等待这些传统的到来。他们声称牧场不属于任何人，因此它属于每个人。先来的人毫无顾忌地占有自己想要的土地，在没有合法权利的情况下就开始放牧。不久，其他人也陆续到来，声称他们也有同样的权利。很快那里就熙熙攘攘、热闹非常，有个体也有公司，其中不少是居住在爱丁堡或者伦敦的"牛仔"。请听这种新式牧人的杰出代表格兰维尔·斯图亚特对蒙大拿繁荣时期狂热景象的描述：

> 在 1880 年，这里几乎还无人居住。你可能走上数英里也看不到一个旅行者的宿营地。成千上万的野牛黑压压布满了绵延起伏的草原。每座山丘、每个峡谷和每片树丛中都有鹿、驼鹿、狼和郊狼。……到了 1883 年秋天，牧场上连一只野牛也没有了，羚羊、驼鹿和鹿也十分罕见。1880 年，这块林地上还没有人听说过牛仔，查尔斯·罗塞尔（蒙大拿著名的牛仔艺术家）也还没有画过他们的图像；但到了 1883 年秋天，牧场上牛的数量达到六十万头。牛仔……已成为一种制度。[14]

或许他还应该加上一句，仅仅五年之后，也就是 1888 年，过度放牧和寒冬几乎摧毁了西部大部分畜牧业。牧场上到处都是被饿死或冻死的牲畜的尸体，成千上万。没死的那些也被牧场主装上火车变卖给屠宰场。美国的新畜牧业破产了，它的衰落比兴盛来得更快。它需要几十年才能完全恢复。[15]

如果以动物死亡的数量来衡量的话，这个我们可以称之为"自由放任的公共牧场"的破灭，是人类畜牧史上最惨重的失败之一。西部历史课上

42 曾多次提及这次惨败，但它可能同样多地被人们遗忘，因为美国人不愿重
提自己在一种目不识丁的非洲部落都能成功的行业中惨遭失败的经历。我
在此重提这段历史的目的不仅仅是想提醒人们关于早期牛仔资本家的失败
的事实，也是想引起人们对它所造成的后果的关注。我们曾拥有广阔的公
共土地，其中很大一部分并不适合发展农业，它太脆弱了。然而这土地能
提供具有巨大畜牧业潜力的、幅员几百万英亩的牧场。但是谁将拥有它，
谁去管理它呢？有没有一种既安全又人道的长久之计，能够把牧草和那些
可怜无知的、靠牧草为生的蹄类动物转变为拥有无限个人财富的现代
之梦？

　　在本世纪大部分时间里，对这些问题一直存在着两种截然不同的答案。
但是到目前为止，没有哪一个足以让人信服，可以一劳永逸地解决这些问题。
有的人认为公共牧场应当被送给或出售给私人；另一些人则认为牧场仍应
归联邦政府所有。我要补充的是，无论哪一种选择都与旧世界悠久的畜牧
传统相脱离；实际上，它们都建立在对旧传统的排斥和对新事物的笃信之上。
而且可能正因为如此，它们中无论哪一个都不可能成为一个充分的或者可
接受的解决办法。

　　继十九世纪八十年代的灾难之后，有一种意见很快占了上风：那就是
把所有的公共土地都作为私人财产移交给牧场主，让牧场主不受干涉地自
己管理。在一个信奉私有企业的国家，这种观点的出现是可以预料到的。
如果农民可以免费得到 160 英亩的宅地，为什么牧人不可以分文不花得到
1 600 英亩或者 16 000 英亩的牧场，甚或放牧所需的任何东西呢？在很多
人看来，只有这样做对那些以牲畜而不是耕作为生的人来说才算公平。但
由于这种免费获得 16 000 英亩牧场的权利未能得到广泛认可，于是就出现
了其他一些建立在经济学和生态学基础之上的更有说服力的观点。这些观

点认为，私有化将给西部牧人带来真正的动力，促使他们去更好地管理牧场，从而避免十九世纪八十年代出现的一哄而上的滥用。有了完全属于自己的土地，牧人就更会投资于长期的改良，尤其是建造围栏。围栏非常重要，因为围栏能让牧民们圈养品质更加优良的畜群，而不用担心它们会与品种低劣的牲口随意交配。围栏也使牧场的轮作成为可能，它可以把畜群限制在长势良好的草地上，使它们远离那些需要休养的地带。土壤侵蚀、资源枯竭和杂草的入侵都会得到控制。私有化方案能使牧场保持健康多产，同时又带来更高的经济回报。[16]

　　这种论调自二十世纪上半叶开始在国会听证会上出现，一直延续至今，并在个体牧民、他们的游说组织（全国牲畜业协会、全国羊毛生产者协会，以及各种类似的州一级的组织）、他们的参议员和众议院议员，以及一些资源经济学家中流行。1929年，在这些人的一致呼吁下，赫伯特·胡佛总统提出，除了用于森林和国家公园的土地之外，剩余的公共土地将移交给西部各州，各州可以再把它们转让给私人或企业。然而，人们发现胡佛总统并没有出让这些土地的采矿权，所以这项政策未能通过。更近一些，即1979年到1981年间，从内华达开始，一些西部州试图把各自境内的联邦土地转入各州手中，目的是把这些土地再转给牧人和开矿者，这就是所谓的"艾草起义"，它最终也流产了。[17]

　　自然资源保护主义者、政府官员和一些科学家提出了一种相反的解决办法。他们认为，广袤的西部牧场是联邦政府代表所有美国人用大量鲜血和金钱换来的，因此它们应保持公有状态。因为几乎所有其他地区都已转入私人之手，这些土地是仅存的公共遗产。这个论点里还包含了一个道德维度，即对平等与共和的社会民主理想的向往。这个论点也试图驳斥只有私有化才能获得最大经济回报的观点；它认为，公有制将确保最多的人获

43

得最大的回报。虽然很少被直接说明，这个论点中最强有力的部分认为私人企业家在维护牧场资源的长期生态健康方面不值得信赖。私人企业家更倾向于过度开发，而不是保护；私有化并不是为子孙后代保护牧场的可靠方式。更好的办法是建立一个由公正的、具有科学素养的专家组成的中央机构去监管公共牧场。

1934 年，由于更倾向于第二种意见，国会通过了《泰勒放牧法案》，有史以来第一次加大对未被占用的公共土地的管理。法案的目的是"通过防止过度放牧和土地退化来遏制对公共牧场的侵害，使公共牧场得到有序的利用、改良和开发，使依赖于公共牧场的畜牧业趋于稳定"。[18] 根据此法案，国家放牧局成立，它通过按一定费用出租公有土地的办法来实现法案的目的。国家放牧局（后更名为土地管理局）将与负责国家森林内牧场出租的国家森林局一起，监管分布在包括西部绝大部分非城市地区在内的土地上的牧场主。有些牧人的牧场全属于公有土地，但一般来说租用公地的牧人也有自己的土地，私有土地与所租公地的比例约为四比六。租用的牧场几乎但又不完全是牧场主的私有财产。该土地可以在市场上进行交换，可以作为银行的抵押资产，也可以用栅栏围起来。但是牧场主时刻受到联邦官员的监督，这些官员负责依法保护这些土地所代表的公共利益。二十世纪六七十年代，经过了管理上长期的软弱无能，加上自然保护主义者与日俱增的压力，联邦官员开始依法办事，这令牧场主极不高兴。政府官员认为，大量被租借的土地严重过度啃食，承租人必须大幅度减少畜群数量，否则他们将失去这些土地。[19] 在很多承租的牧人看来，新的强硬的管理作风是对他们的自由的不可容忍的侵犯，也是对他们的土地使用权的一种威胁。[20]

在美国式现代畜牧业的发展中，这两个对立派的存在使美国西部的大部分地区拥有了别具一格的财产和经营体制——一种资本主义与政府的组合体，其中每一方都认为自己最了解什么对国家经济和环境有益。这两派的争执意义重大。正当世界各地的土地面临日益严重的使用压力时，西部正好面对这样一个问题：理想的管理者在哪里？是头戴斯特森宽边帽、脚蹬靴子，自称属于土地且与土地亲密无间，可是嘴里却念叨着私有财产、商业和最大利益的牧场主，还是那些同样身着传统西部服饰、与第一种人一样不属于当地社会，但却接受过生物学和牧场管理训练的政府官员？资本家的自我利益是否真的像很多人所说的那样会带来理性的土地利用？抑或会带来自我、社会和土地的毁灭？能不能相信那些与土地没有直接经济联系的人会制定出有关土地利用的好决策？现代资本家或政府官员在地球上环境脆弱地区谋生的能力真的比旧世界的牧人强吗？对于这些问题，西部有数百万英亩土地和数十年的经验可资参考。

45

　　到目前为止，关于西部牧场的著述可谓汗牛充栋，但是系统研究土地所有权、环境以及管理策略这些重大问题的内容却寥寥无几。我们需要的是这样一种新的西部史，它能把私有制和公有制（或类似公有制）状态下的牧场进行对比，能探讨牧场科学对管理的影响，检验对立双方的观点，并设法解决这场旷日持久的争论。我们需要的是一种能使西部更彻底地融入人类、动物和干旱区的全球背景的历史。[21]

　　目前我们还不具备一种更深思熟虑和更具批判性的历史，但是我们已经拥有足够的证据来得出一些试探性的结论。这里我想对这样一个历史略做回顾。总的来说，已有研究支持这样一种观点，即总体来看，畜牧业造成了美国西部环境的退化。这种退化主要来自畜牧业向资本主义企业的转化。但政府监管下的牧场常常并不能减轻这种退化，甚至在某些地方有过之而无不及。

　　研究最少的领域是畜牧业对西部原有动物的影响。只要我们思考一下这个问题就会意识到，几十年内数百万头外来马、牛、绵羊和山羊的引入无异于一场大战，必然带来剧烈的、毁灭性的变化。正如罗宾·道蒂在描写得克萨斯州时所说的："人们在引入和建立有利可图的动植物方面所做的努力……重塑了农业景观，当地的动植物群被大规模破坏和重组。"[22] 野生动物在入侵者面前迅速逃遁、死亡。它们丧失了栖息地，倒在牧人的猎枪下。作为史学家，我们需要做的是记录这一破坏过程，并查明其规模。目前这种研究仍很少。学者们用大量精力计算欧洲入侵造成的土著人的死亡数，而野生动物王国的迅速消失几乎无人问津。在长角牛和赫里福德肉牛被引入之前，牧区有多少头盘羊？它们是什么时候、如何灭亡的？这个地区曾经有多少只花斑鹌鹑和草原鸡那样的陆栖鸟类？牧牛的踩踏对荒漠水潭、高山湖泊、小溪和江河等水滨环境以及生活于其中的鱼类、昆虫、爬行动物、鸟类和哺乳动物带来了什么影响？这方面的唯一例外是北美野牛的命运，关于野牛近乎灭绝的过程我们有详细的记录。例如，据汤姆·麦克休估计，曾有3 200万头野牛生活在草原地区，另外还有200万头生活在大平原边缘的林区；而欧内斯特·汤普森·塞顿则认为北美野牛的原始数量为7 500万头。[23] 现在，西部十七个州所有的野牛、盘羊、驼鹿和叉角羚加起来还不及原来的百分之一。[24]

除了大规模用牲畜取代大型野生食草动物之外，我们对西部食肉和啮齿类动物的灭杀过程也有较好的记录，这主要是因为主要的记录者——联邦政府——正是灭杀活动的主犯。以怀俄明州为例，最初几十年是牧牛者和养羊人自发的猎杀，接着生物调查局于1915年接管了所谓的"有害动物控制"计划。随后，为了保护牲畜的安全，十到十二名政府猎手开始用国会提供的枪支和毒饵年复一年地对那些被认为毫无用处的野生动物进行"清除"。到二十世纪二十年代末，怀俄明州只剩下不到五只狼，美洲狮几乎灭绝。

从 1916 年到 1928 年，被联邦工作人员、该州雇用的猎手以及各种畜牧协会的会员杀死的动物共计 63 145 头，其中包括 169 头熊、1 524 只美洲山猫、36 242 匹郊狼、18 头美洲狮、31 只山猫、706 匹狼，以及 1 828 个这些动物的胚胎。獾、河狸、麝猫、黑足鼬、狐狸、貂鼠、水貂、麝鼠、负鼠、浣熊、臭鼬、鼬鼠、豪猪、响尾蛇、草原犬鼠、地松鼠、囊地鼠、长耳大野兔、鹰和喜鹊也因对牧业构成威胁而被大量灭杀。[25] 用这个数字乘以西部畜牧州的数量，时间上算到 1990 年代，共计一又四分之一世纪，畜牧业破坏野生动物的规模可想而知。

　　在牛和羊对植被的影响方面我们了解得多一些，这是因为对牧人来说植被就是牧草，而牧草就是钱。对这种影响的第一次全面调查完成于 1936 年。此前，内布拉斯加州参议员弗兰克·诺里斯成功地提交了一个议案，要求农业部搜集有关"牧场资源原状与现状、产生现状的原因、牧场及其合理开发在西部以及整个美国经济中的重要性"方面的信息。自 1905 年成立以来，森林局就开始通过它的各种实验站搜集有关牧场状况的资料。1932 年，正当美国处于经济大萧条，西部也遭受严重干旱之际，森林局进行了更为广泛的调查，调查结果在诺里斯议案的推动下公布。一百多位森林局官员对两万多块土地上的植被进行考察，其中有些是铁路沿线或墓地里残存的原生植物，另一些则是过度放牧地区的植物。他们上报了观察到的有关植物数量和植物分布的演变情况。他们还整理了早期探险家、旅行家和博物学家的报道，以补充自己的调查，把他们对土地发展的了解上溯到了十九世纪。调查报告把牧场分为十种主要类型，其中包括短草区、鼠尾草区、含盐荒漠灌木区和林木 – 沙巴拉灌木区，总覆盖面积为 72 800 万英亩，几乎是美国陆地面积的百分之四十。即使在今天，1936 年的调查仍然是关于西部畜牧业发展头五十年，即从畜牛王国的发端到沙尘暴时期的

47

最详尽的生态记录，为以后的联邦调查提供了重要的基准。[26]

森林局发现，总的来说，与原始状况相比，牧场的损耗为 52%。也就是说，一块原先能维持 100 头动物的牧场现在只能维持 48 头。换句话说，牧场的载畜能力从原来的 2 250 万头下降到 1 080 万头。[27] 报告指出，"每种牧场上的植被都被损耗到令人震惊的地步。可口的植物被不可口的植物取代。外来的毫无价值、惹人讨厌的杂草扩散到了每一个牧场。整个西部牧场的植被都更稀疏了，连保守的估计都认为现在牧草的价值还不及一百年前的一半。"报告承认牧场过去并没有出现过完全稳定或一致的繁荣景象，但它仍认为白人严重地破坏了生态平衡，因过度放牧而损坏了牧场，使土壤流失，很多原生物种越来越难以自行恢复。总体来看，西部 13% 的土地受到"中度损耗"（牧草价值损失率 0%—25%），34% 的土地为"实质性损耗"（损失率 26%—50%），37% 的土地为"严重损耗"（损失率 50%—75%），还有超过 16% 的土地为"极严重损耗"（损失率 76%—100%）。例如，得克萨斯州西部的短草区基本上属于严重损耗一类。大平原南部的沙暴区、科罗拉多州的西部坡地、大盆地的绝大部分地区以及怀俄明的大角谷的情况更糟。这里的自然植被本来就十分贫瘠，生长着格兰马草、野牛草、艾草、肥优若黎、碎石草和黑肉叶刺茎藜。但干旱只是植物数量以令人震惊的速度减少的原因之一，森林局官员把主要原因归结为"土地使用者的极度冷漠"。[28] 他们写道："在美国土地占用和使用的历史上，恐怕没有比西部牧场这一章更黑暗、更悲惨的了。"[29]

谁是生态恶化的罪魁祸首呢？ 1936 年，约有一半的西部牧场属于私人所有（37 600 万英亩），其余的属于联邦政府、各州及印第安人。森林局不仅想了解这些土地上植被的情况，他们还想知道土地所有制的作用。显然，情况最糟的土地都是公地——那些边疆拓荒时代遗留下来的、没有被定居移民选中的、因不属于任何个人而被牧人恣意滥用的土地。与畜牧业到来之前相比，这些土地的平均损耗率为 67%。的确，公有土地大都是不适合放牧的贫地——许多本来就是十足的沙漠。但是，由于不对任何人，甚至包括他们的孩子负责的牧场主的随意滥用，这些原本具有较低但稳定的生产力的土地进一步退化。这是十九世纪自由放任公共牧场悲剧的继续。

然而，对那些坚持认为应该把土地卖给承租人以鼓励他们更多地保护土地的人来说，该报告也带来了令人担忧的消息。私有土地拥有者对自己购买的用围栏圈起来并且可以传给后代的土地的保护也并不怎么令人满意。私人牧场一般都是西部最好的土地，这些土地一般都在河谷地带或者水草曾经丰盛的地方。报告指出，"出乎意料的是，纯私有制对牧场资源的保护几乎没有起到什么刺激作用，土地损耗达 51%。"抵押或过分投资的压力以及人类自古就有的贪婪心的驱动，使整个西部的私人牧场主都在各自的土地上尽可能多地放牧，达到了自我毁灭的程度。该报告专门论述私有制的一章总结说，很多牧场主目光短浅，把土地当作一种临时的收入来源，一种如果其他地方更能赚钱的话就撤出的资本。森林局的官员哀叹到："爱护土地的观念还没有形成。"[30]

国家森林比无人监管的公地和私人牧场的状况要好得多，与原始状态相比，损耗只有 30%。也许这个结论来自森林局自己的报告并不奇怪。批评人士说，森林局急于给自己树碑立传，目的是想掌管更多的土地。也许森林局所有的生态学家和实验站工作人员为了自己的利益扭曲了事实——如填写假报表、给没有植被的森林局的土地加上植被，而对**明明有**植被的私人土地却装作没看见。由于大量原始报表已无法看到，也没有核实其真实性的外来证明，我们无法确定森林局在多大程度上损人利己、歪曲事实。但是作为对该报告的可信性的辩护，可以说二十世纪三十年代以来所做的关于西部牧场的每一次调查几乎都得出了同样的结论：即总的来说，受过

49

科学训练的外来监督人员与公有制的结合比单一的私有制更能为牧场环境提供有效的保护。

自二十世纪三十年代以来，牧场状况已经发生了很大变化。1979 年，研究牧场状况的首席专家之一，犹他州立大学的萨德斯·鲍克斯说："总体来说，这个国家的牧场状况在过去几十年已经得到了改善，而且还会继续改善。"[31] 他的乐观来自牧场管理学的兴起以及三十年代以后这门学科在公共和私人土地，尤其是公共土地上的应用。鲍克斯用最近的几个调查来支持他的观点。1969 年，一个名为"太平洋顾问"的独立机构受公共土地法检查委员委托做了一项研究，发现就植物生长来看，近 20% 的公地属于优等；而在三十年代中期，同类型土地的比例仅为 1.5%。虽然在牧场分类的多少和评价方法方面政府科学家所使用的标准随着时间的发展有所改变，而且不同部门之间也有差异，但总体来说标准还是相当一致的，即某地现有植被距离自然状态（或顶极状态）下植被的差异程度。国会 1974 年通过了森林与牧场资源计划法案，要求农业部定期对各种所有制形式下的森林和牧场资源做全面的评价。上一次较大的评价（1981 年出版）发现，在美国下四十八州，46% 的牧场状况属一般到良好。[32] 说实话，这不是一个值得骄傲的数字。经过一百多年的畜牧业，仍有一半以上的牧场处于差或极差状态。而这期间我们培养出了成千上万名专家，发表了数千篇学术论文，培养了数以百计的牧场管理博士，积累了大量民间经验。虽然有这么多的知识，用爱德华·艾比（Edward Abbey）的话来说该地区依然是"被牧牛之火烧过的荒地"。[33] 它被烧、被围、被犁耕、被施以除草剂、被变成沙漠、直到连根吃掉。在多次昂贵的改善植被的尝试之后，几百万英亩土地上仍长满了毫无价值的雀麦草、豆科灌木、艾草、俄国蓟和仙人果。萨德斯·鲍克斯也许是对的：尽管速度很慢，但是情况正在得到改善，而改善速度最快的是那些属于联邦政府的土地。在土地几乎全部属于联邦政府的内华达，有 60% 以上的土地处于一般或更好的状态。[34]

可以理解，目前西部各州保守政治情绪高涨，它们完全反对政府干涉的观念。今天的联邦官员不会像新政时期的官员那样公开用事实与私有土地拥有者辩论谁是谁非。但至少有一项比较管理制度方面的独立研究表明，三十年代联邦土地管理者与私人管理者之间在土地保护上的差别依然存在。两位科学家，其中一名叫迈克尔·罗琳，另外一名叫约翰·沃克曼，他们对犹他州东北部一个县内的公共土地和私有土地做了比较，那里的植被主要是艾草和丛生禾草。他们发现，森林局的土地 13% 属于优等状态（即四分之三或更多的"自然"植被或顶级植被仍然在生长），土地管理局的土地只有百分之四属于这一类型，而私有和州属土地属于这一类型的只有百分之二。在天平的另一端，29% 的非联邦土地属于差等，美国森林局和土地管理局的同一数据分别为 14% 和 16%。私有土地所有者仍没有像私有化理论家所鼓吹的那样表现出色。管理制度的差别如此明显，以致两位研究者发出了警告："任何将联邦牧场转为私人所有的举动都会带来牧场状况的恶化。"[35]

当然，这点材料并不足以构成一部完整的西部牧场生态史。我承认，仅仅靠对一个地区的研究和一个多年前的调查不能得出重大的结论。对很多问题我们并没有详尽的，甚至是完整的答案。犹他州一个小县的经历是否也在其他地方，如内布拉斯加州私人所有的沙丘地、新墨西哥的国家森林，或南加州的沙漠中重演了呢？在长期充当效率低下的土地管理者之后，土地管理局现在是否也像森林局一样关心土地保护了呢？在里根和布什执政期间，这两个部门是否仍在减少承租人过度放牧问题上继续努力并取得进展了呢？有没有出现一些开明的私人土地所有者，他们在保护原有动植

51 物方面甚至比联邦政府做得还要好，或者至少没有降低牧场牧草的价值？
如果有，他们是怎么做的？作为一个国家，我们是在向牧场可持续发展的
方向迈进吗？还是说我们失败了，现在已经到了把所有的牛、绵羊和山羊，
所有那些用来赚钱的、滥用土地的、被阿比称为"丑陋、笨拙、愚钝、吵闹、
臭气熏天、满身苍蝇、满身粪便的传播疾病的畜生"从公共土地上清除出
去的时候了？[36] 即便如此，这个决定会很快做出吗？史学家的回答是：不
大可能。至少在可以预见的未来，畜牧业仍将是西部的一部分，公地和私
地都不例外。可能我们将继续寻找生产肉类和羊毛但同时又不会使土地退
化的最佳方案。为了实现这一目标，我们需要一部完整的美国牧场管理生
态史，一部超出大多数牧场技术人员所知道和关心的狭隘问题的历史，一
部关注各种土地所有权制度的作用和其他文化的社会生态管理体系的历史。

　　从对国内外畜牧业历史的了解中我们似乎不可避免地得出这样一个结
论：长远来看，最稳妥的策略是让尽可能多的人参与牧场使用的决策过程。
最稳定的畜牧业体系正是那些用整个社群的经验、知识和道德力量来引导
个体牧人的行为的体系。在传统的瑞士村落，这个社群由农民组成，而在
当今的美国，它可能包括牧场生态学家、环境保护主义者、私人土地所有者、
承租人和政府官员，大家齐心协力使畜群和土地达到最佳的平衡。在完全
自由放任的经济体制中，私有财产被视为至高无上的准则，个人的贪婪无
限膨胀，这种经济体制已经充分展示了它的破坏力。

　　我知道大多数人提到牛仔和西部时并不会想到我在这里所谈到的东
西，他们可能会抵触这种新的畜牧业历史。许多人依然把牛仔理想化，认
为他们在广阔的土地上过着完全自由的生活，认为他们所在的西部是一块
没有任何约束的土地。对在乡村和城市中辛勤工作的人来说，畜牧业一直
具有这种诱惑力。虽然他们也知道牧人往往很贫穷、原始和粗俗，但还是

羡慕他们徜徉于高山之巅、遥远的草原和茫茫沙漠的自由，羡慕他们无拘无束、四处遨游的自由。我们美国人在这些古老的畜牧理想中又添加了一些新的形象：我们的牛仔牧人已经成为自由企业和私有制的象征。史学家必须认真对待所有这些形象和理想，比原先要更认真，但史学家也必须揭示我们对牧人自由的赞美所产生的环境和社会后果。因此，我们需要一个更新、更诚恳的美国牛仔生态史。它不仅应以我们一百多年的畜牧经验为基础，而且应该扎根于全球更为悠久的畜牧生活。这样的一部历史将会使我们学到美国牛仔从来没有告诉过我们的东西：我们怎样才能赶上托布尔牧人，取得他们那样的伟大成就，能够在西部存在一千年。

第四章

加州的水利社会

地球上没有一个地区对二十世纪的影响能有加州那样大。这个结论不仅适用于大众文化、性生活、城市化、原子弹和从威士忌到葡萄酒的转变，而且也适用于农业。一个史学家不论置身于加州的哪个角落，他或她都能找到关于现代社会的意义深远的标志物。我选择的地点是科恩县的混凝土灌溉渠，一条并非河流的河流。这里不允许柳树生长，也不允许苍鹭或画眉筑巢。在这片高度控制的土地上，我们可以了解到许多关于当代乡村生活和土地利用的情况，其中有的意义深远，有的令人担忧，但所有这些都代表着一种全球性的发展趋势。人们对这条水渠的历史以及依靠它存在的农业的细节已经相当熟悉，我们亟需的是一个解释这些事实的理论框架，这正是本文的目的，当然，只是一个初步的尝试。

1939年出版的两本书讲到加州农业特征的形成，每本书都对公众思想产生了强烈的震动。四十多年后，这两本书仍然再版，仍然能把人们从

54 道德的麻木中唤醒。第一本是约翰·斯坦贝克的《愤怒的葡萄》，第二本
是凯里·麦克威廉斯（Carey McWilliams）的《田野工厂》（*Factories in the
Field*）。[1] 它们对乡村体系所做的颇具说服力的解释至今仍未遇到大的挑战。
能干的史学家对这个解释做了扩充，更新了其中的原始数据，但却没有人
去改变其基本论点。[2] 然而，在现代思想史的发展中，四十年是一段漫长的
时间，也许现在是尝试另一个视角的时候了。

　　工业化给人类带来的后果和新的乡村无产阶级的兴起是斯坦贝克和麦
克威廉斯作品的主题。在对加州的描述中，他们重复着十八、十九世纪抗
议英国圈地法案的作家们（如奥利弗·哥尔德斯密斯和威廉·库比特）的
声音，他们提醒读者注意大萧条时期的美国城市，在那里，数百万人由于
工业资本主义的失败而无依无靠。卡尔·马克思对麦克威廉斯的影响虽然
不是直接的，却也显而易见。麦克威廉斯在二十世纪三十年代曾试图用马
克思的社会主义理论证明加州农业是西班牙大地主建立的封建制度演化的
结果。资本主义企业家们继承了这个制度，并建立了一个工业帝国，这个
帝国所依靠的是从世界各地招募来的弯着腰在田间劳作的农工的汗水。他
预测到，这个历史的最终结局将是被剥削的下层阶级的反抗——农场将被
公有化，成果将被大家分享。换句话说，阶级斗争是加州农业发展的
关键。[3]

　　这种解释——我脑子里想的还是麦克威廉斯——完全忽视了加州特有
的生态条件，即那里的男男女女与土地的关系，而这无疑是任何农业体系
的核心。我的观点是，要想理解其阶级剥削的历史，一个以生态为着眼点
的新视角不仅能给我们提供有关农业演变的更为全面的图像，而且能出乎
意外地得到一个比单调的正统马克思主义理论更令人满意的解释。这一点
可以通过证明自然的命运就是人类自己的命运来完成。

斯坦贝克的小说丝毫没有提及加州的葡萄园、橘林、棉花地、大片的番茄田依靠一套复杂繁琐的灌溉制度的支持这一事实。[4]麦克威廉斯对这一点只不过略略提及。相反，注重生态学的当代农业史学家在灌溉业中找到了一个关键性的因素，即灌溉业是产生社会关系的深层结构。加州所代表的不只是麦克威廉斯和斯坦贝克让我们意识到的"工厂化农业"，也是更为具体的现代水利社会——一个建立在对水的高度管理之上的社会秩序。当然，这个制度不是在工业系统之外孤立发展起来的，但它仍然是具有自己特征的新现象，反映了加州的地理环境和干燥气候。我们不仅应该仔细地将加州与库比特的英格兰做比较，而且应该研究全世界类似于加州的沙漠环境，在那里大规模灌溉农业曾十分兴盛。

"水利社会"这个短语出自两个研究古文化的学者，即朱利安·斯特尔德（Julian Steward）和卡尔·魏特夫。[5]他们认为美索不达米亚、埃及、印度和中国的大河流域在公元前三千年以前经历了一场惊人的文化融合。由于人口增长的压力，这些地区不得不在所有河道中建立蓄水大坝，然后通过由运河和水渠组成的复杂系统把水引到农民的田里。建造和维护这些庞大的公共设施需要组织大量的人——一支默默无闻的劳工大军——服劳役，至少在每年的一部分时间里是如此。用这种强制性的手段把人们聚集在一起去征服自然当然需要组织者。所有这些灌溉系统中都出现了一个十分相似的精英阶层，其中包括具备控制河流自然环境的高深技能的科学家和工程师，他们心甘情愿地用自己的技能为更高的掌权者服务。另外还有祭司们在精神上使这一制度合法化，高层农业管理人员负责指挥技术和信仰的使用，指挥农民与河流。为了最大限度地增加农业生产，这是唯一的选择。更有甚者，加强环境管理的过程剥夺了农民及其村社的自治力和生存能力，权力越来越集中在少数人手中，直到有朝一日出现了专制的帝王，他高高在上的统治象征了人类对自然的更高级控制。人们都知道，传说中的亚述统治者塞米拉米斯皇后曾在墓碑上刻下这样的话："我命令那湍急的河水按我的意志流淌，让河水滋润曾经无人居住的贫瘠土地。"[6] 这个墓志铭可被视为高级水利文明的生态信条，也是其狂妄自大的标志。

按照这一水利社会论，底格里斯河、幼发拉底河和尼罗河上的水利工程是首批复杂的等级化集权文明出现的基础。我认为这一水利理论的本质在于，主宰自然的野心在古代沙漠刚刚出现时显得死板、极端，此后，无论何时何地，当这种野心作为一种强有力的文化信念再度出现时，都意味着一部分人对另一部分人的控制。[7] 这是一个气势宏大、咄咄逼人的理论，它拒绝狭隘的、归纳式的"科学模式"（"控制"这个概念的确很难定量），它无疑在很多方面仍面临挑战与疑问。我们完全有理由批判魏特夫将我们这个时代的集权主义倾向强加到古人头上的做法，他在这样做的时候没有看到，建立在资本主义基础上的现代灌溉社会与古代水利政权有多么相似。如果想了解科恩的灌溉渠的含义，我们需要的正是这种宏伟的推测和高屋建瓴的理论。当然，在认识到这一点的同时，我们应记住上面的警告和批评。

在加州和美国西部出现了世界历史上最为庞大的水利系统，相比之下，甚至连萨桑王朝的君主和埃及法老的水利工程也黯然失色。1976 年，仅垦务局负责的就有 320 个水库、344 座引水大坝、14 400 英里运河、900 英里管道、205 英里隧道、34 620 英里横管、145 个抽水站、50 个发电站和 16 240 线路英里的输电线。[8] 这些技术设施彻底重塑了西部的河流景观。科罗拉多河已经有二十年没有汇入大海了，而哥伦比亚河、斯内克河、密苏里河、普拉特河、布拉佐河及格兰德河的很大一部分河道被人工水库层层拦截。[9] 好莱坞明星住宅区贝弗利山庄碧波荡漾的游泳池中的水可能来自落基山或内华达山区的降雨。在到达最终的消费者手中之前，这水可能曾为拉斯维加斯牛仔模样的霓虹灯提供过照明用电，或者曾经拍打着米德湖上停泊的帆船的船首。这个伟大技术造就的大型水利系统也使加州成为地球上最具实力的农业区，一个国际农业企业帝国的基地。现在是我们用魏特夫—斯特尔德的理论审视这一现代制度的时候了。这两个水利时代在社会组织上到底有多少相同之处？或者同样重要的是，它们有哪些不同之处？更进一步，这个比较对我们认识社会力量的生态基础，即资源利用、技术更新和民主控制之间的关系有何帮助？

　　在美国西部史中，灌溉是一个人们熟知的题目。[10]虽然它不像牛仔长途贩运牛群和皮毛商集会那样成为广泛流传的大众传奇，在所谓"征服西部" 57 的过程中它的影响却比任何其他活动更为深远。1878 年，约翰·韦斯利·鲍威尔相当明智地预见到，灌溉业将揭开美国文明的新篇章，它将使西部驯化，使之适合于人类居住。当美国其他地区向工业垄断前进时，鲍威尔希望西部能给人们更多的机会。他许诺灌溉业将成为一个强大的新经济秩序的基础，它将建立在合作与情谊之上而不是个人主义竞争之上。[11]灌溉业的另一个早期热衷者，来自内布拉斯加和圣地亚哥的威廉·史密斯（William Smythe）在 1905 年宣称："从灌溉业衍生的经济生活的实质是它的民主。"[12]从这种早期的乐观到二十世纪三十年代约翰·斯坦贝克的绝望的转变是我们历史上最为戏剧性的转变之一。我们怎样来解释它呢？我的答案是：加州和西部的灌溉业确实标志着一个新的起点，但在经历了最初的发展之后，事实证明它在促进民主上作用甚微；相反，它能在沙漠中创造一个权力巨兽。

　　美国人在加利福尼亚建立的灌溉业其开端可以追溯到 1849 年淘金热后不久，那时矿工们设法在淘金点周围种粮食。在接下来的一百二十五年中，灌溉业的迅速发展遵循着一个清晰的模式。第一，水利事业至少两度走入死胡同，也就是说人类为了自己的利益重新安排自然生态系统、维持其平衡或者甚至使其逆向发展的活动暂时到了穷途末路。我们可以把这两个时期叫作引水极限。第二，要想使农业经济超越这样的极限就需要创新，也就是说，要建立能够设计和使用更加复杂的水利技术的新的社会组织形式。这种社会力量的集中必然意味着人的自主性的丧失，因为决策将上升到一个更高的水平——我们可以把这个过程称作权力的集中与占有。在美国，这种集中通常由政府完成，同时，私人经济利益掌握着运作过程并在所允许的范围内实施控制权。这个模式的第三部分是一个总的退化趋势，即越来越复杂的设施成了一种束缚，减少了未来选择的可能性。为了克服系统内部产生的种种问题和避免难以想象的全面崩溃的灾难性结局，前面提到的创新对于维持整个系统就变得越来越重要。这正是历史上那些灌溉社会的命运——我称之为**基础设施陷阱**。让我们简要回顾一下这三方面是怎样运作的。

58   加利福尼亚的河流，尤其是那些发源于内华达山脉、流入中央谷地的河流，在汛期都是汹涌澎湃、能量充足的。几千年来，每到春季，河水就冲出河道，淹没沼泽地、草场和被约翰·缪尔称为"天堂蜂场"的地带。[13] 在大多数情况下，土著农民接受了河流的权威：洪水退却时，他们就冲到河谷，在淤泥里种上玉米和大豆，盼望着在土壤干涸之前有所收获。在现在属于加利福尼亚的地方，土著人只在个别地方开挖了水渠——很浅的沟。但早期西班牙和美国殖民者挖的水渠更多、更大，他们在一些较小的支流上建了灌木堰，为他们的花园提供稳定的水源。[14] 这种人为干预规模不大，并没有对生态造成什么冲击，它能使一个以自给自足为目标的拓荒家庭过上满意的生活。然而，那些来加利福尼亚的从事农业的美国人很少以自给自足为目标。除了犁和种子，他们还将有关市场和利润的观念带到了西部河谷。他们很快发现，肥沃的农用地分布在较大的冲积平原上，在那儿用灌木和石块搭建的简易水坝太脆弱，不足以拦截携带着从美洲大陆最高峰流下的雪水的圣华金河。甚至两三个定居者的力量结合起来也不足以治理主要河流。到十九世纪七十年代早期，加州已经到达它的第一个引水极限。如果不发明一个更大、更强的手段，不集中人力，就不能促进市场的发展。但谁将是领导者呢？

与古代水利社会的相似性到此告一段落。由于农业人口逐年增加，加州不得不去开垦更为艰难的土地，正像当初旧世界的农民迫于人口压力不得不迁徙到幼发拉底河两岸一样。但在古代与现代制度之间已经出现了一个重要区别。这个区别主要是由市场经济造成的，市场经济不会长期被任何极限所限制。从一开始，加州水利的密集化就主要受市场价值而不是使用价值的驱使。灌溉农业的潜在市场最先是在淘金者的营地，后来又移到沿海城市、东部各州，甚至如一些预言家所设想的要延伸到亚洲。[15] 在这里，利益很快被证明是一个比古代人口压力和饥荒更有力的动力，它在 59 几十年里就使加州走完了在其他文化中需要数百年甚至数千年才能走完的历程。

市场是美国灌溉农业生态系统中最强有力的决定因素。它很快就产生了使加州走出第一个引水极限的关键制度：私有企业。圣华金河与金河运河灌溉公司成立于 1871 年，目的是修建一个巨大的新灌溉体系。该公司的总部设在旧金山，大部分股东住在那里。这个灌溉系统在两年后建成，全长约 40 英里，每年能浇灌 16 000 英亩土地。公司的宣传册上说："圣华金谷地的农民和定居者太贫穷，他们无力修筑所需要的运河和水渠，他们需要与资本家合作。"[16] 因此，水成了批量生产、批量销售的商品。艾萨克·弗里德兰德尔、亨利·米勒和吉姆斯·哈根这些实力雄厚的企业家们开始致力于把水从自然中取出来，并创造了使用这些水的市场。当时的一位宣传册作者在新出现的灌溉企业中看到了美国对美丽的巴比伦花园的回应："一笔财富，一个繁荣的帝国。"[17]

有趣的是，加州大河平原地带灌溉业的重新整治过程开始时似乎是朝着一个更加分散和民主的乡村经济发展。面积可达 5 万英亩的小麦农场被分块卖给个人或农业集体。[18]一个农夫或农妇最多能经营一个 40 英亩或 80 英亩的有水渠的果园，获得可观又可靠的收入。这个曾经被形容为"富人的天堂，穷人的地狱"的州，此刻在一些旁观者眼中开始成为"一块普通人的乐土"，一个由"小农庄、小企业、小财富组成的乡村伊甸园"。[19]但这里有一个问题：在干旱地区拥有土地却没有水权毫无意义。只要小农们还需要从遥远的公司买水，他们就要为所获得的新财富付出代价，代价就是在很大程度上失去自己的独立性。[20]

除企业资本主义外还有另一条增加引水能力的途径，即成立灌溉区，这是干旱地区的特产。1887 年的《怀特法案》授权加州农民自己组成半政府的单元，以便修建灌溉设施并向当地居民收税来获得所需的资金。换句话说，灌溉区是一个由土地所有者投票、多数人同意形成的公共社团，它常常强迫少数反对者参加并分担费用。这是一种不用向城市资本家妥协就能从河水中得到更大收益的途径。截至 1920 年，加州有七十一个灌溉区，大多数都是在 1915 到 1920 年繁荣期成立的。[21]最大的灌溉区在帝国谷，面积超过 50 万英亩。这是一块烈日炎炎、农田绿浪翻滚，地主与农工间冲突频繁的土地。帝国谷是铤而走险的资本家在沙漠中建立的，这些资本家用科罗拉多河赚钱，但即使在帝国谷以貌似民主的地方管理模式重组之后，该灌溉区实际上仍无法摆脱过去的影响。要想在美国市场经济中具有竞争力，它就得像其他地区一样在很大程度上采用私人企业自上而下的严格管理模式。为了生存和发展，他们必须接受前美国农垦局负责人弗雷德里克·纽沃尔的建议：

> 必须有一个在经理领导下的强有力的中央机构，这个经理不会受个体用
> 水者的影响，他拥有足够的直接对他负责的助手来有效地实施总体计划和政
> 策。……一个灌溉系统的最有效的经理通常是一个有着大公司工作经验，并
> 在处理重大事务方面受过训练的人。[22]

　　理想地说，这个经理就是纽沃尔那样的工程师，尤其是一个像他一样
既具备技术知识又具有商业眼光的工程师。正是这种人能够有效地引导帝
国谷这样的灌溉区。

　　形成灌溉区、实施统一的用水计划以及集中强化管理的丰富经验，很
好地解释了为什么加州最终能成为美国最强大的农业区。当其他地区的农
民仍依附于前商业时代的价值观，依附于以家庭为中心的地区性的耕作方
式时，西部灌溉农业的主人则摒弃了所有障碍，转向新的专业化耕作。这
一转变使他们得以与企业化工业经济保持同步。一位大学农业系主任兼《农
业报》编辑指出，"合作有助于使农业盈利"，这正是加州农民在治水过程
中学会并应用于销售中的，这种销售始于1895年形成的"果农交易会"。[23]
二十世纪二十年代，这些销售联合会已经颇具影响，以至于在农业大萧条
中他们依然生意兴隆，全美各地的杂货店越来越多地出售他们在全国打广
告推销的知名品牌：桑卡斯特、桑梅得、桑斯威特、宝石、蓝宝石、蓝丝带。[24]　61
灌溉农民也具备了难以匹敌的贷款信誉，能获得最大限度提高技术效率所
需的资金。同时，他们在政治上也具备了能够在一个高度城市化的州捍卫
自己地位的影响力。最重要的是，他们按自己的条件获得了充足而廉价的
收获果实的劳动力，并通过雇主联合的方法一代又一代牢牢地控制着这些

劳工：先是中国人，然后是日本人、菲律宾人、黑人、俄克拉荷马的移民及墨西哥人——这些人是古埃及苦役的加州版本，只不过种族复杂、靠工资生活。[25]

就这样，水利社会循环的第二阶段在十九世纪七十年代到二十世纪三十年代迅速发展。但紧接着又到达了一个发展极限，面临停滞或经济急剧倒退的危险。没有足够的纯净水来维持不断增加的灌溉要求，每一滴能有效地从河里取出的水都被取走了，农民们开始疯狂地开采地下水资源。他们抽取的地下水越多，取水的深度越大，用于灌溉的水的盐分就越高，作物的根部被腐蚀，面临土地被彻底破坏的危险。[26]农垦局地区建设工程师沃尔克·扬（Walker Young）在 1937 年展望前景，忧心忡忡地解释说：

> 一百多万英亩土地面临一场严重的灌溉危机，四万到五万英亩的生产用地已经被废弃，20 万英亩在逐渐变成沙漠。在富饶的萨克拉门托——圣华金河三角洲，另有 40 万英亩土地正受到从旧金山湾浸入的咸水的威胁。[27]

显然，从这个困境中解脱出来所需要的工程、组织和资金的规模远非私人企业或当地灌溉区所能及。像以前一样，人们面临停滞或革新两种选择。

加州的农民当然不打算放弃他们已经赢得的市场、他们投资修建的技术设施或他们以灌溉为基础建立的社会秩序。要进入下一个更高的阶段就必须呼吁州政府或联邦政府提供援助。在大萧条中加州财政入不敷出，虽然极不情愿，却不得不向联邦政府求救。随着联邦资金的注入——数亿美元被用来给该州的灌溉经济提供新的水源，有识之士开始意识到，权力将进一步集中。决策者不再只是加州的农民、灌溉区、旧金山的投资商或者

甚至是州工程师。他们得向华盛顿讨好、请教。农民们投奔政府与其说是　62
出于冷静的思考不如说是出于绝望，"新政"很快满足了他们的请求。三十
年代后期，联邦工程师们开始设计复杂的中央大峡谷工程，工程的第一阶
段在十年后完成，用国家财政补贴来维持工厂化农业。[28]

　　在过去四十年中，每个西部州都感到被迫走上了同一条路。实际上，大
多数州由于面积和财富不如加州，因而在联邦化的道路上走得更远。它们孤
注一掷，把自己的命运交给了政府水利专家，这些专家们所用的术语深奥晦
涩，自耕农很少能听得懂。这些专家不时地尝试把不受欢迎的社会哲学强加
在当地灌溉区头上，结果造成了最近因联邦水补贴资格引起的对灌溉面积限
额问题的激烈争论。[29]但总的来说，上层管理部门对社会改革三心二意，只
断断续续地在二十世纪四十年代和二十世纪七十年代末期尝试过。原因很简
单：实际上技术专家只不过是统治阶层的僚属，他们受命去设计和管理的水
利农业要在日益国际化的市场上竞争。这里，我们又一次看到现代水利社会
与古代水利社会的重大区别：前者在全球和国家资本主义的重压之下运作，
这种压力冷酷、抽象，与"铁的经济必然规律"相联系；后者是独立的、官
僚操纵的经济，在那里，皇帝的命令被当成上帝的旨意。[30]

　　加州农民不仅赞成主导现代水利社会的商业价值，而且是实现这种价
值的唯一工具，因此联邦中央政府不太可能在地方财富的分配上引发任何
剧变。事实上，在三十年代以后的这个阶段，加州的水利发展史就是用公
共工程设施建立高度集中的私有霸权的历史。经济上如此，意识形态上也
是如此。毫无疑问，遥远的外部势力，也就是由官僚和市场形成的利益群
体得到了相当大的权力，而个体农民和小社群掌握自己命运的力量却降到
了有史以来的最低点。

　　目前最有可能发生的大的历史变化不会来自政府或者数量日益减少的

劳动者，也不会来自加州灌溉农业的主人，而是直接或间接地来自大自然。
大多数古代水利帝国都是在生态问题不断加剧，而能够解决这些问题的管理技能要么跟不上要么崩溃的情况下毁灭的。十三世纪中叶，南侵的蒙古骑兵在现在的伊拉克看到的是一幅荒凉景象。一度人口密集的国家渺无人烟，满目疮痍，陈旧的运河早已干涸，被淤泥塞满，土地上到处都是泛白的碱的残留。这个景象为我们展示了一个落入基础设施建设陷阱的社会的命运：人们建造日益庞大的水利系统，直到这个系统再也无法与他们所造成的生态问题并存。[31]新近的证据表明，加州可能正面临同样的碱化的命运，这一点就连沿着五号州际公路穿过圣华金河谷南部的旅行者都能看到。所有在二十世纪三十年代遇到的环境问题现在又都出现了，而且附带着一些前所未有的新问题；同时解决问题的代价却更加昂贵，实施起来更烦琐。[32]这些复杂的问题乍看起来似乎仍然可以解决，但如果考虑到能源费用不断上升、病虫害抗药性增加这些新问题，未来就变得更加不安全，更加难以预测。总之，虽然灾难到来的时刻可以被推迟一段时间，但一个庞大的、错综复杂的、尤其是以市场扩张为动力的灌溉农业，看来不大可能一劳永逸地从自我毁灭中解脱出来。

也许有人会说，这只不过是一个现代寓言。虽然不是一种真实的描写，我们却可以把"水利社会"这个概念作为一种形容不同地区技术文化与地球关系的隐喻。刘易斯·芒福德（Lewis Mumford）在《技术与人类发展》(*Technics and Human Development*)一书中正是这么说的，他认为金字塔时代在精神上复活了，它要像以前一样建立"对自然和人的绝对的集中控制。"[33]他称这个复活为大机器。他指的是五角大楼和登月计划，但他的话也适合于加州农业。让我们把加州的农业史看作更大的整体的一部分，把它看作一种象征，而不是例外。当然也要把它看作特殊地理环境和普遍的文化的结合。我认为，在广阔而干旱的加州和美国西部，人类现代文化的困境极为清晰和坦然地呈现在我们面前，而这在其他地方并非总能见到。在这里，我们能够看到，人与自然相互影响的细节清晰可见，我们能考察这种相互影响所产生的社会后果，发现人类如何在改造自然的过程中改造了自己。

第五章

胡佛大坝：试论"控制自然"

　　出了亚利桑那的金曼，公路向西北方向伸去，过了通往克罗莱德的路口后又顺着黑山一直向前，景色越来越荒凉。公路冲出一块石壁的尽头后，就能看见前方的胡佛大坝在沙漠的烈日下闪着白光，耀眼夺目。沿着坝顶的公路，游客们在狭窄的泊位停下车子，出来欣赏这现代社会的工程杰作，它是我们对金字塔和罗德岛巨像的回答。胡佛大坝于1935年竣工，是当时世界上规模最大的水坝。它开创了各国争相修建高层大坝的新纪元，重塑了地球的面貌并改变了社会和经济力量的分配。在二十世纪高科技的象征物中，胡佛大坝名列前茅，即使在体现"时代精神"的建筑中没有位居榜首，也差不多。即便是现在，在完工五十多年后的今天，在许多体现现代化的象征物和理想都被淘汰后，胡佛大坝仍能激起世人的钦佩，鼓起人们征服自然的信念。

　　每到旅游旺季，前往拉斯维加斯观赏霓虹灯的人们，或是前往大峡谷那拥挤不堪、尘土飞扬的露营地的数以千计的游客们路过这里，都会停下来面对眼前这座大坝惊叹不已。胡佛大坝已成为西部最著名的旅游景点之一——它已成为"游览西部"、歌颂其历史的仪式的一部分。当游客站在坝顶，鸟瞰米德湖这个由大坝形成的、淹没了科罗拉多河的黑色峡谷和上游一百多里河谷的人工湖时，他们究竟看到了什么呢？他们看到并为之惊叹的是西进运动的成功呢，还是人类对自然的征服？他们脑子里想到的是人类控制的不可靠性、它的代价和危险呢，还是因为在难以驾驭的河流上有这样一座坚实的大坝而无比自豪呢？

电梯载着游客向下进入大坝内部，在那里，巨型涡轮机飞快地旋转，为洛杉矶和拉斯维加斯这样的城市源源不断地提供电力，让被囚禁的科罗拉多河交"买路钱"。游客们在机器的轰鸣声中听到了什么呢？是轻柔的数钞票的声音，还是弥漫于美国社会的无政府主义的盲目的贪婪声？如果只接受垦务局（管理大坝旅游和运转的政府机构）的解释，那么人们所看到和听到的全是万事大吉的安慰话。官方有关胡佛大坝的介绍呈现给那些在盲目混乱的生活中奔波的旅行者的，是一种安定祥和的社会秩序。起码在美国西南部沙漠这一角落，大自然被认为已牢牢控制在我们手中并在努力使我们致富；我们可以放心地继续赶路，因为有责任心和有能力的人在全权负责；自然对于我们的幸福来说不再是一种威胁，我们是生活的主人。

一位早已去世的旅行家不会看到胡佛大坝，但即使能看到，他对大坝的看法也不会这么肯定。这个人就是亨利·亚当斯（Henry Adams）。在他所生活的时代，科罗拉多河的黑色峡谷还是一个偏远、隐秘的地方，几乎和文明隔绝，因此亚当斯不得不前往1893年的芝加哥世界博览会以及1900年的巴黎博览会去寻找现代化的标志。在这两个地方，亚当斯看到了参展的发电机和电动涡轮机，它们在嗡嗡作响，与现在胡佛大坝发电厂的电机一样。在他的自传《亨利·亚当斯的教育》(*The Education of Henry Adams*)中，亚当斯谈到他参观那些工业展览后的感想。直到今天，这本书或许仍可作为参观大坝的一本发人深省的导游册。他写道："发电机已经成为无限性的象征。"它代表着人类生活中一股巨大的未被开发的新力量，与以前不同，这是一种不承认有限性并要按自己的意图重塑整个世界的机械力量。"在末日到来之前，人们对着它祈祷，这是习惯形成的本能教给人的在无形的神秘力量面前所采取的自然表达。"现代发电机已经成为一种宗教象征，它取代了以前曾长期统治人类生活的神圣符号，如自然、精神、上帝、圣母玛利亚。亚当斯还看到，发电机中蕴涵的文化力量代表了一种新的理性，它并不关心旧宗教所宣扬的最终价值和目的，而是将重点放在方法和工具的有效性上。这种转变的结果就是，新宗教的力量虽然令人惊叹并且不可抵抗，但它缺乏深刻的、深思熟虑的目标和方向感。对像亚当斯那样坐在这样一台机器旁苦思冥想的人们来说，它的意义可以简单地归纳为"增长"——更多的利益、更多的舒适，为了权力而权力。

　　新的技术型社会在道德上十分空洞，除了这一点外，亚当斯还发现财富和管理的中央化和官僚化无所不在，使所获得的权力越来越集中在少数人手中。亚当斯写道："一旦人们认为机器必须有高效率，社会也许就会在追求谁的利益上发生争执，但最终结果都是权力的集中。"[1]

　　也许将发电机本身作为二十世纪现代化的象征过于死板抽象了，无法向大众传达亚当斯对这一问题的思考。但若将这个发电机放在从底部到顶部高 726 英尺、仅底座就有三个街区厚、容纳了 300 万立方码水泥的大坝之内，亚当斯所说的就显而易见了。将这样一大块水泥放在地球上最壮观的河流之一，一条在流向大海的途中雕刻出了雄伟的大峡谷的科罗拉多河河道中，其中的含义就更加不容忽视了。让这座大坝被一望无垠的干旱景色包围，再用来自大坝和河流的水和能量征服这片景色，从中创造出都市文明，创造出一个农业企业帝国，我们就拥有了关于现代人征服自然的过程及后果的无可匹敌的研究素材。

虽然印第安人对科罗拉多河的了解已达数万年，但直到 1540 年，当西班牙海军中校赫尔南多·德·阿拉肯的船只沿加利福尼亚湾北上，到达大河三角洲时，欧洲人才发现了这条河。329 年后，约翰·韦斯利·鲍威尔率九名探险家从位于怀俄明的大河上游出发，漂流而下，除三人中途退出，余者奋战数月后在距大坝不远的大滩崖上岸。1922 年，也就是在这次勇敢探险五十年后，美国西部的一些州签订了一项协议，将大河瓜分准备开发。紧接着，国会于 1928 年通过《巨石峡谷法案》，批准建设大坝，迈出了控制科罗拉多河的重要一步。[2]

在了解科罗拉多河的五个世纪中（事实上对它的了解集中在五十年中），人们几乎从来没有提出过这样一个简单的问题：为了控制科罗拉多河，社会本身需要做些什么改变？只有鲍威尔认真考虑过这个问题。他建议大政府和大企业都远离这条河，应鼓励普通定居者自己组织"合作社"，以他们自己的方式利用这个流域。如果他的建议被采纳的话，开发将局限于较小的支流和上游河谷，因为对缺乏资金和技术的当地居民来说，主流河道太强大，很难治理。[3]

科罗拉多河全长约两千英里，流域面积达 244 000 平方英里。它的流量不是很大，远不及密西西比河、刚果河或亚马逊河；甚至经常拿来与科罗拉多河做比较的另一条沙漠之河尼罗河的平均流量也比它大。尼罗河出口处的径流量为每秒 10 万立方英尺，科罗拉多河在筑坝和分流之前的自然流量仅为尼罗河的四分之一。但科罗拉多河的雄伟、它对人类干涉的藐视体现在它奔向大海时所释放的无穷力量中。科罗拉多河全程落差达

14 000英尺，途中产生了数百万马力的能量。在地球上出现人类以前，大河就用这样的能量切穿科罗拉多高原，为自己开辟了一条通向大海的路。科罗拉多高原是一座由砂岩和泥板岩构成的巨大高原，相比之下，胡佛大坝这个障碍物只不过像一块小小的鹅卵石。在过去的1 300万年中，大河从高原冲走了约千万亿吨的岩石、沙砾和碎石，留下了举世罕见的雄伟峡谷景观。它不顾高原的阻碍，在蜿蜒前进的过程中越切越深，在几百英里途中凿出了深达一英里的曲流河道。世界上所有的河流都像是不知疲倦的工人，但这位工人对它的工作却如同宗教狂热分子一样坚定不移。在追求最终目标的过程中，它不接受妥协，不兜圈子，只知道夜以继日地努力向前，直到高原让路，直到大功告成，筋疲力尽。[4]

科罗拉多河从五彩缤纷的峡谷中流出，承载的淤泥量在世界河流中居于领先地位。河水中悬浮的沉积物在通过今天亚利桑那的尤马镇后达每年16 000万吨，超过了铁路总运载量。一年中有几个月，河水低缓、温和、懒散地流向加利福尼亚湾。但当春天来临，山上的积雪融化，或是当夏天暴雨带来的急流到来时，河水就会像可怕的雪崩一样奔涌，巨大的石砾也会随着涡流翻滚而下。由于负荷着过多的岩石、土壤和水，河水会溢出来，流到两岸的冲积平原上，在那里将部分泥沙沉积下来。上游高原地区的河床切地越深，下游的河床就越高出周围低地。结果下游河段形成一座天然的桥，远远高出周围的沙漠。为了维持平衡，河流一边侵蚀一边沉淀，自己调整着征服的条件。如果不控制整个河流，休想治理任何一部分。而要达到全面控制，需要建立一套新的社会组织和机构，亨利·亚当斯当初说的完全正确。

将科罗拉多河置于人类控制之下的需要导致了二十世纪二十年代末建造大型水坝和水库的计划。提出这一要求的呼声至少来自三个不同方面。

第一类呼声来自向西迁移的人流，他们要在温暖干旱的加利福尼亚沿岸建立家园。需要说明的是，这一压力并非来自科罗拉多河流域内部。二十年代，河谷和胡佛大坝所在地附近唯一稍具规模的居民点是 30 英里以外的拉斯维加斯，人口只有七千。征服科罗拉多河的要求主要来自流域外。在十九世纪最后二十五年中，洛杉矶从一个只有一万人的泥砖房组成的前哨基地发展成为拥有二十万人口的城市，并野心勃勃地计划吸纳更多人口。在将位于洛杉矶东北部的欧文斯峡谷几乎吸干之后，这座城市的领导者开始将目光投向科罗拉多河以解燃眉之急。当然，这一需要是人为制造的，与其说是当地人口增长产生的自然结果，不如说是一帮城市企业家精心策划的，目的是引发一场移民热。他们的推销商到中西部和东部各州四处招揽移民，常常用花言巧语向艾奥瓦的农民和新泽西的工人许诺一种阳光明媚的新生活。那些上了圈套的人们到加州后当然需要水，但这一需要最早来自海岸城市推销者的想象。正如洛杉矶供水系统主设计师威廉·莫霍兰德在 1907年所说："如果我们得不到水，那我们就不需要水。我们需要有水，如果没有的话只好放弃发展。"[5]

　　第二类呼声来自墨西哥边界北边的加利福尼亚帝国谷的农业资本家们。他们于 1901 年开始进入那片西部最炎热贫瘠的土地之一。很快，他们建起了农场，其中一些达 3 000 英亩。他们开始引入一支奇卡诺劳动大军来耕种和收割庄稼，并修建了通向城市市场的铁路来运送他们的各种产品。而他们所缺少的是对科罗拉多河——他们唯一的灌溉水源的牢固控制。从 1905年到 1907 年，大河偏离了高处的河道，冲向他们所在的河谷，几乎毁掉他们投资建设的一切。紧接着是几年旱灾，没有足够的水流入灌溉渠。他们想要的——也是他们认为挣钱所必需的——是一条流量稳定的更大的水源，但这需要高超的水利工程技术。[6]1911 年出版的以这个河谷为背景的著名小说《芭芭拉·沃斯的胜利》中的人物就很直率地表达了他们对沙漠和河流的看法。书中社团的领导人之一，一位银行家对一位农业家说："我们要在这片新的区域实现我们的愿望，这是我们来这里的目的。"[7] 在追求这个经济目标的过程中，他们支持建立胡佛大坝，因为大坝可以阻止危险的洪水并使水量逐年增加。

第三类呼声来自联邦政府内部，主要是那些想在科罗拉多河一展技术才华的政府工程师们，他们隶属于 1902 年为了发展美国西部灌溉工程而成立的垦务局。头几十年，垦务局完成了一些小项目，成绩并不显著。后来他们跃跃欲试，想着手干一番惊天动地的一大事业。1914 年到 1923 年间，该机构的头目是阿瑟·戴维斯（Arthur Davis），也就是探险家约翰·鲍威尔的侄子。在胡佛大坝从构想到实施的整个过程中，戴维斯的贡献超过了任何人。他写道："我考察了西部各州的问题，没有哪个能像科罗拉多河流域的开发那样激发我的兴趣和想象。"[8] 他最早设想将整个河流置于一个单独的机构集中管理（当然是他自己的机构），为那些没有土地的城市居民提供数以千计的新的灌溉农场。另一位联邦工程师弗兰西斯·克劳像戴维斯一样对用技术征服河流充满热情。他于 1904 年加入该机构并被提升为建设总指挥。他还参与了胡佛大坝的第一次选址测量。后来他回忆道："为了建这座大坝，我如痴如狂。"对克劳来说，位于黑色峡谷的这项工程意味着一个"了不起的顶峰——人类所建造的最大的水坝"。[9]1925 年，他辞去政府职务加入了犹他建设公司，该公司属于后来承担大坝建设任务的私人财团"六大公司"之一。正是克劳指挥了建坝工作。[10]

这些就是敦促治理和瓜分科罗拉多河的主要呼声。虽然他们的初衷有所不同，但有一点是共同的：他们都想无止境地主宰自然，只有桀骜不驯又充满活力的科罗拉多河能满足他们的欲望。这几种声音用的都是冷漠的、精打细算的理性语言——科学规划、市场策略、水利原理。但在理性的背后却隐藏着深不可测的非理性的一面，一种模糊的、未加表明的欲望，一种对权力的向往。如果说科罗拉多河的性格有些狂热激烈，那么这些想控制它的人也是一群疯狂者，一群乔治·桑塔雅那（George Santayana）所说的疯狂者——一群看不见目标时反而加倍努力的人。只有当河流从源头到入海口完全被控制时，换句话说，只有当大河死了时，他们才会心满意足。

继胡佛大坝之后，在下游方向距离它 150 英里处，1935 年又修建了另一处大坝——帕克大坝，为通往洛杉矶的"加利福尼亚输水管"供水。此后又建成了帝国谷和全美运河，为南面墨西哥边界的农业企业服务。1946年开始修建戴维斯大坝，紧接着是墨西哥的摩勒罗斯大坝。同时还有拉古纳大坝、帕洛威尔第分水大坝和前门石分水大坝。上游有 1962 年竣工的纳瓦霍大坝——一个体积达 2 700 万立方码的土质结构。随后又建了怀俄明的火焰峡、西斯卡迪、西弗里波特湾、密克斯小屋、春季、波尼维尔、步枪口、乔斯谷、保尼亚、蓝石山、莫罗角、水晶、肥皂公园、克劳渡、银杰克、柠檬、煎锅 – 阿肯色，名称不断增加。所有这些名字都象征着已经消失的丰富多彩的边疆时代，但实际上它们却标志着科学技术的千篇一律和工业时代的到来。科罗拉多河控制体系中最后一个，也是最壮观的大坝，是格伦谷大坝，
71 它足有 710 英尺高，只稍小于胡佛大坝。更多大坝仍在设计之中，但已有的大坝已足以使主宰自然的梦想成为现实。被拦截、囚禁、窒息、引走的科罗拉多河终于在正常季节无法奔向大海。

就在科罗拉多河被治理的时期，德国社会哲学家麦克斯·霍克海默（Max Horkheimer）提出，对自然界的征服已经成为现代社会的主要嗜好。与亨利·亚当斯相似，他指出：这种嗜好已经把我们引入了道德混乱的状态。我们越来越知道"如何去做"，却渐渐忽视了"什么值得做"。霍克海默称

这种状态为"理性的丧失"。理性的作用已不再是对生命终极目标的寻找，它已经沦为将眼前的事物简化还原到仅仅只是一个工具的地位。在已被工具化的理性当中，自然不过是将被制成有用的产品的原料清单。它不再拥有自己的逻辑、秩序，或内在价值。虽然霍克海默写下这些想法时只是一个生活在洛杉矶郊区、躲避法西斯主义的难民，他没有将他的想法直接运用到胡佛大坝和科罗拉多河的具体历史上，但他完全可以这样做，因为没有哪个地方比这儿更清楚地说明了他的观点。[11]

一条被工具化了的大河所带来的社会后果与到处经受同样遭遇的自然所带来的社会后果是一样的。正如霍克海默所说："人类在解放自己的过程中（科技似乎为此提供了一种方法）经历着与外部世界相同的命运。对自然的主宰同样涉及对人类自己的主宰。"[12] 换句话说，当游客们注视着胡佛大坝后面一望无边的平静水面时，他们看到的实际上是自己生活的影子。人们对科罗拉多河所做的一切也同样落到了自己头上。从某种意义上说，他们自己也被征服和操纵了，也被驱赶着四处奔波，像一个生产工具一样被利用。

如果我们问一问在建设科罗拉多河治理系统的过程中谁获取了权力，他们用这权力来做什么这样的问题，这一点就会变得显而易见。提出这样的问题并不是想搞清谁从这些水利控制工程中得到了物质利益。毋庸置疑，许多人在不同程度上得利了。当然，大部分利益趋向于聚集在少数人手中。就算这不是事实，就算像亨利·亚当斯所说的那样，利益的分配比实际情况更公平，另一个重要事实也不会改变，那就是：权力和权威已越来越集中在工具效率的提高上。游客们可以尽情地泡在水中，可以洗个澡，喝点儿什么；或者泛舟水上，优哉游哉；还可以品尝用河水浇灌出来的水果和蔬菜，消耗用它发的电。在做所有这些事情的时候，他们并没有真正获得

72

使这些成为可能的权力。

那些通过控制科罗拉多河而获得了相当多的经济和社会权力的人包括帝国谷的农业企业家。甚至在胡佛大坝和其他设施建成之前，他们就是一股不容忽视的力量，因为他们早就在这里建造水利工程了。"帝国"这个特别的名字是他们为了吸引投资商而精心挑选的，这充分表达了他们的意图：他们追求权力，是毫不掩饰的帝国主义者。治理大河的每一步进展都是向这个权力目标的迈进。今天，河谷中有不到 700 个农场主，其中仅仅 72 人就拥有一半多的土地，达 30 多万亩。那些农场主在自己的土地上雇用了 12 000 人，其中大多数是墨西哥人或墨西哥裔美国人，前者中有许多每天越过边界来这里工作。若以现代工业城市的标准来衡量，他们薪水很低，这正是这个位居全美农业生产前四位的县却有着相当低的平均生活水平的原因。不过，有了联邦政府的水利政策，农场主们在乡下地位显赫，他们当中的一些人还成了国际食品销售商。例如，"巴德·安特尔"已不只是一个农场主，而是已经成为一个在加利福尼亚、亚利桑那和非洲收获两万英亩莴苣和芹菜的大企业。如果没有科罗拉多河的治理，巴德·安特尔公司将很快被沙尘掩盖。[13]

在科罗拉多河出现的另一股力量便是联邦垦务局。二十年代的垦务局还是一个弱小的部门，其少量资金来自该局管理项目所在区的农业定居者。那时它正面临垮台的危险。胡佛大坝的修建挽救了它的悲惨命运并使之一跃成为世界历史上最著名、最有成就的沙漠征服者。最终，垦务局的名字不仅在属于它的全长 2 000 英里的科罗拉多河流域人人皆知，仿佛这条河就是垦务局的私有财产，而且在圣华金河、萨克拉门托河、格兰德河、密苏里河和哥伦比亚河，实际上是美国西部每一条河谷上下传扬。国会议员和参议院议员向它征求意见，上千个小镇和大城市宴请和讨好它的工程师们。

垦务局出售大量电能，肩负着工程师—供应商—经理的多重角色，在很大 73
程度上影响着西部的城市化和工业化进程。

当垦务局开始耗尽坝址，当它的角色快要下降到一个无聊的看门人的时候，它开始涉足新的领域，就像它的代言人之一所说的那样，要建设"具有吸引力的、健康的、振奋人心的环境"，要建核电站、煤矿、污染控制中心，如果可能的话使自己成为一个影响力波及全国的部门。[14] 垦务局最终还走向海外，在亚洲、非洲和南美洲寻找机会。正如该局专员之一迈克尔·斯特劳斯所说，垦务局在这一行动中深受鼓舞，因为"美国人的大河流域综合发展概念已经使世界着迷"。[15] 在所有这些方面，垦务局尽量使自己成为一个不可或缺的服务机构，它的成功使它获得了很大的权力。毕竟，在一个致力于绝对征服自然的社会中，权力并不属于那些试着去理性和系统地思考征服的目的的人们，或那些敢于挑战未被审视和表明的目的的人们。当然它也不绝对属于那些在对环境的主宰中受益最多的人们，无论这些人是农业企业家、工业家还是城市商人。权力还属于那些为征服提供了方法的人，属于所有那些工具主义的代理者和代言人。

我们从胡佛大坝得到的主要政治教训就是：新的经济、社会以及政治权力的集中是征服自然的结果。难道会有什么别的结果吗？一群单纯的、组织松散的农民能实现这样的工程壮举吗？一百个小村庄抵得过一个不达目标誓不罢休的洛杉矶权贵的力量吗？然而，奇怪的是，位于黑色大峡谷的这座大坝及其附带建筑所带来的明显的政治含义被一个又一个观察家忽略。例如，已故哥伦比亚大学工程学院名誉院长吉普·芬奇称赞西部水利事业是"人类不断控制自然，迈向更加美好的生活"的证据。他继续道："我们在征服自然、满足人类需求方面所取得的巨大成绩不久前还是遥不可及的梦想。"[16] 这段豪言壮语对一个事实只字不提，那就是对美国西部河流的

控制不是由"人类"而是由"**一些人**"来完成的，另一部分人只能在被动
74 的惊异中旁观。院长自信地称之为"迈向更加美好的生活"的东西，实际
上是如霍克海默和他的同事西奥多·阿多诺（Theodor Adorno）所说的向
"一个生活被控制的世界"的下滑，在这个世界中，每一个普通公民的大
部分生活被强大的外部势力所计划和控制。对于这一点，芬奇院长也只
字未提。[17]

　　研究胡佛大坝的主要史学家约瑟夫·史蒂文斯也像那位工程院院长一
样掉进了同样的思想陷阱。在其著作的结尾部分，他以一种几乎是使徒传
般的语言取代了分析或批评意识，毫不触及关于大坝的最有意义和最重要
的历史问题。他写道："在胡佛大坝的影子里，人们感到前途无量，没有不
可克服的困难，只要能鼓起勇气，我们就拥有实现任何目标的能力。"史蒂
文斯始终没有定义"我们"是谁或说明"任何目标"应当是什么。他所表
达的情感带有一种宗教的味道，他号召我们去信仰的宗教其实是用工具化
的知识去征服自然。他承认"一些人试图去压制这种情感，他们认为热衷
于工程学奇迹是幼稚的，迷恋于二十世纪的技术是危险的。玩世不恭的人
们称这种技术不可信、剥削成性、对环境和人类灵魂有害"。他告诫人们：
去看看胡佛大坝吧，你所有的疑虑都会消失，你也将变成一个信徒。一个
信仰什么的信徒呢？信仰下一代的命运，"信仰工程师的传奇事迹"和"建
筑工人的勇气"，他泛泛回答道。[18] 显然，在他看来，人们不应怀疑这个传奇，
或者质疑这种勇气有何用途，或者质问胡佛大坝在西部为我们创造了一种
什么样的社会。只有"玩世不恭"的人才会提出这样的问题。史蒂文斯并
非唯一用这种虔诚精神书写水资源控制史的人，这种虔诚精神所追求的目
标没有名字，它所具有的只是一些空洞的口号。但这样书写历史往往很危险，
因为这种历史不是全面地、批判地和自由地运用人类理性去寻求有价值的

目标，而是把读者带入绝对崇拜的狂热。这种狂热在美国西部源远流长。

　　有很长一段时间，似乎在科罗拉多河出现的权力集中不会受到任何挑战。大多数史学家当然也不会提出严肃的问题。工人已经领了工资，罢工被镇压，工作已经结束，工人们已离开，不会再挑战这项工程。也看不到来自其他方面的挑战。这正是亨利·亚当斯和麦克斯·霍克海默早前曾警告过的。他们想找到一条摆脱盲目的现代化狂热的出路，或者是某个能夺得权力并使之分散的"革命性"组织。他们设想出的每一种抗议都不能避免两个缺陷：要么是抗议不够强烈，不足以构成一场真正的挑战；要么是抗议者急于取代过去的权力而不是去寻求一种根本的新的解决方案。但是在二十世纪七十和八十年代，在与西部河流有关的活动中出现了一种新的变化，尽管还不能确定这种变化是否有益或令人欣慰。看来自然可能会被逼到拒绝再继续发挥作用的境地，它有可能在生态上崩溃，而人类工具化控制的整个设施也将随之灭亡。人们没有料到，在如此长期地相信技术并宿命地接受它的发展后，崩溃的前景在科罗拉多河与在别的地方一样越来越成为可能。

　　今天大河首要面临的，也是当下十分严峻的威胁就是含盐量的增加。在尚未被开发时，科罗拉多河总是承载着大量溶解的盐流向大海。这些盐分主要是从裸露的含盐页岩地层中冲刷而来或者是从上游流域的泉水或渗流的地下水中排出的。据估计，这些天然的"盐源"曾经产生了超过每年 600 万吨的盐。[19] 因此，从一开始，混浊的红色河水就具有很强的碱性，足以腐蚀水壶、破坏较为敏感的农作物，但还不至于伤害所有生物。然而，控制大河的技术大大增加了河水的碱性，以至于河水对城市和农场都不能使用。

　　这一问题部分源于科罗拉多、怀俄明和犹他州的农田。当农民引用河水灌溉时，土壤中的盐分就被溶洗出来并排放到水圈中。例如，科罗拉多格兰德河谷的一块典型的一公顷灌溉田每年要向河里排放八吨盐。被污染的水在下游又被反复使用，每一次使用都会增加矿物负荷量。大型蓄水库情况更糟。当水库中的水在强烈的阳光下蒸发时——平均蒸发量为每年百分之十——盐分浓度就会增加。2 000 英里的河水被利用、蓄积，再利用、再蓄积，我们得到的是一条使水质彻底污染的必然途径。

　　盐分问题最早引起人们担忧是在二十世纪五十年代。接着在 1961 年末，墨西哥正式向美国政府提出抗议，抗议美方违反了两国签订的水条约；科罗拉多河也是墨西哥农民的灌溉水源，但河水盐分太高，已不能用来灌溉农田。导致水质下降的直接原因是垦务局在科罗拉多河支流亚利桑那的希拉河上修建的威尔顿·莫霍克灌溉与排水区，该工程将严重污染的水排放到墨西哥一边。结果，墨西哥所得到的水的平均盐度从每百万 850 个单位（ppm）增至每百万将近 1 500 个单位。抗议的结果是美国同意花几亿美元为墨西哥农民修建和管理一个盐分净化厂。然而，这只是寻找解决方案的开始，问题一年比一年严重。[20]

　　在上下游的传统分界点李家渡，自然状态下的平均盐度为 250 个单位，也就是说在 1 500 万公顷的年流量中有 510 万吨溶解盐。到 1969 年，含盐量已经上升到了 655 个单位。据一种估计，含盐量到本世纪末将达到 780 个单位，即达到通常浓度的三倍。当然，下游的问题就更严重了。二十世纪六十年代后期，帝国大坝的盐度是 850 个单位，预计 2000 年将达到 1 210 个单位。[21] 对于帝国谷的那些农业企业家来说，这意味着目前和将来的一笔沉重的无益开支。从 1929 年到 1972 年，帝国灌溉区为了解决盐度这个难题不得不花费 6 700 万美元铺设瓦质的排水道并为水渠和运河添加隔板，并且每过几年就要花相当多的成本来清理这些排水道。科罗拉多河下游的盐度每上升一点就需要该灌溉区增加更多的补救措施。到本世纪末，每年的开销将达 4 000 万美元之多。因为这是一笔位于降雨丰富地区的农场主不必支付的费用，所以帝国灌溉区的种植者们最终肯定会发现他们在市场中处于十分不利的地位。[22]

在科罗拉多河流域最受欢迎的权宜之计就是将这项清理费转移到全国纳税人头上。罗纳德·里根任州长期间，加州科罗拉多河委员会（由他所任命的人组成）建议将控制上游盐分来源的工作及经费交给垦务局，由垦务局负责通过改变天气来增加流量、稀释盐度，委员会还建议授权垦务局从加利福尼亚北部海岸甚至从哥伦比亚河引来淡水补充科罗拉多河流域。[23] 国会于 1974 年通过的科罗拉多河流域盐分控制法案使以上建议中的一部分得到实施。美国纳税人在帮助解决盐分问题上还愿意走多远，不仅涉及政治权力还牵扯到公众受骗的问题。在（纳税人）向西部"水利帝国"伸出慷慨之手时，他们有一天会意识到，盐度不只是一项伟大成就的"副作用"，它还是在干旱环境中建造任何大型水利控制系统的不可避免的附属品。他们会认识到，这是一个永远无法解决的体系问题，这个问题困扰了历史上每一个大的灌溉系统而且还摧毁了许多这样的系统。[24] 有一天，美国人会意识到有比这更便宜的得到食物的方法，也有比在沙漠中建城市更明智的方案。到那时，他们也许会摆脱消极的被控制的生活方式，那时科罗拉多河的权力金字塔或许会开始瓦解。

自然能击垮历史上最顽固的上层社会，特别是当他们试图去完成自己力所不及的事情，而且在无休止的贪婪的推动下让自己在生态方面变得十分脆弱时。科罗拉多河水利工程中出现的盐度增加就有可能导致这种情况。除此以外很难想象在接下来的几十年中会有什么别的东西能产生革命性的结果。

以二十世纪三十年代胡佛大坝的修建为开端的水利事业现在几乎结束了：这是一项在目标、实施和效果上几乎无与伦比的环境控制工程。现在，我们所处的位置能使我们更好地审视这一工程的社会和生态后果，质问其代价是什么，付出这些代价是否值得，还有如果在另一个地方还有这样的机会，我们是否还愿意这样做。然而不幸的是，当那些不经意的游客经过大坝时，他们急于赶往前方拉斯维加斯灯光辉煌的赌场和有空调的汽车旅馆，很少利用这个机会去反省。他或她也许会偶然将身体侧出大坝的顶部，小心翼翼地看一眼面向下游的陡峭而弯曲的坝体。在那一刻，他或她也许会对人类生命的脆弱有所领悟。但一般来说游客不大可能对大坝的深层意义感到好奇。除非他停下来，对着大坝两侧深褐色的由安山石和角砾岩构成的谷壁深深反省，并探寻大坝的历史。

当水从人的手指间淌过时，它显得温柔而顺从，它很容易被水泥墙阻挡，但我们并没有足够的经验去认识水的力量。在我们人类这个物种出现以前，水就在那褐色的岩石中下切了近 1 000 英尺。思考一下这个事实吧，这时垦务局的所有豪言壮语和许多工程师及史学家对科技的崇拜就会开始显得有些空洞。认为人类真的赢得了对自然的永久控制是一个多么愚蠢的想法啊。甚至就在此刻，科罗拉多河正忙着准备锯穿胡佛大坝，将淤泥堆积在坝后，积蓄力量将这个新的障碍物移走，就像它利用地质力量移走了曾经挡住它去路的所有障碍物一样。人类对自然的主宰只不过是个幻想，一个无知的物种做的一个短暂的梦而已。这个幻想让我们付出了太多的代价，它使我们作茧自缚，让我们吹嘘自己的勇气和才能。但是，它终究是个幻想。不论我们怎么做，科罗拉多河都将畅通无阻地奔向大海。

第六章

自由与匮乏：西部的困境

我们美国人被认为是讲究实际、头脑冷静、实事求是的民族，但事实并非如此。我们也是一个喜欢空想的民族。我们的想象力容易被神话和浪漫传奇左右，我们总是满怀激情、迫不及待地奔向未来。与那些能使人进入迷幻状态的丛林部落的宗教相比，我们的梦想更瑰丽奇谲。然而，仅仅公开讨论一下这些纷繁的欲望就需要我们付出巨大的努力，更不用说去确认其中的模棱两可之处，并勇敢地面对其中的矛盾了。

这一点在谈及我们最喜欢的梦想之一——美国西部时尤为突出。一说到"西部"这个词，我们的脑海里马上就充满了这样的景象：晴朗的天空，成群的野马在广阔的原野上奔驰，清醒的理智被气喘吁吁地甩在后头。一说到这个词，我们就从现实进入梦幻之乡，被它古老的魅力所感染，却很难说清这个梦将如何结束。我们这个民族能迅速创造出许多幻想，却在为它们寻找合理的、现实的结局时举步维艰。

关于老西部或牛仔西部的最著名的小说就清楚地说明了这一点。当然，
我指的是费城社会名流、毕业于哈佛大学的欧文·维斯特（Owen Wister）
80 1902 年出版的《弗吉尼亚人》（*The Virginian*）。这本书曾激发了成千上万人
的想象，却没能为这些想象提供一条合理的发展路线。书的结尾部分陷入
严重的自相矛盾之中，而作者本人对此似乎毫无意识。作为美国人认识西
部的代表，该书揭示了这样一个事实：我们梦寐以求的诸多目标是相互冲
突的，我们从未对这些目标仔细地进行分类或整理，以至于今天我们仍幼
稚地处于自相矛盾的状态。

维斯特的故事讲的是在西部出现的一种新型美国人。一天，书中的故
事讲述者在怀俄明的麦迪森堡下了火车，碰到一个气宇轩昂、品行端正的
小伙子。这个尽善尽美的主人公名字就叫"弗吉尼亚人"，尽管他十四岁
就断然离开了自己的家乡、父母和兄弟姐妹，像哈克贝利·费恩一样来到
西部领地——只不过他比哈克贝利·费恩个头更高，穿着更整洁一些。此
后他一直自食其力地生活。显然，他保养得很不错，因为他身体很健壮，
多年生活的困顿、摔打以及恶友的陪伴都没有对他的身体或品行产生什么
不良影响。尽管他只是桑克·克里克牧场的一个雇工，和同伴们站在一
起，他显得很出众。他天性自由、独立，品格刚正，充满自信，俨然一位
二十四岁的圣人。除了衣着打扮有些简陋，他堪称一位真正的绅士。他举
止泰然，毫不做作。维斯特把他描写成一个并非人类文明及其制度铸就，
而是来自于土地的自发影响的天然贵族，是土地塑造了他的内在美德。维
斯特认为，在西部他发现了一种更优秀的新型美国人，比东部宾夕法尼亚
州和马萨诸塞州的美国人更出色。

接下来的问题就是让这样一个生长于文明之外的完美人物如何生活，
包括如何谋生、成家、参与社会事务。关于成家，在一段冗长的恋爱之舞后，

维斯特终于让他的弗吉尼亚人与具有贵族血统的新英格兰女教师莫莉·斯达克·伍德结合。他们到高山草地度蜜月，在那儿裸泳、烤鳟鱼。立业这部分让维斯特感到有些棘手。在书的中间部分他告诉我们，男主人公多年来一直在小心翼翼地攒钱，这说明他不想一辈子当牛仔。然而，维斯特热衷于单纯的牛仔生活，不愿看到他的主人公使用这笔存款。根据我手头上的版本，直到该书第 502 页作者才匆匆交代了主人公事业上的成就。这个牧牛工最终成了他的老板，也就是地位显赫的亨利法官的合伙人。他用所 81 有的积蓄买了一片自己的土地，配置了现代化设备，周围装上栅栏，里面养着良种牛。这还不算，弗吉尼亚人说："我买土地时选了一块底下有煤的，新铁路很快会需要它。"果然，新铁路很快就铺到了家门口，运走了火车所需的燃料。维斯特在书的最后一段说，这个曾在马鞍上奔驰的大老粗如今成了"重要人物，牢牢掌握着各种企业，给妻子买的东西超出了她的要求和想象"。一个自然之子的传奇故事就这样结束了，他已奇迹般迈入工业资本家的行列，他那令人羡慕的妻子最终成了消费文化的宠儿。[1]

　　维斯特之所以一再拖延结尾，而又匆匆收笔，似乎说明他对这个结局不太满意。他想满怀深情地塑造一个正在消失的边疆世界，他担心我们将来可能再也见不到这样的西部人了。可能大部分读者都有这样的怀旧感——他们不太喜欢发迹之后的弗吉尼亚人。在了解这个故事的人当中，十个有九个不记得或不关心最后的结局。和维斯特一样，我们关于西部的理想属于那模糊的正在消逝的自然王国，我们对这个理想紧抓不舍，却不愿过多地思考结局。

　　当然，这样看问题是太简单了。实际上我们关心西部的未来，至少嘴上这么说，就像维斯特关心西部的未来，或者至少嘴上这么说一样。和他一样，我们当中有很多人认为修铁路、开采煤矿、把工业革命引入西部是高尚的举动。许多人仍然认为，这样一个建立在技术之上的未来值得保持和追求。而且在这个理想实现之后，我们（至少是我们当中的大多数人）也想和弗吉尼亚夫人一样尽情享受商品社会的富足——家具、衣服，所有那些我们想要或奢望的东西。不可否认，这个结尾简单而贫乏，但在它背后有一个强大的梦想，这个梦想与推动美国或西部发展的任何其他梦想一样有力。

因此，有两个理想令我们心驰神往：一个是生活在自然之中，一个是与机器为伴；一个是过去，一个是未来。我们仍然习惯性地认为自然造就了我们，使我们善良正直，但技术使我们臻于完美。如果说西部在精神上有什么独特之处，我相信那就在于它对这两种相反的梦想都具有强烈的渴求。我们可以毫不夸张地称之为"西部的困境"。虽然我们还不能完全自觉或理智地面对这一事实，但我们至少知道，我们有关西部的各种想象很不一致，而且从一个理想到另一个理想的过渡绝非维斯特小说中假设的那样轻松，有朝一日我们可能不得不在这两种理想中做选择。

西部的困境在很大程度上是景观造成的。这里，大自然的面孔既具有不可抗拒的魅力，又令人畏惧，西部人对它既热爱又厌倦。从全国范围来看，西部极其干旱，年平均降水量不足 20 英寸，不到东海岸或欧洲的一半。如此少的降水所产生的最明显影响就是当地的自然植被很独特——散布的丛生禾草与非禾本草、零星的肉叶刺茎藜与艾草，树木相对稀少。第二种影响就是西部河流很少，河流之间相距甚远，许多在夏季结束前就干涸了。尽管西部有着壮丽的景色、大量的石头和矿产，这里的景观却告诉我们，至少从生物学上看这是一块贫瘠的土地。有时土地只用微弱的声音表达自己的贫瘠，用耳语略略提示我们旱灾即将来临；有时则用强烈刺耳的吼声警告我们，只有听力极差的人才会听不到。有没有水是西部所面临的困境的核心。

　　约翰·韦斯利·鲍威尔于1878年首次把西部定义为美国的"干旱区"。从那以后许多史学家开始思考这个概念的含义。他们提出了这样的问题：缺乏"水"这种关键性的资源对占据了这片土地的人们的习惯、制度、生产方式、价值观以及自我形象产生了什么影响？他们使自己适应了缺水环境吗？干旱给予他们的是自由还是挑战？他们是否因此使自己过上了一种新的被奴役的生活？他们后悔了吗？

82

　　我说过，构成西部矛盾的一方是在大自然中幸福成长的梦想。在本质上这是一个获得无限个人自由的梦想。这个古老的梦想远在美国诞生之前就有了，并被成百万的移民带到这块大陆。美国东部的景观不够理想，至少不能像西部那样激起人们在自然中寻找自由生活的希望。东部使移民惊叹不已的是其自然资源的丰富，而不是开阔的视野或移动的自由。船只还未靠岸时，欧洲的第一批移民就嗅到了新大陆飘来的生命的芳香，他们惊叹不已。上岸后，树上的一串串野葡萄是他们谈论不休的话题，因为欧洲的葡萄都是长在葡萄园的篱桩上，被人精心栽培和修剪的。土地的肥沃，　83
大量可以用作建筑材料和燃料的木材给他们留下了深刻的印象。在这个"新世界"，他们可以建造比"旧世界"更大的农场，修建更大的农舍，在农舍里燃起更大的炉火，穷人可以和富人一样轻松地得到这一切。然而，美国随处可见的丰富资源是福也是祸。因为人们得披荆斩棘、开辟道路去征服它，只有在完成了这些之后才能谈论自由。在美国人看来，在像弗吉尼亚的大沼泽以及阴暗曲折、盛产各种鸟类、龙虾、柏树，到处悬挂着浅绿色西班牙苔藓的路易斯安那湾那样无法进入、尚未开垦的地方，没有什么自由可言，除非是对逃亡的奴隶。

　　然而，进入西部的旅行者异口同声地称赞，这里才是真正的自由之乡。一般来说，这儿树木极少，没有成片的森林阻挡视线，一切尽收眼底，似乎所有的外部限制都荡然无存。在最早感受到西部的广袤和空旷的白人中就有 1804 年夏天托马斯·杰弗逊总统派出的两位探险家，即麦里维泽·刘易斯（Meriwether Lewis）和威廉·克拉克（William Clark）上尉。他们划着独木舟沿普拉特河上行，有一天早晨他们决定上岸往内陆走一段距离，克拉克在他的日记里描写了所见到的景象：

> 这片草原长满了十到十二英寸高的绿草，土质非常好。往前一英里多，地形又上升了八十到九十英寸，全是一望无边的平原。从我们宿营地后面的第二层阶地上的一个断崖上放眼望去，河流上下及对岸尽收眼底，我从未见过这么美的景色。[2]

克拉克并未提到此刻他是否还有更深刻的思考。但若没有超然的情怀，若没有摆脱了公务、上级命令、责任和繁重的工作后的自由感，那时恐怕他就会待在船上做洗洗涮涮的事情。许多读过刘易斯和克拉克日记的人都确信如果有幸身临其境，体验那一历史时刻，我们的感受会是什么：一定是自由，一定是那种东部居民无法得到，只有西部的干燥空气、短草和浩渺无际的地平线才能提供的自由。

有关原始西部第一印象的类似记录频频出现在纪实作品和小说中。以小说为例，A. B. 小格斯里的《大天空》生动再现了落基山区的皮毛贸易。在书的开头部分有一个关于泽伯·卡洛威叔叔的场面，他是一个经验丰富的猎手，从山里回来走访肯塔基的亲戚。他讲的许多高山平原的故事激起了一个名叫波恩·考迪尔的男孩儿的无限憧憬。"他嗓音洪亮，边说边挥舞着手臂，讲到山里的自由时活灵活现，仿佛触手可得。"[3] 不久波恩便只身离开肯塔基州去西部寻找未来了。

　　至于散文作品，我们可以参考一个生活在二十世纪的名叫理查德·厄多斯的人的自传《瘸鹿，逐梦者》。在该书的结束语中，作者解释说，他生长在维也纳一个犹太教、天主教、新教混合家庭，后来为了躲避纳粹的压迫来到美国，并于 1940 年来到西部：

　　　　初见美国西部对我来说是一次奇特的情感经历。当然，这是在南达科他。我们开了一整天的车，车子经过玉米种植区，地形平坦单调，用白色尖木桩围起来的大农场之间距离甚远，每一个农舍都被大片的玉米地包围。过了密苏里河后，旧公路开始像波浪一样起伏，时高时低，像游乐园里的过山车。过了一段下坡路后，我们突然置身于一个全然不同的世界。除公路外其他地方鲜有人迹。眼前是连绵不断的丘陵之海，覆盖着艾草和草原草，呈银色、浅褐色、土黄色、淡黄色和橙色。头顶是我所见过的最浩瀚巨大的天空。这样空旷的景色没有任何暗示突然出现，我以前从未有过这样的经历。我停下车子，大家都走出来，发现周围听上去也一样死寂，几只看不见的鸟儿的叫声更加重了这种寂静。我发现自己被一种强烈的自由感所笼罩。那一刻，我感受到了全然的幸福。[4]

　　厄多斯描写的是南达科他，但这种景色在内华达、怀俄明、东俄勒冈或亚伯达也能看到。所有这些地方都一样空旷，都能让人们感到自由。亨利·大卫·梭罗（Henry David Thoreau）很少离开家，甚至像他这样一个从未见过这么开阔的景色，最多只到过明尼苏达州红杉区的苏族部落管理处的人也能发挥想象，写下反映许多人感受的不朽名句："东行乃不得已而为之，往西则能得到自由。"[5]

　　我们可能会问，是相对于什么而言的自由呢？ 对许多人来说，自由就

是逃离他人对自己的种种期待和无理要求，逃离义务以及与他人在感情和
85 经济上的纠葛。男人女人们为了摆脱对方前往西部，孩子为了摆脱父母的
约束和权威去西部，父母把孩子扔在东部。小说家欧文·维斯特就是为了
逃离专横势利的母亲和她在费城的社交圈而来到西部的。为了淡忘相继丧
妻丧母的痛苦，摆脱事业上接二连三的打击，另一个逃难者西奥多·罗斯
福也于 1885 年来到北达科他寻找新生活。[6] 其他人纷纷来到西部，要么是
躲避账单、财产抵押人和不理想的工作，要么是躲避花粉，躲避官僚，躲
避城市的喧嚣，或者像厄多斯一样，是为了不被抓进集中营。来西部寻求
自由的动机是高尚还是卑微、肤浅还是深刻并不重要，重要的是西部让这
些人满意。西部干燥空旷的土地净化了许多人的心灵，给他们舒适的生活，
并使他们重新获得了自信。

　　享受西部这份馈赠的除欧洲裔美国人外还有数千年来在这里生活过的
土著居民，他们也为西部给他们的自由而欢呼。新来的欧洲移民的独特之
处在于他们倾向于从极为个人的角度理解"自由"。他们怀着强烈的自我或
个体意识来到西部，认为自己的独立性大于集体性。他们赞同法国哲学家
卢梭的观点，认为先有"我"，后有"社会"，而且一般来说，多数情况下，
这个"我"都是一个"好我"。寻求自由的白人一再对自己说："我需要比
现在更多的空间。给我足够的空间，给我整个辽阔的西部，那样的话我就
能让自己尽善尽美。"

　　就这样，白人一个接一个一家又一家来到这片贫瘠的、缺少自然资源
的土地并为之自豪不已。我们掠夺了当地人赖以生息的土地，然后尽情呼
吸着西部的自由气息。我们找到了一片使自己返璞归真的广阔空间。除非
是自找麻烦、节外生枝，我们在这里可谓无拘无束、自由自在。然而问题
就出在这儿，要想让这种自由经久不衰，西部景色必须**保持空旷**，也就是

说，西部必须**保持干燥**。我们心目中的西部需要干燥，它有赖于明亮的光线、开阔的地形、空旷的视野，只有这样我们才有足够的空间去伸展、去游览，才能摆脱人群、沉浸于个人事务，才能重获希望。这就要求西部保持过去和现在的状况，多一点水就可能破坏它。

这只是我们西部梦当中的一个。我们还有一个与之相对的梦，即通过技术来改造西部，使它成为另一种东西。西部的干燥给人们提供了个人精神的自由，但它同时也意味着贫穷这个可怕的幽灵。反对者会说，你总不能吃自由吧。在这样的土地上你怎么获取食物？没有水怎么种庄稼？没有地产和划分地产的栅栏能行吗？如果不行，上哪儿去找木材做栅栏？到哪儿去弄燃料和建筑材料？难道要找像花环一样挂在树上，摇摇欲坠的葡萄？难道你要从东部购买这些东西？如果是，你上哪儿去弄钱？没有更多的水，你能在这儿生存下去吗？

正如欧文·维斯特的小说所揭示的，西部一直没有搞清楚怎样才能在获取物质财富的同时保持它自由的景色。这是西部困境的症结所在。

长期以来，在美国或欧洲白人的心目中，"贫困"不是个诱人的景象。我们调整了整个生活方式、制度和法律来战胜"贫困"。我认为，事实上克服对贫困的恐惧的努力是把我们推向现代世界的最强大的动力之一。这种恐惧产生于欧洲近代早期。人口增长对土地产生的压力和资源的减少促使欧洲人发动了一场文化革命。他们决心不再过缺衣少粮的日子。通过仁慈的科学技术获得无穷财富的梦想开始形成。

最早表达这种梦想的人当中就有早期英国、法国、德国和意大利的资产阶级企业家。他们把任何东西都当作潜在的商品，任何东西的存在都是为了获取更多的财富。他们告诫自己的同胞要节约资本、进行技术投资，试着让以前只长一片叶子的地方长两片叶子。要在全球范围内寻

86

找尚未开发的原材料以维持自己的工业机器，要比旁人加倍努力地工作，以占有原材料和工业机器。如果人人都这样鞭策自己，如果人人都拼命聚集个人财富，那么最终我们都会像国王一样富裕，再也不会遭受贫困之苦。

87 　　对贫困的恐惧和一劳永逸地摆脱贫困的决心不仅激励了早期的商人、企业家和那些给世界带来以工厂和工资奴隶为代表的工业文化的具有创新精神的资本家，而且还激励了社会主义者。例如，卡尔·马克思就认为，只有地球上的每一个人，包括男人、女人和儿童都拥有充足的商品时，人类才能获得真正意义上的自我实现。无论社会主义者还是资本主义者都认为，技术是达到这种富裕的唯一可靠的途径，因为这种富裕不会自发地从大自然流出。这两派思想家可能会就谁能更好地生产和分配这种人造的财富争论不休，但他们在一个基本点上却没有分歧——即必须在全世界消灭物质匮乏，他们都赞成最大限度地生产商品。

　　这场深刻的文化革命彻底改变了人类与自然界其他部分的关系。它使人成为衡量一切的标准，人被标榜为历史的目的，成了地球的主宰，似乎除此之外不会有别的可能性。要彻底消除贫困就必须完全控制自然。随着资产阶级的崛起，卡尔·马克思在他的《政治经济学批判》一书中以赞同的口吻写道：

　　　　对人类来说，自然已成为一种纯粹的物品，一种纯粹的实用品，而不再是独立的力量。人类发现的自然规律似乎只是使自然界服从人类需要的手段，自然要么被当作消费品，要么被当作生产工具。[7]

　　此处无声胜有声，这位社会观察家没有说的跟已经说的一样重要。一旦自然成了供人类用技术进行控制的纯物品，它就已名存实亡。除实用性外，自然在我们的生活中不再具有重要性。于是，我们和自然分离了。

这些观念是现代技术文明的思想基础，我之所以提及这个问题，是因为我坚信不能脱离大的历史背景去理解美国西部的生活。美国西部绝不是一个与世隔绝、独立发展的社会，它的指导思想来自更广阔的背景，来自包括资本主义、社会主义、亚当·斯密和卡尔·马克思在内的整个思想史。西部所追求的控制自然的梦想正是全世界追求的东西。和其他地方一样，这个梦想已经成为改变我们生活的最强大的力量，推动着所有人包括地球向前迈进。这个梦想已扎根于我们的头脑，在一定程度上它已经渗入每个人的头脑，简直成了生存的信条，以致将来西部无论怎么发展都得面对它。

不仅如此，定居西部的美国人尤其赞同用技术控制自然的理想。如果 88 说对贫困的恐惧迫使居住在世界上气候最温和的地区之一的欧洲人发动了一场文化革命，试想一下这种恐惧对来到沙漠或几乎是沙漠地区的人会产生怎样的影响。这种恐惧势必使他们更加如痴如狂，使他们压制不同意见。西部居民对自己说：我们必须找到更多的水，必须竭尽全力用技术开发尽可能多的水，直到控制了每一个水分子才罢休。我们要把碰到的每一条河变成商品，并把它全部消费掉。我们要通过艰辛的劳动和不懈的努力去挽救整个西部，直到它完全丧失了本来面目，直到它成为一片舒适、安乐、豪华的绿洲。

早在 1906 年，《北美评论》杂志的某一期就表达了这种征服精神。文章大胆地预言，有朝一日灌溉业将挽救西部一亿英亩的土地，使其有效地生产。那时，西部的移民大军和四处游荡的牛仔都将成为历史。文章继续写道：

现代住房将取代老式木屋和地洞，大牧场将迅速变成整齐的农场，耕种的农作物取代了野草。人类理性的选择稳稳地指挥着自然的选择。就连西部绝无仅有的牛仔也将迅速消失。和野牛一样，牛仔已在人类文明的舞台上扮演了自己的角色。平原上的印第安人必须向文明投降，否则只有死路一条。科斯特、科迪、布里奇和卡森在完成自己的使命后退出了历史舞台。老一辈拓荒者正在被朝气蓬勃的新一代取缔，新一代有头脑、意志坚定、不知疲倦，他们让科学之光普照平原与山冈 ……一个从大西洋到太平洋、拥有两亿自由人、受习惯法和成文法保护的民族将成为现实，其中五千万人将居住在干旱地区，人们将再也听不到"沙漠"一词。[8]

在当时看来，这种自信确实有点过头，但最终这个预言的大部分都变成了现实。

然而，追求技术控制不只是简单地让每条河对我们俯首听命。干旱农业、畜牧业、采矿业和制造业也深受控制自然的理想的影响。而且，再说一遍，在追求无穷财富上西部并非独一无二。事实上整个世界都在一门心思无休止地扩大生产和消费，西部只不过试图在充满竞争的世界中努力保持不落后而已。

然而，通过技术消灭贫困的梦想仍没有彻底实现。现在世界上还有五亿人生活在饥饿的边缘，四十年后世界人口还要翻一番。西部还有成千上万的人仍未过上他们梦寐以求的中产阶级生活。最富裕的阶层还在抱怨他们拥有的还不够，还没有"应有尽有"。经过几个世纪巫术般的技术应用，包括在西部筑坝、抽水、调水等活动，"贫困"这个老问题仍然像过去一样恼人。我们能有足够的饮用水吗？我们能有足够的水供我们出售吗？我们能进天堂吗？

　　前途渺茫并非控制自然过程中出现的唯一问题。另一个问题是我们对自然的控制步步升级，最终却搬起石头砸了自己的脚。我们所获得的水的质量越来越差，不是用这些水利益天下，而是相反。河里的泥沙在大坝后不断凝结，最终形成巨大的褐色泥潭，在阳光照射下变干。治水的日子一去不复返了。如果这样继续下去，靠水利工程致富的西部城镇和工业总有一天要垮掉。在与土地的关系方面，我们曾认为是牢不可破的东西现在看来如此短暂易逝，甚至是自我毁灭。

　　另一个问题是，被严密操纵的自然不再让人们感到轻松。我们愈来愈有身陷囹圄的感觉，而囚禁我们的正是我们用来控制自然的技术。例如，灌溉区的农民整天在不同的闸门间奔跑，忙着把水渠里的水转换成大豆或紫花苜蓿，他们发现这样的生活非常辛苦。为了控制河流，他们自己也被控制了。而且就灌溉业来说，这还只是开始。为了从更远的地方获得更多的水，他们不得不加入某种正式的灌溉区，聘请技术专家，还要受地方特权阶层的指挥。管理灌溉区农人和牧人的机构一年比一年多。灌溉者可能要定期向州政府或联邦土地管理局的官员请教，因为这些从丹佛直到华盛顿无处不在的众多机构掌握着用水者急需的资金和信息。政府官员、工程师、银行家、水资源律师、工会组织者、设备制造商，所有这些人都进入了用水者的生活。他们喋喋不休、忙于立法，给用水者提供后者自己无法得到的东西，同时也向他们提出种种要求。显而易见，如果不牺牲一点个人自由，在克服贫困上就不会有什么大的作为。而要想最大限度地用技术创造财富，就得建立庞大的政府机构、企业、其他指挥系统和权力金字塔，这些组织机构的膨胀又威胁到民主和独立。鱼和熊掌不可兼得，于是我们又一次陷入困境。

90

如果**不得不**在干旱、荒凉、辽阔而自由的旧西部与被先进水利工程彻底控制的未来西部间做选择，我将选择前者。但问题是，现实不允许我们做如此极端的选择。我们不得不承认，两个梦想都有可取之处，因此必须绞尽脑汁调和二者，虽然我们知道完美而永久的调和并不存在。只要有人愿意在西部生活，这种挣扎就会继续。

今天，西部对自己所创造的矛盾仍然几乎毫无意识。它一个劲地建坝、赚钱、增加人口，却不顾这些活动所带来的环境和社会代价，并仍以自由的土地自居。但西部已经到了成熟的年龄，很明显，天真烂漫的自然之乡或孤注一掷的贪婪都不能把我们带到美好的未来。

摆脱任何困境的最好办法就是设法超越它。我们需要寻找新的出路，需要深思熟虑地保持旧西部的高贵之处，摒弃可耻的滥用。追求更多的个人自由是一个可贵的理想，但也要有责任感和自我约束。靠土地改善生活固然好，但这个理想不应包括浪费、腐败和奢侈。任何关于西部的新设想都应既能给我们带来长远的自由，**又能**给我们带来长远的富有——这个设想应包括所有人，男人女人、白人非白人，本地人和移民。新设想还应告诉我们如何在占有这个地区的同时不毁坏它或被它毁坏。找到这样的答案绝非易事。

我认为，只有当西部人真正关心他们的社会，尤其是与他们关系最直接、最密切的小地方，这种理想才会诞生。也许这种地方并非个个完美无缺，个个都是道德、智慧和宽容的榜样，但是只有通过关心它们我们才能学会在西部安家。关爱小地方能使我们有足够的自信，是进一步关心整个世界的基础，我们需要小地方来教我们如何关心身边的土地。

91　　那些岌岌可危的小地方随处可见，城市里有，边远的农村也有。但我最关心的是那些在经济上与土地紧密无间的村镇。它们处在人类和自然界的交叉点，只要它们能自由地决定自己的命运，只要它们安全健康，只要它们有决心长久存在下去，我们就有理由相信，西部可能已经开始解决它所面临的困境了。

也许西部已经开始致力于保护自己的社会了，但我认为它依然任重道远。和美国其他地方一样，在西部，个人的生存和发展目前仍然是衡量"成功"的主要标准。我们仍然从孤立的、几乎反社会的、个人的角度来看待自然，要么想通过自然摆脱与他人的关系，要么坚持认为我们有无限聚集私有财产的绝对权利。我们更倾向于从个体而不是群体的角度看自然。长期以来，这一直是美国的风格。它使我们既喜欢徒步旅行又热衷于露天采矿，但它没有鼓励我们去思考作为社会、作为集体，我们怎样才能在比个人生命更大的尺度上与土地和谐共处。如果我们不学会用后一种方式思考，我担心我们只能成为西部的匆匆过客。

我说过，西部问题的核心是水，水是所有生命和社群赖以生存的必不可少的稀缺资源。在寻找一种显然尚不完善的解决方案的过程中，人们遇到的关键问题是：什么是合理用水？合理用水的相应技术在哪里？多少水应该被用来灌溉供出口用的而不是当地消费的农作物？多少水应分给传统牧场主和农场主，多少水应用来吸引新的工业和城市消费者？一个社群最多需要多少水？多少水应该被用来赚钱，多少应留给其他的非商业性的用途？河道中要保留多少水才能保持河流的生态健康和美丽？如果随便消耗水资源，我们还会有健全的社会吗？如果不知道节制，我们还会有健全的社会吗？

西部作茧自缚的一个主要原因是它还没能找到或摸索出一种合理的用水方案，这种方案能让西部所有地方作为人类精神的永恒家园长久存在。西部做过许多美妙、灿烂、华丽的梦，它尝过无拘无束的自由的味道，而　92

且一旦品尝就难以忘怀。西部发现了从河流和土地中获得巨大财富的方法，而这最终威胁到了它的自由。这些都是过去的梦想，西部还没有解决它最大的挑战——找到干旱环境下的用水方案，使美国人**在西部扎根**。要成功地解决这个问题，我们需要用一种新的创造性思维面对未来。

草原上的愚蠢之举：大平原上的农业资本主义

　　J. 弗兰克·多比（Frank J. Dobie）曾经写道："任何一个地方的历史都始于自然，所有的历史都终于自然。"[1] 他说得既精辟又雄辩，但直到最近，史学家们并没有认真对待这一观点。他们普遍不把自然当回事，他们的研究从头到尾充满了人类万能的论调。然而，这一立场遭到了一批具有生态意识的史学家的质疑，已经很难天真地维持下去了。正如多比所说的，现在人们更接受这样一种观点，即无论是退步、灾难还是进步、成功，自然在历史发展中始终扮演着一个核心的角色。无论把自然定义为气候、植被、水资源、土壤和地形，还是生态系统和生物圈这样的综合体，它都是社会发展过程中一股不可忽视的力量。许多地理学家和人类学家早就认识到了这一点。史学如果想被人们重视，也必须在一定程度上生态化。[2]

　　在史学家忽视环境因素的大背景下也存在一些重要的例外。有趣的是，这些例外大都来自大平原。多比便是大平原的骄子，他在这里长大，后来

94 又在这里教书。多比在得克萨斯大学的同事沃尔特·普雷斯科特·韦伯也不例外，他在著作中也将历史和环境结合在一起。[3]另外还有堪萨斯大学的詹姆斯·马林（James Malin），他比任何人都更早预见到生态统一性将在史学中出现。早在 1950 年，马林就把历史想象成一个"生态适应"过程，并认为草原地区是研究这个过程的理想实验室。[4]这些学者，尤其是韦伯和马林，在"适应"一词到底是指向自然条件屈服还是用技术手段征服自然这一点上并不总是很清楚，但他们对人类与自然关系的深远意义都深信不疑。

大平原对历史想象产生了独特的影响，因为那里的居住条件与美国湿润地区截然不同。不过促使马林关注自然的却是另一个更为具体的事件。马林亲身经历了二十世纪三十年代发生的沙尘暴，它不亚于人类生态史上任何一次**环境灾难**。任何与马林共同经历过"肮脏的三十年代"或者受其影响的人都不可能不认识到环境健康与人类福祉的密切关系。沙尘暴事件有力地展示了大自然可能给人类带来的灾难性后果，以及她如何会给那些在自己的计划中将自然排除在外的人带来意想不到的打击。

在沙尘暴肆虐的年代，大平原不仅激发了具有生态意识的史学的成长，而且为史学家提供了一个颇具说服力的研究方向。本章的主要目的就是试图为这一灾难提供一个文化解释。一旦完成，这一解释能充分说明这一事件的重要性，并揭示其复杂性。这样一个解释并非一人所能胜任，因为它所需要的东西不是一个人单枪匹马所能完成的。首先，我们需要对大平原独特的环境状况做详细的、多学科的分析，这包括天气与气候、干旱与湿润年份的循环以及在中间起缓冲作用的草原生态系统的情况。其次，我们需要对各种外来文化因素的影响做深入的探讨。当然，这一解释所涉及的文化系统不仅包括人类在自然界谋生所需要的手段，如农业技术，更重要的是，这一文化系统还应包括活跃在大平原地区的各种价值观和世界观、各种社会阶层及社会制度。正是这些社会和精神结构创造了这些手段并决定了它们的使用方式。最后，只有在这些因素的复杂相互作用中才能找到 95 沙尘暴发生的真正原因。生态史并非由单一因素构成。无论自然还是文化都不能单方面决定历史的发展，不能决定它的节奏或者内容。[5]

　　詹姆斯·马林是较早倡议研究生态史的学者之一，他曾试图寻找沙尘暴发生的原因。确切地说，他提出了两种十分零散、互不相容的解释。作为历史研究，这两种解释的缺陷在一定程度上来自马林的褊狭，这种褊狭使得他不能用一种公正的眼光去看待他所研究的文化。然而，从另一个角度看，这两种解释的价值在于，它们的出现使其他任何简单化的解释都无法站得住脚。尽管我认为他的解释无论拆开来还是合到一起都经不起事实的验证和逻辑的推理，但它们还是不乏支持者，因此有必要在这里对它们做一个分析。

　　首先，马林认为，沙尘暴事件实质上是大自然的杰作，是严重干旱导致的，因此这场灾难是不可避免的，大平原居民是这场灾难的受害者，而非制造者。1946 年，他在《堪萨斯历史季刊》上连续发表了三篇文章，指出沙尘暴"是自然经济的一部分，就其自身而言不一定是反常的"。[6]他煞费苦心地试图证明，早在白人定居此地并开垦天然草场之前沙尘暴就已经在这里肆虐了。干旱和草原火灾都能破坏自然植被，使土壤松动，马林所列举的沙尘暴中有的的确可能源于这二者。严重而持久的干旱会无情地破坏草原生态系统，这种情况很久以前肯定发生过，三十年代可能在某种程度上也起了作用，而且将来毫无疑问还会出现。然而不幸的是，马林无法仅仅用从游记和报纸上得来的一点资料就断定干旱是导致三十年代之前发生的沙尘暴的唯一而又充分的原因。虽然他可以说服反驳者，使他们承认并不是每一股扬沙都是人为因素造成的，但他无法证明早期的沙尘暴在强度和广度上能与二十世纪三十年代的相比。要证明这一点，他必须首先承认，无论原因为何，沙尘暴都是生态紊乱和失衡的征兆。他面临的难题是如何把所有或者大多数这样的生态紊乱归结为自然因素。作为一个与文史资料打交道的史学家，他无法证明这一点。

96　　或许有一天，科学家，尤其是气候学家和生态学家，将能够告诉史学家干旱为何发生。或许有一天，他们终于能够逐亩、逐平方英里、逐县地追溯干旱在风蚀过程中所发挥的作用。但无论是在三十年代还是在其后的一二十年里，科学在到底是人类还是自然该对沙尘暴事件负责这一问题上未能给出一个确凿无疑的答案。不过就在最近，从绕地球飞行的人造卫星上拍摄的一些照片提供了马林所缺乏的资料，而这些资料对马林的"自然负责论"不太有利。1977 年冬末，大平原又一次遭受狂风与沙尘的侵袭，面对二十年来最严重的一次尘暴，俄克拉荷马惊恐不已。就在这时，在一种新型高端照相机的帮助下，气象学家爱德华·凯斯勒准确地向世人证明，沙尘来自得克萨斯西部刚刚被犁耕和播种的农场，而旁边新墨西哥未开垦的草场却安然无恙。[7] 从卫星图片上可以看见沙尘从篱笆一侧被开垦的土地上飞起，向东推进。卫星照片证明，二十世纪七十年代的元凶并非"干旱"这个衣衫褴褛、无处不在的幽灵，而是人类思想及其不计后果的土地利用方式（那一条条笔直的篱笆便是人类思想的体现）。照相机雄辩地证明，三十年代的情况可能也是如此。毫无疑问，二十世纪大规模沙尘暴的首要原因是对覆盖在脆弱土地（土质疏松、地面平坦开阔、任狂风肆虐的半干旱土地）上的草皮的翻垦。

　　在写作过程中，马林似乎意识到把沙尘暴归罪于自然远远不够。显然，还有其他因素在作祟，那就是大平原居民及美国人的文化。他在关于沙尘暴的系列论文的结尾部分是这样说的：

同农业生产有关的最糟糕的沙尘天气都发生在拓荒阶段。在一片新的土地上，人们还没有牢牢扎根，还没有与新环境建立起稳固和谐的关系……那些比较稳固的老社区土壤往往保护得比较好。近年来农业技术上的革命以及机械化农业在初级阶段所表现出的掠夺性使二十世纪二十年代末在某种程度上就像拓荒年代。有了这样的经验教训，再加上精心安排的保护措施，我们就可以避免沙尘暴中最严重的部分再次出现。要彻底消除沙尘暴是不现实的，因为毫无疑问，早在白人在此安家落户、开垦草地之前它们就频繁发生，而且强度很大，但是我们应该而且能够通过对土壤的精心管理把对农业生产带来的破坏降到最低。[8]

这个结论在很大程度上削弱了前面的观点，也淡化了沙尘暴的严重性。这几乎就等于间接承认，沙尘暴事件的发生毕竟还是有重要的文化因素在里面的。

马林的第二个观点也经不起推敲。这一观点的基本假设是，大平原生态平衡的破坏以及由此产生的沙尘暴并不仅仅是大自然的过错，"拓荒者"文化也有责任。定居过程还处于早期阶段，新居民对这片土地还很陌生。作为新来者，他们既不了解制约农业发展的环境因素，也不具备克服这些因素的技术。除了缺乏技术知识，他们的社会结构也不稳定。包括土地在内的许多东西都不在他们的控制之中。马林相信，这样一个原始阶段会消失，被"更加完善的社区"取代，那时人们将安居乐业，那时转卖农场的现象将停止，人们将开始世世代代生活在同一片土地上，土壤侵蚀也会消失（除了来自自然的、不可避免的侵蚀）。在后来的文章中，马林在拓荒者的不稳定性方面做了开创性的研究。1946 年，他又把这种不稳定性同三十年代的土地破坏联系在一起。不过，他的推理中有一些含混之处，例如，他不能确切说明"拓荒"到底是什么。他指出，就在几场主要的沙尘暴发生之前，大平原上出现了以拖拉机和机械收割机为代表的现代农业，这在典型的美国边疆或拓荒生活中是看不到的。他认为大平原居民处于该技术的早期"开发阶段"，二十世纪二十年代晚期的大平原文化"在某种意义上类似于拓荒"。[9]这句话使马林转移了指控对象。这里，先进技术成了罪魁祸首，它至少在短期内破坏了传统农业所包含的健康的价值观。但拖拉机的影响并不总是负面的，因为一旦这场技术革命被消化吸收，文明就会达到一个新的高度。因此，不论马林的"拓荒"指的是什么，是踏上一片新的土地，还是适应一项新的技术，他总是乐观的。沙尘暴事件只不过是通向美好未来道路上遇到的短暂的黑暗和混乱，类似的事情以后不会再发生了。

在上面的引文中，"保护"是作为文化成熟地区的正常活动出现的。按马林的定义，保护指的并不是草原生态系统的维护，而是随着时间的推移、财富的增多、技术的增加（而不是减少）以及人口的稳定而出现的精心管理土地的方式。这些许诺背后所包含的自信精神与塞缪尔·海斯称为"进步主义保护者"的思想很相似。[10]他们同马林一样坚信破坏环境的是拓荒文化，是那些贫穷、无知而又不安定的人。这种破坏将随着社会的进步而消失。不过"进步主义保护者"认为国家是发号施令、推动社会走出原始拓荒阶段的正当因素，而马林则否认政府开展自然保护的必要性。他认为，精心管理是私有经济发展的必然结果。

马林的自信有道理吗？沙尘暴事件仅仅是大平原文化走向成熟过程中的一个阶段吗？对环境的适应真的是进步与繁荣的必然结果吗？答案是有保留的否定。肮脏的三十年代基本上是一种发展已久、因而相当成熟的文化，即农业资本主义文化的产物。而且，近来出现的农业综合企业作为这种文化所达到的最高阶段并没有变得更具适应性或稳定性，也没有变得更具环保意识。诚然，三十年代之后，它受到了美国文化中另外一些反对力量的制约，但农业资本主义仍然是大平原的主要力量，其前景并非马林所希望的那样令人欣慰。

任何了解沙尘暴事件产生的文化根源的努力都要从研究 1910 年代后期和 1920 年代大平原地区乡村社会的状况入手。当然，在这之前已有农民闯入 100 度经线以西脆弱的矮草地区，农业定居和大规模的生态紊乱已经有了先例。农作物灾害、农业歉收，农民被迫退到风险少的地区，这些都已经成了家常便饭。但 1920 年代发生的被称作"大翻垦"的运动对草场造成了极大的伤害。简单回顾一下这段历史有助于我们了解沙尘暴发生的来龙去脉。[11]

第一次世界大战让美国的小麦种植者们兴奋不已。由于土耳其人切断了海上运输，欧洲各国无法再从俄罗斯这个最大的小麦生产和出口国购买小麦，他们转而将目光投向美国，投向大平原。美国政府和西部各州声称要用小麦养活盟国，鼓舞士气，赢得战争。战争结束时，欧洲仍需要进口粮食。在政府的指挥下，1919 年美国收割小麦 7 400 万英亩，共计 95 200 万蒲式耳，比 1909 年到 1913 年间的平均年产量增加了 38%，其中有 33 000 万蒲式耳出口国外。增加的部分主要来自秋天播种、仲夏收获的冬小麦——大平原南部地区的主要作物。从 1914 年到 1919 年，堪萨斯、科罗拉多、内布拉斯加、俄克拉荷马和得克萨斯的小麦种植面积增加了 1 350 万英亩，主要来自开垦 1 100 万英亩天然草场所得到的土地。[12]

由于"大翻垦"源于战时的国家经济动员，有人也许以为它会随着战争的胜利而结束。事实并非如此。一战前所未有地把大平原农民纳入了包括银行、铁路、加工厂、工具生产商以及能源公司在内的国家经济体系中，并进一步将他们纳入国际市场。农民与外部经济体系的联系并没有因为战争的结束而削弱；相反，进入二十年代，为了还清贷款、保住已经取得的地位，大平原农民展开了激烈的竞争，使自己越陷越深。到二十年代中期，这种经济一体化带给农民的好处开始显现。在度过战后的经济萧条后，许多大平原农民开始大把大把地赚钱。例如，堪萨斯的哈斯凯尔县有个名叫伊达·华特金斯的"小麦女王"，她拥有 2 000 英亩农田。1926 年，她种小麦盈利 76 000 美元，比库里奇总统的年薪还高。在得克萨斯的锅柄状地区，电影大亨希克曼·普莱斯开始向大平原居民展示现代商业耕作的威力，展示如何把亨利·福特的批量生产模式用到小麦生产中来。他的新式农场占地 54 平方英里，在收割季节需要二十五台联合收割机。大平原的各个角落都不乏这样的领军人物，他们对资本主义的发展深信不疑，并试图将这一制度引入贫瘠的草原地区。上面这两个人属于企业家中的佼佼者，其他人虽然没有他们那样卖命，但在市场竞争的驱使下也不得不纷纷效仿。[13]

马林所提到的机器是可以移动的，这些机器不仅使大规模农业企业得以发展，而且鼓励土地向外蔓延。现在，农场主可以开着自己的机器到别的县甚至别的州种麦子，在几周之内赶回家，等到来年春天再回到那里。也就是说，他成了一名"皮包农民"。这种经营方式对那些小麦投机商尤其具有吸引力。这些人中很多都是住在城市的银行家、药剂商或教师。他们播下种子，然后回去从事他们的日常工作，同时留意着芝加哥粮食市场的行情。碰上好的年头，他们就有可能狠赚一笔，一季作物的收入就能让他们买下整个农场，然后再高价转卖给下一个想快速致富的人。并非所有的皮包农民都是这样追求短期回报，也有人更关心投资的长期效益。[14] 但机器不仅使得对土地的剥削（主要是一种商业关系）成为可能，而且使其成为普遍存在的现实，结果是土地成了一种必须被用来盈利、越多越好的资本。

　　尤其是从二十年代后五年到沙尘暴发生前这段时间，拖拉机在一望无垠的土地上四处开垦，马不停蹄，有时甚至连夜工作，车灯如萤火虫般在草丛中闪动。H. B. 乌尔班是这个时期小麦种植者的典型代表。他于1929年来到得克萨斯的派瑞顿附近，跟另一个农工开着他的两台国际牌拖拉机，每天能开垦二十英亩天然草地，直到他那块土地上的格兰马草和野牛草几乎全部被清除。堪萨斯州西南部的十三个县1925年的农作物种植面积是200万英亩，1930年达300万英亩。这一时期南部大平原被开垦的原始植被共计526万英亩，几乎是罗德岛的七倍。新开垦的土地大部分都种上了小麦，以致二十年代这一作物的产量猛增300%，到1931年严重过剩。这便是肮脏的三十年代前夕环境史的概况。1935年，当黑色的沙尘暴开始席卷这个地区时，"沙尘暴区"三分之一的面积，也就是3 300万英亩的土地完全裸露，没有任何草皮覆盖，任狂风吹打。[15]

　　世界上很多地区决定开垦脆弱土地的原因是马尔萨斯所说的人口压力，但"大翻垦"与人口压力无关，干旱也不是大平原生态系统遭到破坏的唯一或主要的凶手，推动这一切的是人类及其经济活动。他们这样做并不是因为无知或缺乏经验，因为美国人进入短草地区，观察它、记录它的风险已有一个多世纪。在"沙尘暴"事件发生前的半个世纪，牧人把牛群赶到铁路沿线的装运点，农民则不断地翻耕草地，以便盖房子、种地。他们留下了一连串惨败与丰收相交替的历史。到二十世纪二三十年代，这一地区已经不再属于未知区；有关这一地区的科学文献已经大量存在，环境恶劣的现实也已广泛渗透到公众的意识之中。[16] 但所有这些知识在二十世纪二十年代的翻耕中几乎都被有意忽视了。简单地将那些刻意忽视这些事实的人说成是一群落后、幼稚的家伙，一群艰苦奋斗、开拓边疆的乌合之众当然不行。相反，这些人，尤其是其中的领导者是一群拥有资金和专业

技术的人；事实上，他们当中的一部分人受过教育、见多识广。因此，我
们需要解答的历史问题就是：为什么这些人以这样的方式来投资？为什么
他们要求并迫不及待地使用新式机器？为什么他们只选择那些对自己有利
的知识，而将那些对他们不利的部分拒之门外？也就是说，他们追求什么？
为什么这样追求？如果我们称这些人贪得无厌，我们应仔细指明他们贪求
什么；如果我们称他们为拓荒者，我们就应进一步指出他们与国内和世界
史上的其他拓荒者有何不同。

　　"大翻垦"实质上是由一代满脑子美国农业资本主义价值观和世界观
的冷酷无情的企业家一手造成的。他们意识到大平原上有发财机会，就以
企业家的一贯作风猛扑上去——要从这片土地上获得财富和显赫的地位。
尽管别人失败了，尽管风险很大，他们仍相信自己会成功，事实上在短期
内他们的确成功了。至少在几年内他们让这个地区长出的是钱而不是草。
二十年代，一些记者来这里调查他们的事迹，在报纸杂志上热情洋溢地赞
美他们的成就。结果许多从前地位卑贱的庄稼汉现在出人头地，成了一个
个小麦"国王"和"女王"。如果不考虑环境代价的话，他们对这一切都当
之无愧，因为在从前的草地上生产出大量的粮食无论对国家、世界还是对
企业家本人都是好事。他们几乎听不到批评的声音。相反，站在他们背后
的是一个由银行家、加工商、铁路公司老板和政府官员组成的合唱团，这
些人不厌其烦地歌颂企业家对人类的贡献，以引起美国公众和农民的注意，
因为大家都期待着从这笔财富中分得一份儿。当然，无论在农业还是工业
领域，企业家的天性便是置谨慎的建议与批评于不顾，在别人失败的地方
展示自己的冒险精神，并最终招致灾难。

　　企业奋斗精神并非大平原首创。几个世纪以来它一直在默默地积蓄力
量，伺机一展身手。实际上从资本主义经济统治世界的那一刻起，企业奋

斗精神就成了这种文化发展的动力。[17]从这一舶来的文化遗产中我们可以理出一些有关自然和农业的颇具影响力的观点，这些观点远在开垦大平原之前就被欧洲人和美国人不断宣扬并付诸行动。其中每一个都在二十世纪三十年代产生严重后果。

　　首先，农民企业家赞成这样一个观点：土地真正唯一的价值是作为可以使用和买卖，并给人类带来利益的商品。土地被划分成财产，成为投机的目标，这是大自然被商品化的第一步，紧接着便是土地产品的商品化。这一商品化过程并非理所当然地被人们接受。像其他地区一样，大平原曾经出现过许多不同的文化观念。这些观念往往来自旧世界的农业或宗教传统，或者来自这二者在农民生活中的混合。[18]这些不同的道德传统在该地区许多文学艺术作品中都能看到。例如，维拉·凯瑟（Willa Cather）小说中就经常提到大平原神秘的精神力量，这种神秘力量深藏于大自然之中，尤其易于被许多妇女和新移民领会。[19]不过可以肯定的是，小麦企业家一般不读凯瑟的作品，也不大相信农民的思想方式。企业家马上会说，这些东西与他征服自然、获得商品的事业毫不相干。

　　其次，企业奋斗精神是经济个人主义这一社会理想的重要组成部分。尽管这样做矛盾重重，它仍执意将追求个人财富作为一种社会美德。这种个人主义对大平原的生态群体意味着什么是显而易见的：农民既不用为了保持大自然的整体性而放缓自己的雄心壮志，也不需要把生态环境的相互依赖性作为生存的基础。同样，他们反对，而且事实上拒绝接受任何妨碍他们用自己的方式在他们的有生之年尽量利用大平原的自由的东西。至于社会上的其他人，他们只能好自为之了。在这一点上马林完全错了，破坏社群团结和社会稳定的不是边疆生活，而是企业家文化。[20]

　　第三，在这一经济文化中，风险几乎被赋予了积极的含义，被当作成功所必需的刺激品。没有风险便没有收益。这一观念由来已久，但与过去相比，现在的区别是企业家文化的推行者想方设法将风险转嫁到他人身上。在企业家看来，冒险行为一旦成功便会造福整个社会，因此他们希望别人也来分担他们的成本。在沙尘暴事件中，这些成本包括沙尘暴对人们的健康和财产造成的损害以及恢复过程中的投入。三十年代执行"新政"的政府部门共花了 20 亿美元以使大平原农民正常生产。[21] 作为一种分担风险的机制，这些政府项目标志着国家资本主义经济的成熟。一个新的时代来临了，企业无须再为自身经营失败所酿成的恶果负责。而在十九世纪八十年代，当外部援助几乎为零时，大平原的居民知道只有适应自然，或者离开，没有第三种选择。而二十年代开始垦荒、三十年代自食其"沙"的那代人却在很大程度上成功地躲过了这一惩罚。他们生活在一个更人性化、更具救助意识的年代，这使得他们在享有相当大的经济自由的同时避免了许多旧日的烦恼和失败的痛苦。

当这样一些观念，这样一种经济文化出现在一个环境脆弱、间歇性干旱不可避免的地区时，后果只能是肮脏的三十年代。这一观点在众所周知的官方报告《大平原的未来》（1936）中讲得很清楚。该报告的主要作者是"再安置中心"的经济学家、美国著名农业史学家刘易斯·塞西尔·格雷（Lewis Cecil Gray）。格雷对沙尘暴的文化根源做了与本文相似的分析，他关注的也是潜藏于扩张成性的企业主义社会深处的"思想价值"。[22] 在格雷看来，这一灾难显然不能完全归罪于自然环境、技术缺陷、知识匮乏，或者"边疆社会"。正如同时期的另一场灾难"经济大萧条"一样，"沙尘暴"是一场人为制造的危机，是现代美国文化中极具社会破坏力的企业资本主义一手炮制的。

詹姆斯·马林 1946 年坚决拒绝接受格雷有关大平原灾难的文化分析，

他并不孤立。这种反应在当地相当普遍，如果说三十年代还不太厉害，到他动笔时则已经十分猖獗。美国经济的复苏、正在欧洲蔓延的第二次世界大战、旨在帮助农民渡过难关的联邦救助计划的成功——所有这些使得对这场灾难的深入的批判性分析不受欢迎。更重要的是，大自然使人们重建了自信。雨季的重新出现以及二十世纪四十年代早期的小麦丰收都证明环境损失并非是永久性的。的确，在核时代到来以前，任何人想对地球及地球上的生命造成一种不可逆转的破坏都不是一件容易的事。大自然有着超凡的恢复力，这一点在大平原漫长的地质史中已经无数次被证明。但好了伤疤忘了痛是人类的天性，人们喜欢把有关过去的错误和损失隐藏起来，重蹈覆辙，逃避责任。这正是马林所希望的，他想重建对企业化农业的信心；在他看来，有关大平原发展的任何其他选择都是"极权主义"。[23]

　　尽管人们被许诺，大平原在二战后将建立一个成熟的农业资本主义体系，土地和社会将会得到严格而开明的管理，不会再有大刀阔斧实施文化改革的必要——尽管如此，近来大平原生态史的发展还是出现了令人担忧的变化。农作物价格的提高以及对利润的高度期待引发了一次又一次的逐利浪潮，人们为了生产更多的农作物而破坏草地。每一次浪潮过后都有新一轮沙尘暴出现，其中有的丝毫不比三十年代的逊色。结果便出现了下面这个熟悉的模式：沙尘之后联邦土壤学家发出警告，联邦政府有关部门的预算节节攀高，通过各州和联邦立法来进行文化改革的话题又重被提起。也许三十年代悲剧的频繁重演已经产生了一种累积的文化改革效应。尽管与马林的说法不尽相同，有些人仍认为二十世纪三十年代以来资本主义农业已经发生了根本的改变，它在这个地区已不再拥有往昔的权力和影响，因为它受到政府权威的严格限制，所有的改革与限制措施已经成功地阻止了沙尘暴的再次发生。[24]这一说法的正确性仍需多次持续性的干旱才能证明。

而最近的证据显示，企业家依旧存在，他们仍然高高地坐在拖拉机上。旧的危险并未消失。

1983 年春夏之交，美国新闻媒体又一次宣布，在西部，风蚀的威胁迫在眉睫。据《时代周刊》报道，在蒙大拿和科罗拉多，有 640 万英亩处于边缘地带的草地被小麦种植者翻垦。导致这一疯狂行为的原因是牲畜价格的低迷以及政府的小麦扶植政策。一个蒙大拿人解释说："我想多挣点钱。"他和他的邻居们在过去十年里已经破坏了 25 万英亩牧场。"我们有可能面临又一场沙尘暴，"蒙大拿州保护区联盟执行副主席说。威胁如此严重，以致来自科罗拉多州的保守派参议员威廉·阿姆斯特朗在里根政府以及蒙大拿州家畜饲养者协会的支持下提出了一项名为"草皮破坏者"的法案，拒绝为高度脆弱的土地上生长的农作物提供政府资助。科罗拉多的一个县也开始考虑由政府官员颁发许可证来限制对草皮的进一步开垦。[25] 显然，这些地区的领导者正在被迫承认一个事实，那就是他们既不拥有足够的权力来限制那些冒险成性的企业家们的行为，也不能指望资本主义的成熟来保护土壤。至于他们现在是否愿意建立这一权力也未可知。

105　　　大平原未来的生态史还有待书写，这样的史学家还有待出现。然而当他们着手此项工作时，摆在面前的将是一个具有全球意义的课题，因为现在地球上所有的干旱地区都压力重重、问题重重。可以预见，这样一部历史的关键将是经济与环境的关系。可以预见，史学家将不断回到肮脏的三十年代，了解大平原文化的来龙去脉，展望其未来。

第八章

黑山：圣地还是凡土？

大平原一望无际，你拖着疲惫的步伐缓缓前进，景色单调刺眼，令人不安。终于，地平线上露出一条黑色的山脉轮廓线，你的心中顿时充满了希望。那里有水，有木柴，有绿色的森林、丰富的猎物和充实的空间。对大多数旅行者来说，这种启迪心灵、振奋精神的景色往往是从远处看到的绵延起伏的落基山，但在更北和更东的地区有一群山脉同样神奇。它巍然耸立，高出周围地区4 000英尺，最高的哈尼峰海拔7 242英尺。整条山脉占地4 500平方英里，呈椭圆形，其中的棒糖山、弗拉戈山、辛格诺尔山、西斯布洛克峰、比切尔山和拉什莫尔山每座都超过一英里。此外，北面的熊峰以及怀俄明州的恶魔塔山也是该山的一部分。这些山的坡面上都长满了北美黄松、刺柏、北方云杉和冷杉，远远望去郁郁葱葱。印第安人称它为帕哈萨帕山，白人将其译为黑山。

今天，来黑山参观的游客很快就会被四处散布的广告牌搞得晕头转向。

107　广告牌吹嘘夸张的语言反而破坏了希望之乡昔日的诗情画意。很多是沃尔
药店的巨幅广告："沃尔药店——世界之最"，其他的还有："黑山之金——
寻找你自己的财富"、"请参观爬行动物园"、"在岩床村体验原始人的生活"、
"拉什莫尔山——民主的圣殿"、"黑山耶稣受难记——一个现代奇迹；最后
的晚餐；路西马尼花园；通往各各他之路"、"参观风洞国家公园"、"享受
美国最棒的度假胜地"。这些或奇异或平庸，或虔诚或荒谬的令人眼花缭乱
的广告牌还展示了一个满是喜欢暴力的传奇人物的西部，如："参观疯狂比
尔·黑考克，老西部神枪手之墓"，"灾星·珍妮之墓"（这对枪匪就像一对
老夫妻，被合葬在南达科他的朽木城附近）。你还可以去疯马山观赏雕刻在
花岗岩山上的那位伟大酋长的形象，或者漫步于坐牛走过的道路，或者体
验乔治·阿姆斯特朗·卡斯特（George Armstrong Custer）将军和他的第七
骑兵团作战时的情景。这些传奇人物都曾在这里出现，上演过一出出他们
不能理解也不能主导的戏剧。现在它们却无意中构成一座零散分布的美国
英雄圣殿，令那些对历史一知半解，只知盲目吹捧的人难以忘怀。无论在
黑山还是在其他地方，全面深入地理解美国西部史都远非易事。这样的历
史不仅很难在广告牌或者当地旅游局的宣传册中找到，即使在学者的著述
中也很少遇见。不过，它已经开始在具有批判眼光的新一代作家、记者和
史学家中出现，他们讲述的新西部史正像黑山一样雄伟、壮丽、丰富、神秘。

　　在书写新西部史的过程中有一群人尤其值得称道，他们拒绝沉浸在对
过去的盲目称赞中。他们也许像所有美国人一样过于浪漫，他们对这一地
区的历史有自己的解释，其中也有对暴力的渲染，也饱含了自我吹嘘的神话，
但这个历史的结局却是悲惨的。显然，我指的是该地区的印第安人，具体
地说就是拉科塔人，或称西部苏族人。[1]对于他们来说，黑山仍是一个有
争议的地方，而且他们仍在竭力发动一场抵制白人入侵者的运动。今天的

黑山，那随处可见的广告牌、国家公园、国家森林、加油站、纪念品商店，都象征着印第安人在西进运动中一再失败的悲惨命运。对于他们来说，"印第安战争"并没有结束。尽管拉科塔人过去一次又一次被打败，但他们却决意尽其所能继续反抗，直到白人逐渐妥协，直到局势开始扭转。而且对所有印第安人来说，拉科塔人的努力已经使该山成为美国白人与土著人在北美大陆争夺土地所有权的最大战场。谁拥有黑山？"是我们"，从高速公路上下来寻找汽车旅馆的白人说。"是我们"，拉科塔人反驳道，"即使我们在法律上不拥有它，从道德角度看，我们仍拥有这片土地。我们将坚持下去，直到史书以我们的方式来讲述西部的过去。"

1981年4月4日清晨，大约五十个印第安人驱车进入黑山国家森林，占领了距离激流城12英里的一个山谷。他们的领导人之一比尔·米恩斯（Bill Means）宣布：根据1868年的《拉勒米堡条约》、1978年的《印第安人宗教自由法案》，以及1897年通过的一个鲜为人知的允许学校和教堂在森林保护区建立营地的法案，该土地归他们所有。他们的目标是建立一个教授传统拉科塔生活方式的学校，并在周围定居。该营地被命名为"黄色雷霆"，以纪念一名被白人绑架、殴打，并在驻扎于内布拉斯加的戈登市的美国军团面前裸体游行，最后含羞而死的印第安男子。占领者认为他的死是白人种族主义所致，而这些白人的行为却没有得到应有的惩罚。占领开始两天后，九十三岁的弗兰克·傻子·克劳酋长来到此地，向记者宣布："黑山属于我，它是一座教堂，是印第安人宗教的基础。"他的话证明这次占领带有政治和宗教双重目的。[2]

大部分占领者是青年男子，其中包括许多激进的"美国印第安运动"（AIM）的成员，该组织是丹尼斯·班克斯和比尔·米恩斯的兄弟罗素建立的。早在1973年，这个组织就曾控制了松树岭印第安保留地的一个很小的

108

居住点——"伤膝"①。该居住点曾是 1890 年美国部队残杀拉科塔男人、妇女和孩子的地点。作为对那场悲剧的迟来的报复，二百个现代印第安人将他们的长发塞在红色挡风帽中，手持步枪，抓了十一名白人人质，以一个贸易站、几所房屋和一间教堂作掩护，有一个多月使得由联邦调查局成员、五角大楼顾问及联邦司法区执政官组成的队伍无法靠近，但最后终因寡不敌众而投降。占领者中有两人死于白人枪下，他们的领头人被逮捕，准备面对谋杀、纵火、绑架和暴动的起诉。[3] 相比之下，这次黑山占领行动显得松弛、和平。他们设置了路障以示抗议，在路障之内他们安然地住在圆锥形的帐篷和房车里。他们还修建了一个裸身进入、举行祈祷的神圣汗屋。占领者在这里度过了整个夏天，而且出乎所有州内及联邦官员的预料，他们在这里度过了第二年的冬天。事实上，他们在这个山谷里一直待到了1988 年。愤怒的政府护林员手握枪支、双筒望远镜和对讲机在营地边沿巡视，坚持认为这些印第安人无权待在这里，这个山谷已经租给了一位白人木材商，他要砍伐木材，还要开采修路用的石料，采石点就在"黄色雷霆"营地的位置。不过官方并没有强行进入或使用密集火力，所以这次对抗没有交火，也没有伤亡。

这次行动与"伤膝"的暴力结局的不同还在于，黑山的占领者向政府提出了申请，要求获得特殊土地使用许可证，以便在这个山谷里建立一个占地 800 英亩的永久居住地。林业局拒绝了他们的申请。在此前的五年半时间里，林业局向各种公共或私人组织（包括宗教组织）发放了五十八个这种许可证；只有四份申请被拒绝，其中三份来自印第安人。林业局的解释是印第安人要求的土地面积太大，使用时间太长，超过了规定的 80 英亩

① Wounded Knee，音译为"伍德尼"。——译者注

和三十年。但林业局官员并未表示他们愿意受理其他占领者的其他申请。在首都华盛顿，来自二十九个州的三十八位国会议员联合要求林业局批准这些印第安人的申请，但来自南达科他的议员汤姆·达切尔却持反对意见，理由是南达科他的公众并不欢迎这些印第安人。1982 年 11 月 22 日，林业局将占领者告上法庭，目的是把他们从黑山驱逐出去。审判不久就陷入漫长的拖延和反诉之中。罗素·米恩斯和他的另一个兄弟泰德又受到新的指控，即他们在修建举行太阳舞仪式的场地时非法砍伐树木。他们被宣布无罪。不过把他们从黑山驱逐出去的审判继续进行。1987 年 1 月，苏城的一位地区法官判定林业局必须允许"美国印第安运动"在黑山建立宗教定居点。但是，1988 年 9 月，第八巡回上诉法庭推翻了这个判决，否认驱逐这些印第安人的裁决侵犯了第一修正案保证的宗教自由权。1989 年 6 月，最高法院拒绝受理来自"黄色雷霆"营地的上诉，占领活动就此结束。除非印第安人严格按照程序重新申请，但即使他们这样做了可能也不会被允许回到黑山，像新教教徒那样在黑山各处从事宗教活动。

　　除"美国印第安运动"外，为占领者们助威的还有"黑山联盟"，这是一个成立于 1979 年的环保组织，其宗旨是阻止美国一些最大的能源及矿业公司对黑山及附近平原地区的入侵。该组织的成员有传统印第安人、白人牧场主和农民，以及一些环境保护者和反对核开发的积极分子。面对共同的威胁，这些人第一次跨越了种族界线。他们所面临的最紧迫的威胁来自 110 包括"碳化物联合公司"、埃克森公司、科尔·麦克基公司、威斯汀豪斯公司、海湾公司、墨贝尔石油公司以及田纳西流域管理局在内的二十七个公司和机构，这些公司都在寻找铀矿。例如，田纳西流域管理局在该地区拥有超过 10 万英亩的开矿权，他们忙于在此地寻找能源，供给南方已经修建和计划修建的一系列核反应堆。事实上，就在印第安人在法庭上为在黑山获得一个永久居住点而努力之时，这些公司也正在他们拥有的五千多个开采点上勘探。在黑山的北部和西部，别的公司也在准备开采那里的大量煤炭资源，以供应十三个发电厂所需。每个发电厂的发电量达 100 亿瓦特，这些电将被输送到中西部的城市。所有这些企业都需要水，需要大量的水，而这些水的最可靠来源就是密苏里河以及黑山下的含水层。事实上，州政府已经宣布，这些公司也同意，为了使其不受放射性垃圾的污染，必须先将黑山下的含水层抽干。看来土地和资源的大规模破坏迫在眉睫，正像十九世纪的淘金热，不过这次的规模更大，并将对整个地区的社会及生态产生深远的影响。黑山以及周围乡村的大量土地将沦为一片工业废墟，空气将被污染，水源将枯竭，土地将布满成百万吨的放射性矿渣，成为"国家利益的牺牲品"。为了阻止这样的前景，人们组成了"黑山联盟"，要求在公共领域展开讨论。[4]

该联盟的策略主要是请人们关注印第安人对这片土地的权利，还有他们过去一百年间所受到的不平等待遇，以此暗示乡村的白人及印第安人这次可能将是受害者。一个第三代白人牧场主问道："如果今天我们让这些公司破坏我们的土地，那我们怎么有脸面对我们的子孙？"在"黄色雷霆"营地，罗素·米恩斯号召不同种族联合起来防止土地再次被剥夺。他说："是牛仔和印第安人并肩作战的时候了。继续纠缠于愚蠢的司法权、所有权、谁是拥有者、拥有什么这些问题毫无意义，新老印第安人应该调整目标，……我们都是大地之子，都热爱这片土地，这是我们合作的基础。我们有同样的关怀，生死存亡，事关重大，我们应该共商对策。"[5]

话是这么说，实际上南达科他的不同种族间分歧甚大。争执的焦点主要还是那个看似不可协调的老问题——土地所有权。黑山不能没有主人，无论是过去还是现在，这个主人大致只能属于一个种族，要么是白人，要么是印第安人，而不会是没有肤色的人。还有，像以前一样，关于欧洲文化和印第安文化孰优孰劣，孰应把握统治权的问题，各方仍存在根本分歧。双方都未能超出对立的态度。例如，1980年6月，罗素·米恩斯并没有呼吁各种族为了生存而共建对土地的热爱。相反，他号召印第安人与欧洲及欧洲化的美国文化彻底决裂，并宣称印第安人的道德和宗教信仰更好。在拉科塔人居住的松树岭保留地召开的"黑山国际生存大会"上，面对当地印第安人和白人，来自绿色和平组织、地球之友、美国公民自由联盟、内兹佩尔塞人渔权委员会以及有良知的科学家联盟的代表们，米恩斯就他所主张的分离主义作了一场极具煽动性的演讲。他否定了欧洲的所有思想——资本主义、马克思主义、工业主义、科学。"我不认为是资本主义使得印第安人沦入'美国的牺牲品'的地位。不，罪魁祸首是欧洲传统，是欧洲文化。"他接着说，"但是有另一种生活方式，那就是传统拉科塔人和及其他印第安人的生活方式。这种生活方式深信人类无权践踏我们的地球母亲，……那些提倡并捍卫欧洲文化及其工业主义现实的人就是我的敌人，那些抵抗他们、与他们斗争的人是我的盟友，也是印第安人的盟友。我根本不在乎肤色。高加索人只是白人描述白色人种的一个词语，我反对的是欧洲的价值。"[6]虽然他没有因肤色而排斥他们，但他却在告诉那些听众中的许多人，告诉他们他蔑视他们的文化遗产，称其为万恶之源，告诉他们他不认为欧裔美国人能爱护地球，他要求他们完全接受印第安人的思维方式。

米恩斯的话暗示了几乎跨越整个八十年代的"黄色雷霆"营地占领行动的深层含义。这次占领行动是对欧洲物质与精神文明的双重否定。一小群拉科塔族异端分子希望重建充满活力、纯洁无瑕、未被白人玷污的印第安文化。他们希望最终能在山里建立一个完全自给自足的社区，以传统印第安人的方式获取食物和能源，远离欧洲工业文明的影响。他们住的将是帐篷而不是房屋；他们会围在篝火旁讲故事而不是看电视片《爱之船》；他 112

们要重新发现怀揣对地球母亲的敬意去生活意味着什么。正因为他们要过一种如此与众不同的生活，他们需要政府拨给他们较多的土地，给他们较长的租期，比那些夏天来这里凑热闹的卫理公会派教徒所要的更多更长。

不过，从林业局直至司法系统，美国政府不会承认这种公共土地使用方式的合法性。在这里开采铀矿、砍伐树木，甚至进行祷告都没有问题，但为了摆脱白人社会而进入黑山则不行。在这片"物尽其用"的土地上，就是没有这种用途。

然而，印第安人的敌人并非仅仅是白人社会、白人的价值观以及白人的工业体系。印第安人负重累累，身陷困境。"黄色雷霆"营地的占领者中很多人来自松树岭保留地，保留地在营地东南方向，开车只需一小时。这是全美第二大保留地，面积约 5 000 平方英里，覆盖着滚滚的草原和森林。根据最近一次全美人口普查资料，该保留地约有 18 000 名居民，是二十年前的两倍。[7]1982 年这里的人均收入为 3 000 美元多一点，家庭平均收入为 7 571 美元。这是最贫困的保留地，也就是说这里的居民是最穷的美国人，比密西西比穷困潦倒的黑人和城市贫民窟的居民更可怜。失业率几乎达 90%，酒精中毒率极高，胎儿酒精综合征日益严重。尽管印第安事务局每年要在这里投入 3 000 万美元，保留地仍然没有酒精治疗中心。有五分之一的住房没有上下水，很多没有电，只能靠烧木材的炉子取暖。[8]政府建的一些简易泥砖房已经被捣毁，墙上布满涂鸦，纱窗去向不明，前院荒凉不堪，满是尘土和垃圾。"黄色雷霆"营地的印第安人来到黑山不只是为了反抗迫在眉睫的工业入侵，而且也是为了逃避保留地的恶劣条件。他们之中的一个年轻人说，他在营地里找到了安宁，"我在保留地时，喝醉酒是常事……但在这里我们不喝酒。我们不像在保留地那样不得不接受施舍。在这里我感到很满足，虽然我没有钱。"一个女子把她的三个孩子都带到了营地，她解释道，"我害怕他们跑到外面的世界去——到处有汽车横冲直撞，有人打架斗殴，窗户总是损坏的，满院子碎酒瓶。"[9] 她是为了逃避那个堕落的印第安世界，让她的孩子远离那样的生活。这正是"美国印第安运动"当初占领位于"伤膝"的小村子时呼吁人们关注的世界，他们不仅把那个世界的堕落归咎于印第安事务局和白人社会，也归咎于自己的领袖的背叛。如今"伤膝"营地已经变成一片焦土，暴力、愤怒、破坏仍像以前一样在保留地肆虐。因此，一些印第安人得出结论——保留地没有未来，他们必须离开那里，进入黑山，在那里寻求庇护。除此之外，唯一一条逃离保留地的路是城市，那是欧洲压迫者文化的中心，去那里意味着完全丢弃自己的印第安本色。[10]

因此，保护黑山免受能源公司、旅游业和工业污染的破坏与把拉科塔人从保留地的恶劣条件中拯救出来是同一回事。正因为这次占领行动肩负了这么多的希望、许诺，这么多的美好梦想，所以当它被宣布非法时，占领者和他们的支持者内心深处感到的挫败难以形容。绝望之中他们急需找到其他出路。

与此同时，另一些拉科塔人已经开始与印第安财产索赔委员会、联邦法院和国会进行法律交涉，要求获得在西进运动高峰时期被夺走的土地。其中的具体细节将在后面讨论，但结果是 1979 年 7 月 13 日，索赔法庭对"苏族印第安人起诉美国政府"一案做出了如下判决：国会 1877 年的确非法夺取了拉科塔人的土地——黑山的一大部分，政府不仅应该偿还黑山的原始市场价值，而且还应支付该价值在随后年月所积累的利息。黑山的原始价值被定为 1 700 万美元，利息累计 8 500 万美元。国会很快拨出了这笔款项，放入印第安事务局的一个账户，等待拉科塔人领取并承认得到了公正的补偿。但是，没有一个印第安人去取这笔钱。他们在保留地反复开会商量，很多人认

113

为他们应该接受这笔钱，彻底解决这个问题。然而，总会有人站起来反驳，"不行！黑山是我们的母亲。接受这个解决方案就等于出卖我们的母亲。我们要的不是钱，那是律师的主意。我们要的是黑山。我们不能出卖我们的母亲！"听到这话，大家都会沉默不语，僵持不下。直到八十年代末，这笔钱款子在印第安事务局已经累积到两亿美元，而拉科塔人仍丝毫没有让步。

114

　　接着，由各个部落授权，拉科塔人成立了"黑山指导委员会"以寻找其他解决途径。他们找到了来自新泽西州的参议员比尔·布莱德利（Bill Bradley），请他帮助。布莱德利早先是纽约尼克斯队的篮球明星，他曾在松树岭保留地开过一家运动诊所。当选议员后他仍很关心拉科塔人的命运。指导委员会向他提交了一个大胆的方案，远远大于那个仅仅要求在一个小山谷中建立一个有汗屋和太阳舞场地的传统小社区的要求。森林局听到这个议案后颇受震动，感到事情不妙。拉科塔人强调，他们要的不是使用黑山的某一小部分的许可证之类的东西，他们也不要国会对他们失去的土地的补偿金，他们要的是黑山，没有商量的余地。

　　布莱德利同意替他们说话。1985年7月17日，他提交了一个法案，要"重新界定大苏族保留地的界线，将联邦政府在黑山地区所拥有的土地归还给苏族人；促进苏族的经济发展、资源保护和民族自决力；消除有碍于印第安人在黑山举行宗教仪式的权利的障碍；保护黑山的神圣和纯洁；建立野生动物保护区"。这项法案被交到参议院印第安事务委员会，并于1986年7月举行听证会。需要说明的是，虽然南达科他的印第安人普遍支持这项法案，但也有反对者。有的人想要钱，有的人则抱怨布莱德利法案要求的还太少，因为所要的土地只是他们原有土地的一小部分。

　　布莱德利法案企图重划南达科他州的地图，不过法案的细则中对这一企图做了很多限制。重建的大苏族保留地包括所有103度经线以西的土地和贝尔弗切河与沙伊安河之间向东伸出的尖嘴地带。此界限内的所有联邦土地都会被交还给拉科塔人，但军事设施、法院、办公大楼、邮局、墓地和拉什莫尔国家纪念地除外（拉什莫尔国家纪念地的旅游业特许经营权会归拉科塔人所有，但其中的土地和那四个 60 英尺高的总统头像则不归他们所有）。格罗夫·克利夫兰总统 1897 年建立的黑山国家森林将变成黑山苏族森林，而 28 292 英亩的风洞国家公园和 1 274 英亩的宝石洞国家纪念地将被合并为苏族国家公园。"野牛国家草场"的一部分也会归印第安人所有。国会还会像以前一样拨款管理这些森林、公园和草场，仍像公共土地一样对待他们。但联邦土地管理机构在法律上只能充当顾问角色，在如何使用政府拨款问题上给印第安人提建议，同时这些机构的继续存在也是为了让公众放心，这些地方仍会对他们开放。不过，拉科塔人有权将一些指定的地方对非印第安人关闭，其中包括传统宗教圣地或者举行各种仪式的场所，还有专门为苏族人视之为神圣的生物划出的"野生动物与荒野保护区"，这些保护区被苏族人称作*瓦玛卡·奥格那·卡奥纳基辛*，翻译过来就是"生命之圣坛"。此后，所有苏族黑山土地的使用都要遵循"尊重土地"的传统法则，这一法则暗含了对以前掠夺土地的行为的批判，但出于谨慎，法案对这一点没有细说。对那些开采铀矿、黄金和木材的企业来说这条法则意味着什么，只能凭他们自己去想象了。

115

布莱德利的法案还明确规定，尽管原联邦土地上的矿产和水资源所有权会随土地一同转交给印第安人，但已经签署的矿产租约或木材出售合同仍然有效。更重要的是，法案补充道，任何私有土地，无论在过去是通过何种手段得到的，都不涵盖在此次归还中。只有联邦政府需要放弃其土地所有权，以弥补历史上印第安人遭受的不公。拉科塔人总共会得到 130 万英亩土地，其中大部分在黑山地区。尽管这个数字比新泽西州的面积还大，但也只是面积达 700 万英亩的新保留地的一小部分。因此，所谓的"大苏族保留地"只是一个幻想，因为其中只有一小部分土地能真正属于印第安人。最后，作为对 1877 年以来印第安人所蒙受的土地损失的补偿，布莱德利法案还提议将那笔一直没被领取的两亿美元全部交给拉科塔人，作为部落发展的永久资金。

但是，所有这些特殊规定、说明以及大笔资金的流入，都不能使南达科他州的白人居民接受这个法案。尽管该州经济界与政界的要人经常抱怨州内的联邦政府影响太大以及该州对大量联邦土地没有司法权，但他们仍不愿意看到这些土地转移到印第安人手中。威廉·简克罗州长被普遍认为具有敌视印第安人的倾向，并与能源公司过往甚密。他强烈谴责这个土地归还法案，嚷嚷说难道他的祖先在匈牙利曾经被夺走的土地也应该归还给他吗？为什么印第安人不能像他一样不咎既往？简克罗的继任者乔治·麦克逊则认为印第安人连他们现有的土地都管不好，在没有"更多的印第安管理技能"的情况下，给他们更多的土地毫无意义。麦克逊州长还强调，布莱德利法案会在该州的印第安人与非印第安人之间制造更多裂痕，因为白人害怕他们会失去在黑山钓鱼打猎的自由，还有他们的农业用水权也会受到影响。白人还害怕一旦进入印第安人的土地，他们就会完全受制于印第安人的"刑事裁判"（关于这一点，与白人警察和法庭打了一百多年交道的印第安人倒是深有体会）。其他的政治家，无论是民主党还是共和党，都一致反对这个法案。参议员拉里·普莱斯勒督促印第安人只接受资金补偿，将其平分给族人，用这些钱供他们的孩子上大学，这才是摆脱保留地困境的希望所在。众议院议员蒂姆·约翰逊尽管承认该法案中的私人土地不受影响，但仍觉得印第安人得到的土地"很多"，这会对黑山地区"产生重大影响"。他和其他一些人所说的影响到底是什么呢？显然，最让南达科他州政治家以及州内外商人担忧的是，拉科塔人对黑山附近地区未来的经济发展可能不会像以前的林业局或土地管理局那么热情；拉科他人可能会拒绝那些大公司、农业企业家或者是旅游开发商。他们可能会把土地的宗教价值放在其世俗价值之上。出于对此种可能性以及不断加深的种族冲突的担忧，南达科他州的政治家们一致反对布莱德利参议员，他们的反对使这一法案没有机会得到充分讨论、表决，和通过。法案滞留在委员会手中。尽管该法案在 1987 年和 1988 年曾两次被重新提出，却未能使之在参议院内得到辩论。1989 年，布莱德利终于至少是暂时放弃了推动这项法案的努力，没有重提此事。[11]

拉科塔人又一次被击败了。他们拒绝了那两亿美元的拨款，他们没能要回黑山，但他们不愿放弃这项事业。事实上这项事业对他们来说变得比以往任何时候都更关键。他们的希望、他们的文化自尊、他们的社会凝聚力，全都倾注在这场无休止的斗争的胜利上了。承认失败很可能会导致极度的绝望，最终摧毁这个民族。正因为如此，我们可以预料，拉科他人不会就此罢休。

这件事也不应就此罢休，因为事情根本没有解决。提案可以被忘记，但人们无法抹杀历史。布莱德利法案、"黄色雷霆"、"黑山联盟"，以及拉科塔人自己所引出的这些问题给美国人提出了挑战，要他们开诚布公地面对历史。我们或许对以前发生在匈牙利或其他地方的事无能为力，但我们至少可以就过去一百年间西部发生的，而且现在仍然在发生的事情有所作为。我们可以问一问，而且因为我们自诩是依靠高尚原则而不是眼前利益存在的国家，我们必须问一问：关于这片土地和它的合法主人的历史真相是什么？拉科塔人是不是黑山的合法主人？如果是，他们靠什么样的法律，靠谁的法律来要回这片土地？白人法庭是否给他们提供了充分的发言权？

117

给他们的赔偿公正吗？或者，法庭有没有忽视什么关键环节？黑山的宗教性能否作为要回黑山的理由？黑山传统上是否真是他们的圣地？如果是，有多久？白人社会是应该基于历史事实支持拉科塔人呢，还是警告他们不要沉溺于空洞的怀旧情结，这对他们毫无益处？无论答案多么令人不安，多么不利，这些问题都不应该在参议院的委员会中消失。然而，答案不会那么简单，不会轻而易举地得到，否则这些问题早就解决了，而不会被束之高阁。回答这些问题需要仔细审视黑山以及那里的各个族群的历史。

现在我们面对的最基本的历史任务就是：认真查阅美国的法律文件以及与印第安人签订的条约，搞清黑山是否确实属于拉科塔人。这个看似简单的问题实际上复杂又棘手。在一种文化中确定财产所有权已经够难了，更何况在多种文化的交往中所有的判断标准和法律先例都会失效。白人认为正当的所有权，印第安人未必同意，反之亦然。毕竟，财产所有权不是天赋权利，而是一种社会规范，是长期形成的约定俗成的社会观念，它建立在公认的道德合法性之上，而这种合法性有赖于一个社会所特有的价值观。现代法学院学生学的第一课就包括，财产不能在绝对意义上"属于"某人，财产"主人"只拥有一些使用权，这些权利会随时间而改变，有时是剧烈的改变。即使是同一社会、同一时间，这些权利的定义也会有争议。对美国白人来说，"先到先得"是一个普遍接受的原则，意即最先到达一块土地的人对该土地的使用权最大、最强。但历史上美国人也信奉"需要为先"的原则，也就是说，使用权属于任何能够证明自己具有最紧迫的物质需要的人。1817年门罗总统的第一次国会年度演讲就充分表达了后一个原则："人类从上天获得土地，就是为了尽量使自己繁衍生息。任何一个部落或民族在获得了能够保证自己生活所需的资源后，无权霸占土地，拒绝他人。"[12]基于这个原则，新世界的土著居民没有权利独占土地而不分给新来的白人移民，这些白人和他们一样有权获得土地，而且他们正需要土地。还有，白人认为印第安人占有了过多的资源。与旧世界相比，新大陆人烟稀少，土著人囤积的财产远远超过了他们可以有效利用的限度。在这种逻辑的驱使下，同时又尊重"先到先得"的原则，美国白人对待印第安人的方法可谓复杂多变、费尽心机。大多数情况下，他们尽量通过与部落签订正式协议或条约来购得土地，用以建立家园、农场或发展工业。通过 370 个正式条约所达成的购买协议，美国人得到了这片大陆 95% 的土地，建立了大约 20 亿英亩公共领地，他们给印第安人低价支付了八亿美元。1877 年以后，二十万印第安人只剩下 14 000 万英亩的土地来养活自己。在新移民看来，如此重新分配土地公平、必要，而且很体面。因为这比血腥征服强多了。如果我们把征服定义为强行掠夺土地，那么北美大部分地区并没有真正被欧洲人"征服"，而是通过谈判和购买得到的。

　　当白人进入大平原北部和黑山地区进行考察时，这里的土地拥有者主要是拉科塔人，那么按照白人的理论，拉科塔人应享有通常所说的优先权，他们的财产权应当受到尊重。虽然周围还有其他印第安部族，但拉科他人无论在数量、力量，还是占地面积上都处于优势。大部分白人也感到应该在一定程度上尊重他们的权利。但后来当白人在内战后又一次涌向西部时，他们要进入蒙大拿的矿区或者北部的牧场或者黄石公园，不得不穿过拉科塔人的土地。可想而知，拉科塔人对于这些随意闯入他们的狩猎区四处游荡的人流越来越不满。于是他们开始骚扰和袭击这些白人。驻扎在密苏里河沿岸的美军陆军少校 J. B. 汉森讲述了白人旅行者在土著居民中引起的愤 119 怒："仅仅在几年前，整个苏族还跟白人和平相处。白人可以放心地在印第安土地上四处奔走，与苏族人十分融洽。可现在如果没有人保护，没有快马和左轮手枪，白人谁也不敢到离哨所一英里以外的地方去。"汉森建议通过谈判和购买土地来缓和日趋紧张的局势，"只有设法使印第安部族或群落同意通过公平交易将土地让给白人政府，局势才有可能稳定下来……因为如此一来，印第安人就没有要捍卫的土地了。土地被出售后，他们每年靠这笔收入生活。如果他们继续与白人对抗就别想得到这笔钱。这是设身处地为印第安人着想的最佳方案。只要我们这些文明人不过于贪婪，从和平的角度看，我的这个方案能够彻底解决白人与印第安人之间的种种纠纷。"但是，在十九世纪五六十年代，虽然拉科塔人和其他苏族人愿意谈判，他们却根本不愿考虑出卖土地。他们签订了一些条约，通常只是允许白人在他们的土地上修建少量道路和军事驻地。不过白人也很满意，因为他们初来乍到，还没有准备好或者说没有能力购买拉科塔人的土地，所以他们承认了拉科塔人的所有权，只要自己能安全通过就行。

1868 年，美国政府的一个和平委员会与拉科塔族各部落的首领们进行了长达几个月的谈判，以达成和解。与会的首领包括铁壳、快熊、秃鹰、惧马男子、斑点尾，以及心存狐疑，最后一个到会的是奥格拉拉族酋长红云。他们在北普拉特河的拉勒米堡签订了 1868 年条约，在白人及印第安人历史上第一次明确划定了拉科塔族土地的界线，并保证其领土不会受任何白人或其他部落的侵犯。该条约建立了苏族保留地，位于后来成立的南达科他州的西半部，包括从密苏里河向西直到怀俄明，从内布拉斯加州边界向北直到 46 度纬线的地区，它"专门为印第安人建立，印第安人具有绝对的、不可侵犯的使用权和占领权。"[13] 条约还规定，如果没有至少四分之三的成年男子书面同意，保留地的任何部分不得赠与、交易或者出售。根据此条约，从内布拉斯加北部向南到普拉特河、怀俄明州东部，以及巨角山的区域被确定为"未出让的印第安土地"，白人不可在此随意定居，甚至未经印第安人同意不得穿越。条约允许印第安人进入南面的堪萨斯捕猎野牛，只要还有野牛。黑山就坐落在这个广阔的保留地的中央，但条约没有提到黑山。作为得到以上这些保证的交换条件，拉科塔人保证不再袭击西进的白人车队、铁路工人或者牛群，停止剥头皮或者强暴之类的残害白人的活动。从此以后，他们要把孩子送到学校学英语，得到农耕和铸铁方面的技术帮助。他们还要考虑每家拥有一个 320 英亩的宅地，像白人一样获得土地证并申请美国公民。他们会得到免费的犁、种子、耕牛。在条约签订后三十年内印第安人每年可以无偿得到衣物，包括外衣、衬衫、裤子、帽子、袜子、法兰绒裙子、花布与棉布，还有可靠的年金。条约签订后四年内，他们每天可以从相应的政府机构那里领取一磅肉和一磅面。换句话说，虽然没有严格的承诺，这个条约的确讲到拉科塔人将认真尝试抛弃狩猎，从事农耕，而且速度极快，几乎是立即放弃传统生活方式以换得边界的安宁。然而，四年后，当政府提供食物的计划即将结束时，拉科塔人几乎毫无改变生活方式的迹象，当然也没有变成自给自足的农民。野牛几乎绝迹，靠狩猎为生的前景十分渺茫，联邦政府不得不四处搜寻，继续给他们提供政府所能得到的任何食物。

　　如果说拉科塔人没有（在这么短的时间内也不可能）达到预期目标，那么白人也没有信守诺言，尊重印第安人对其土地的"绝对的、不可侵犯的使用权和占有权"。双方都没有遵守协议。在讲述白人没有履行条约的情况之前，先要强调一下 1868 年《拉勒米堡条约》的重要性。在与拉科塔人达成协议的过程中，白人所做的不仅仅是承认拉科塔人对西部几百万英亩土地的所有权，而且将之作为美国国家基本法的一部分，像宪法一样不可侵犯（条约具有这样的地位）。白人按照他们自己的文化习惯，在自己法律体制的指导下建立了一套土著居民土地使用权。那么，在白人到来之前，拉科塔人是怎么得到这些土地的呢？答案很简单，通过武力，通过赤裸裸的征服。他们进入这片土地,赶走了原有的居民。克劳族人牢记着这段历史,对拉科塔人充满了怨恨。克劳族人认为,这片土地,包括黑山,曾经是他们的土地。沙伊安族人、基奥瓦人、阿拉帕霍人、曼丹人也都这么说。在拉科塔人到来之前,他们早已在此定居,但后来被拉科塔人粗暴地赶走了。他们多次尝试进入这片土地,企图夺回资源,所以拉科塔人的地位并不稳固。现在白人为拉科塔人提供了一种更新、更强大的保护,代价是他们要接受白人的法律和财产观念。

最细致入微的考古学和档案学研究表明,拉科塔人像其他苏族人一样来源于东部现属于明尼苏达的地区。当法国人第一次遇到苏族人时,他们还住在密西西比河源头附近的米勒湖和伊塔斯卡湖一带。在史前时期他们的狩猎活动有时可能向西延伸到了黑山,但有证据表明,他们在十八世纪才永久性地迁移到大平原地区。1743 年到 1795 年,他们控制了位于南达科他境内的密苏里河谷,迫使曼丹人向北、其他部落向西迁移。他们首次以狩猎野牛为生,住在圆锥形帐篷里,并在河谷地带种植少量玉米和烟草。直到十八世纪七十年代,也就是美国独立战争时,他们才有规律地出入黑山,在那里砍伐建帐篷用的木材并从事狩猎活动。[14]

最初来到大平原的白人对这些历史应该是很熟悉的。他们从其他部落,从法国探险家或者拉科塔人自己的传说中都能了解到这些。但由于白人急于安全地穿过这片土地,他们忽略了这些土地争端,只接受了当时拉科塔人拥有土地的事实。实际上是白人让拉科塔人成了合法的拥有者,就像后来的美国人和欧洲人使犹太人成为以色列的合法拥有者一样。白人来到西部以前,土地没有篱笆保护,也没有地契,所有权建立在“武力至上”的原则上,这种道德与地理上的模糊状态被白人用一种现代的、书面文字的、制度化的、高度理性的财产法取代了。他们就像对待自己一样将这些法律用在印第安人身上。接着，在赋予了印第安人合法的权利并承诺保护这一权利之后，却又背信弃义。

　　1874 年夏，美军派年轻有为、踌躇满志的上校乔治·卡斯特率领近一千名士兵及运输队到黑山进行很可能是非法的侦察。表面上卡斯特的任务是弄清这块被划为苏族保留地的地区的地形，但考察的真正目的是寻找袭击白人的印第安劫匪的藏身之处。更重要的是，卡斯特想探明这片松林覆盖的山中藏有什么资源。他的队伍中有两名私人矿工负责寻找黄金，还有一名明尼苏达州首席地理学家负责搜集岩石标本。卡斯特本人似乎对黑山的农牧业发展更感兴趣，不过他主要是来游玩的。他杀死了一头上了年纪的牙齿不齐的灰熊，这是他杀过的第一只熊，其实很难说到底是他还是队伍里的其他人射中了这头熊。有一天，他成功地袭击了一个奥格拉族人的小营地，里面有妇女、儿童和一个老人。老人被他们绑在一个尖铁桩上，双脚被捆住，直到他给他们指出了一条便道。七月底，队伍里的两名矿工在哈尼峰附近的溪流中淘金时发现了金粉，卡斯特马上让他的侦查员将这个振奋人心的消息传到拉勒米堡："多处发现金子。"消息很快传遍全国，成千上万的白人准备到黑山去发财。[15]

　　显然，尽管政府已经正式承认拉科塔人对黑山的所有权和使用权，很多甚至大多数白人都觉得此时实在没有理由不去黑山。就像拉科塔人曾经剥夺了克劳族人的权利一样，这些白人同样不承认拉科塔人的权利。白人淘金者像以前的拉科塔猎手一样闯入该地，任意掠夺，肆无忌惮。不论是昔日的拉科塔人还是这时的白人，其首领都曾试图与受害者谈判以减少冲突，但他们一方面管不住自己的同胞，另一方面也缺乏诚意。二者的不同在于，涌入黑山的白人远远超过了从前的拉科塔人，他们给这里的土地和居民带来了更为剧烈甚至是灾难性的后果。

在卡斯特一行返回基地后的两个月内，一群淘金者从艾奥瓦出发，其中包括二十六名男子、一名妇女和一个男孩。其中的女子叫安妮·塔伦特，事后她承认他们的行动是非法的，但否认他们有错。"撇开这个问题的道德性而言"，她写道，"难道当初应该签署这种意在阻碍文明前进、延缓我国资源开发的条约吗？"[16]其他白人也持同样的观点，认为自己的行为不合法，但仍然正确，所以坚持进山开矿。到1876年3月，一座以卡斯特命名的六千人的小镇已在黑山出现，另一个叫"朽木"的小镇人口达一万。其他淘金者还建立了一些小定居点，包括盖兰纳、中央城、灰熊谷和罗克韦尔。同年，朽木镇的金矿产出了价值150万美元的金子。在雷德镇，来自旧金山的乔治·赫斯特接手了一个名叫"家园"的金矿。该镇当时就盛产优质矿石，后来则成为美国历史上最富有的金矿，同时也是持续时间最长的金矿之一，到二十世纪末共出产了价值180亿美元的黄金。[17]

矿工们骑着马、坐着车，甚至是步行涌入这一地区，决意要在这里当家做主，发财致富。令联邦政府感到棘手的是政府既要保护这些人，又要履行与印第安人签订的条约。1875年，内务部任命了一个使团与拉科塔人交涉，目的是使白人获得进入黑山开采金矿的权利。使团的主席是艾奥瓦的参议员威廉·B.埃里森（William B. Allison），其他成员包括一名芝加哥法官、一名陆军旅长、一名参议院传教士、一名密苏里的国会议员和一名圣路易斯的商人。据内务部的指示，使团对"这些愚昧无知、孤立无援"的印第安人的责任不亚于对政府自身的利益。使团提醒印第安人，他们靠白人提供生活必需品，此外政府每年还花一百多万美元给他们提供救济，这笔钱并不在1868年条约所承诺的范围内，所以不会永久持续下去。他们必须学会适应，必须学会在白人的经济体制中生存。他们必须接受白人的条件，否则只有饿死。尽管有少数使团成员坚持认为"最终必须剥夺印第安人对黑山的所有权"，但大多数成员决定只从拉科塔人那里取得临时采矿权，而不强迫四分之三的印第安男子放弃自己的土地。

面对埃里森使团提出的条件，拉科塔人意见不一。主要由年长首领组成的多数派不同意出让任何临时开采权，也许因为他们知道，"临时"可能意味着"永久"。但他们同意以 7 000 万美元的高价出售土地。[18]一小部分人则拒绝接受任何价钱，拒绝向白人做任何让步。谈判中发言的主要是年长者。小熊宣称："黑山是我们印第安人的金库。如果一个人拥有一件东西，他当然想用这件东西致富。"小熊希望看到他的人民世世代代永远从政府那里得到食物和年金，生活有保障。斑点尾表示同意："我想靠自己的钱的利息生活，这个数字必须足够大，可以养活我们。"斑点熊补充道："把钱存起来，用利息购买牲畜。白人就是这么做的。"小狼说："我们也想变富。"快熊说："你们想买的这片土地非同小可，它价值连城，所以我要开个大价钱。"红云可能是拉科塔人中最有影响力的领导者了，距离这次谈判地点八英里的印第安事务处就是用他的名字命名的。尽管有的人对红云不满，认为他对白人过于顺从，但还是他站出来向使团提出了一长串详细的要求：

124

在未来七代人的时间内，我希望慈父（指美国总统。——译者注）给我们提供得克萨斯公牛，使我们有肉吃。我希望从此以后政府给我们的老人配发面粉、咖啡、白糖、茶、上等火腿、碾好的玉米和豆类、大米、苹果干、发酵粉、烟草、肥皂、盐和胡椒粉。我希望我的人民能得到四轮马车，是轻便型的，配有一对马，另外还有六对耕牛。我希望每个家庭都能得到一头母猪、一头公猪、一头母牛、一头公牛、一只母鸡、一只公鸡。我是印第安人，但是你们却想把我改造成白人。我希望政府为印第安人建一些白人那样的房子。我去过白人的房子，见过他们漂亮的黑色床架和椅子，我希望我的人民

也有这样的家具。……我希望慈父给我们建一个锯木厂，属于我们自己。我
希望我的人民有割草机和镰刀。可能你们白人认为我要的太多了，但是这群
山高耸入云，甚至高过了天际，这就是为什么我要这么多东西。我想，白人
拥有的野兽和家禽加起来也无法与黑山相比。我很清楚，你们也能看到，黑
山是万能的上帝赐予我们的财富。现在，你们想把它从我手里夺走，使我变穷。
为了免于受穷，我只好要这么多东西。

　　显然，一些白人顾问一直在给拉科塔人出主意，告诉拉科塔人他们面
临什么危险。当然，这些首领也知道黑山对白人来说有着巨大的经济潜力，
他们极想要个好价钱，使他们在失去残存的这点狩猎场之后能得到补偿，
生活能有所保障。[19] 使团听取了这些难以置信的过分要求，对"黑山是否
有足够的值得开采的黄金很是怀疑"，但委员会愿意"慷慨解囊，给黑山一
个证明自己的机会"。他们的回价是以 600 万美元购买或以 40 万美元的年
金租用黑山，租用的内容包括采矿、放牧、耕作，租期待定。可想而知，
这一提议遭到了印第安人的拒绝。双方没有继续讨论或商谈，没有达成协议。
所以，根据美国法律，这里的白人矿工仍然是非法入侵者，联邦政府有义
125　务履行条约，将他们驱逐出去。

　　埃里森使团意识到，与获得进入黑山的通行权相比，他们还面临一个
更大的尚无对策的问题，那就是"如何处置苏族人"。据政府统计，大概有
35 000 名苏族人，其中除几千人四处游荡外绝大多数住在保留地，主要分
布在六个提供食物的印第安事务处周围。这些人当中大概有 8 000 名儿童，
他们"正在野蛮中成长，其中受过一点儿教育的不到 200 人"。在政府分配
的食物的帮助下，印第安人的数量急剧上升。使团中来自罗得岛的普罗维
登斯的 A．G．劳伦斯引用英国人口论权威托马斯·马尔萨斯的理论，指出

向印第安人免费提供食物（每天一磅肉和一磅面粉）消除了制约其繁殖的障碍。接受食物的人越多，人口增加越快，直到他们成为白人纳税者的沉重负担。当然，这个问题完全是由入侵的美国人蓄意屠杀野牛造成的，对这一点使团供认不讳。"若不是白人得到了这片土地（姑且不论用何种手段），这土地本来能够给印第安人提供生计；尽管并不是很充足和稳定，这土地仍然适合他们的需要和习惯。失去土地带给印第安人的是穷困潦倒，带给我们国家的却是财富和权力。所以我们有责任以某种方式对他们进行补偿。"然而，使团对拉科塔人不能履行条约内容，不能奋发图强、自力更生的局面感到恼怒，"在印第安人眼里，这个条约的神圣性仅仅在于它能使他们随心所欲，只顾自己"。

在给国会提交的报告中，使团主要讨论了红种人的命运这个更大的问题。"土著人的贫穷和犯罪无疑将成为未来诸州①的沉重负担——如果我们任其发展，这将是必然结果。为了把这个种族从自我毁灭中拯救出来，也为了我们的国家"，使团建议对拉科塔人实行"严厉的、改造性的控制"。自食其力的成年人要从政府那里得到生活必需品必须付出劳动。应把所有六岁以上的儿童送到学校，把年龄较大的孩子与他们的父母分开，强迫他们自食其力，"强行"使他们顺从。使团要在印第安人中推行私有制，目的是培养个体责任心。对那些拥护新制度的印第安人，使团要保护他们的个人财产权。如果有可能，可将所有拉科塔人送到南面几百英里外的"印地安准州"（今天的俄克拉荷马州）重新安家，"那里土地肥沃，生活更容易；他们在那里从事农业更快、更容易达到自给自足"。那么，谁将拥有黑山呢？当然是白人。政府将公平估算黑山的价值，然后通知拉科塔人，"没有商量

① 先是准洲，后来成为州。——译者注

的余地。政府要警告他们，拒绝将意味着失去他们生存所依赖的所有政府
拨款，以及 1868 年条约未承诺的救济"。又是严厉的警告：顺从还是挨饿，
别无他路。在使团看来，答应红云和他的同伴的要求，让他们坐享其成，
过上悠闲的生活势必导致他们的灭亡。

　　国会接受了使团的报告，但有一年多没有动静。这是可以理解的。政
府面对两种截然不同的选择：要么使印第安人靠政府提供的食物和年金生
活，这样会削弱他们的生存能力；要么像对待奴隶一样强迫他们迁移，这
个计划同样具有破坏性。两个方案都会使印第安人丧失自由、尊严和自立。
显然，许多国会议员和尤利西斯·格兰特总统班子中的成员感到进退维谷。
1876 年夏，决定命运的时刻终于来到了。6 月 23 日，由疯马、伤痕及坐牛
带领的一个坚固的印第安居住点抵抗了乔治·卡斯特对他们发起的一次十
分鲁莽的袭击，卡斯特本人和他的二百多名骑兵被杀。情绪低沉、复仇心
切的国会做出了决定。8 月 15 日，国会宣布联邦政府将停止资助任何敌对
的印第安人（指疯马和他的同伴）；所有拉科塔人必须离开"未割让的印第
安土地"，回到指定的保留地；所有位于 103 度经线以西的保留地（包括黑
山）必须交给政府。两周后，由前印第安事务局局长乔治·曼尼潘尼（George
Manypenny）带领的又一个使团来到大平原与拉科塔人见面，目的是使拉科
塔人和平接受国会的决定，终止暴力，剥夺印第安人决定是否出售黑山的
权利。

　　与以前的使团相比，新使团成员叫苦不迭，对他们奉命执行的政策愤
懑不平。他们写道："我们羞愧万分，无脸见人。"即使是一个多世纪以后
的今天，读者仍能感到他们的话就像火红的煤球在纸上燃烧。使团说，美
国军队和拉科塔人之间的战争完全是白人造成的。卡斯特 1874 年非法进入
拉科塔人的土地，此后白人矿工接踵而至。政府没能驱逐这些人，格兰特

总统甚至暗地里拒绝这么做。同时，尽管有白人的"无私"施舍，印第安人仍然忍饥挨饿。虽然条约允许印第安人在这种情况下狩猎野牛，但美国军队却在严酷的冬天将他们赶回保留地。接着，部队又没收了他们的马匹和武器。受尽凌辱的印第安人仍然尽量克制自己的愤怒和失望，直到他们不得不在绝望中反击，做了不论是文明人还是野蛮人为了保卫自己的家园都会做的事情。使团成员深感惋惜，政府的所作所为其实完全没有必要。卡斯特并不是正义事业的殉道者，他为之献身的战争毫无意义、劳民伤财，是不光彩的、可耻的。"我们完全不公正吗？我们毫不犹豫地说'是的'。"报告的结束部分值得长篇引用，因为这些激昂的文字表达了在这八个白人眼中黑山问题的真正的道德根源。他们肩负着让印第安人接受政府决定的使命，同时又试图在白人的一片愤怒声中保持公正客观。

　　种瓜得瓜，种豆得豆。一个民族的所作所为必将招致相同的果报，这是上帝的永恒规律。如果我们播种的是背信、不公、恶行，我们必将收获血与泪，就像我们已经看到的。我们面对的不只是一个可怜的正在消失的种族，我们面对的是上帝。我们再也不能推迟对他们履行义不容辞的责任了，因为我们从他们手中获得了这个国家并因此而高居世界民族之列。我们常常吹嘘自己的国家是全世界被压迫者的乐园。难道我们忘记了还有那些被我们自己逼得背井离乡的人？我们有义务保护和关心他们。我们知道，许多美国人认为解决印第安人问题的唯一方法就是消灭他们。但我们想提醒这些人，只有上帝才有这样的能力。在我们的国土之内，战乱频仍，死者阴魂未散，我们怎敢忘记上帝的公正。印第安人是野蛮人，但他们也是人。他们是野蛮民族中为数不多的能够清醒认识到神灵的存在的民族。他们相信灵魂不朽。他们爱自己的孩子，爱自己的家乡。他们愿意为自己的部落献身。除非我们否定所有的天启宗教，否则我们必须承认印第安人有权分享神的启示所带来的恩典。他们有能力达到文明。……我们的印第安事务面临重大危机。我们对印第安人所犯的罪行人人皆知。美国成千上万的有识之士为我们国家的所作所为感到羞耻。他们希望国会能痛改前非。除非国会及时地以恰当的立法来保护和管理印第安人，否则他们势必灭亡。那样的话，我的国家将永远背上耻辱之名，饱尝罪恶之果。我们孩子的孩子会在背后讲述这可悲的故事，并好奇地质问，他们的祖先怎敢如此践踏正义、愚弄上帝？[20]

使团成员没有质疑政府从拉科塔人手中夺得黑山及其他土地的权利，也许作为政府官员他们不能这样做。他们没有说政府的占地行为以及拒绝向从事敌对活动或抗拒政府命令的印第安人提供食物的做法违背了 1868 年条约。但使团报告的结束语意味深长，不容置疑：如果政府现在为了惩罚印第安人而夺取他们的土地，那么从此以后就必须郑重其事地承担起照顾印第安人的责任，帮助他们走向文明，让他们分享美国的福祉。曼尼潘尼和他的同事们认为，履行这一责任的最好办法是像埃里森使团建议的那样将拉科塔人迁移到土壤肥沃、气候怡人的"印第安准州"，在那里他们可以向那些已经成为模范农民和基督徒的印第安人学习。

然而，国会第二年立法时并没有采纳这个长期方案。1 月底，威廉·埃里森向参议院提交了一项法案，建议批准政府与苏族、北阿拉巴霍人和沙伊安人签订的"协议"，联邦政府可以得到黑山，但不需要将印第安人迁往南方。印第安人一直反对南迁，"印第安准州"附近的白人也坚决反对，因为他们害怕杀害卡斯特的凶手会搬到附近。虽然人人都知道南面的"印第安准州"并不适合农业，印第安人不可能在那里安居乐业，但没有人提到这一点。2 月 28 日，格兰特总统批准了"出让"黑山的法案，新获得的土地以及住在那里的矿工和其他白人划归达科他准州（1889 年分为南达科他和北达科他）管辖。[21]

拉科塔人与曼尼潘尼使团及美国国会签订的是一个什么样的"协议"呢？当然不是正式的条约，因为国会 1871 年就已经不再跟印第安人签订条约了。至少在美国政府看来，印第安部落不再是主权国家，甚至连大法官约翰·马歇尔说的"国内附属国"都算不上。[22] 国会继续使用"苏族印第安人"的称呼，但含糊其辞，既不把他们当外国人，也不把他们当美国公民。这个所谓的协议并没有按《拉勒米堡条约》的规定取得四分之三成年男子的签名。使团只得到了代表这些男子的许多首领和头人的签名或标记。从政府的角度看，拉勒米条约已经失效，因为拉科塔人一直在从政府获得条约所没有承诺的物品，他们没有履行送孩子上学的责任，他们还未经许可进入蒙大拿、小巨角和怀俄明。条约不复存在，存在的只是一个协议。然而，无论首领们多么"愿意"，有证据表明他们对所发生的一切深感困惑，他们受到严厉的威胁：要么同意，要么挨饿。

这个协议是非法取得的还是仅仅有些不公平呢？在 1877 年的国会大厦里，没有人提出这样的问题，但在后来的岁月里，这个问题被反复提出。二十世纪早期，拉科塔领导人多次要求举行听证会，证明黑山是被政府夺走的，但所获甚微。他们去找保留地代理人、印第安事务局和达科他州的国会议员；他们雇律师向联邦索赔法院起诉，但是法院多年来不允许拉科塔人和其他印第安部落控告联邦政府，不承认自己具有审理此类案件的权力，或者是借口案子太多无暇受理。1942 年法院终于举行了全面的听证会，但最终一致认为在严格的法律意义上黑山并没有被"夺取"。相反，法院认为政府正当地行使了"监护者"的角色，为了印第安人的利益而将他们的土地分给了白人。法院还指出，国会为维持他们在保留地的生活每年都要花钱，不论印第安人的损失有多大，他们已得到公正的补偿。除了 1875 年到 1877 年政府发放的价值 235 万美元的食物外，国会年复一年地拨款给他们买食物和其他生活必需品。到 1942 年，据政府的估计，总开支大约有 4 300 万美元。事实上，虽然没有出卖土地，拉科塔人已经得到了红云和其他首领所要的价格：他们的人民得到了永久性的收入，尽管政府一直坚持这些拨款是暂时的，拨款将在印第安人能够自食其力后终止。法院因此宣布没有什么不光彩或不公正的事情发生。案子已结，驳回起诉。

值得拉科塔人庆幸的是，国会于 1946 年成立了"印第安人财产索赔委员会"，给翻案带来了一线希望。但该委员会只被授权解决现金上的纠纷，无权处理土地归还问题。1954 年，委员会就拉科塔人的案子达成决议，结果仍然使拉科塔人失望。与以前的索赔法院一样，委员会认为并不存在非法夺取土地的问题，白人获得黑山是合法的，印第安人已经得到了充分的补偿。然而，二十年后，也就是 1974 年，委员会突然改变主意，宣布拉科塔人的确受到了政府的不公正对待，他们的基本权利受到了侵犯。委员会承认，国会在没有支付任何资金的情况下占有了他们的土地，这一行为违反了宪法第五修正案。

根据盎格鲁-美国人的法律传统，"占地"指的是君主或政府为了满足某一公共利益而占有个人财产的权利。美国人称之为"征用权"，但这一权利历史悠久。到大宪章时代，这项权利的实施引起了众多不满，许多反对君主的改革者设法对该权利做了一些限制。几个世纪后，当反英国暴政的美国人通过革命建立了一个新国家时，私有财产的神圣性得到了更强烈的肯定。有人可能以为征用权会从此消失，但事实并非如此。它不仅继续生效，而且被一再使用。限制这个权利的唯一法律是宪法第五修正案，内容是："除非给予合理的赔偿，否则不允许以'公共用途'为由夺取私人财产。"对任何一个坚信个人权利至上的人来说，这句话提供的保护远远不够，因为不论在美国还是英国，法律惯例都是让政府决定什么是"公共需要"或"公共福利"。事实上，任何以国家经济发展为由而行使的征用权都是合法的。[23] 更糟糕的是，决定合理赔偿数目的是政府自己。

印第安人财产索赔委员会做出了有利于拉科塔人的裁决，他们深信，拉科塔人和其他美国公民一样，其土地被政府或政府指定的第三者夺走了。白人经常因诸如修建高速公路、铁路、水坝、公园或法院这样的公共设施而失去私有土地。委员会认为，拉科塔人也是因为国家的"公共利益"失去了黑山。民主需要这样的付出；一个政府如果只能购买市场上待售的地产，这个政府实施其保护公共福利的责任的能力将被严重削弱。仅仅一个自私自利、不肯让步的土地拥有者就能阻挡公共福利的实现。全体人民的需要高于少数人的财产权。不过可以理解，那些因此而失去土地的人不会高兴。一位因建造大坝使上游河水回流，眼睁睁看着自己的草场被淹没的农民不会高兴，但他没有办法，因为这一破坏行为得到了行使征用权的政府的许可。而在法院看来，只要受损一方得到合理的市场价赔偿，就没有什么不对的地方。

根据惯例，专业评估员对拉科塔人失去的土地进行估价，试图按十九世纪七十年代的市场价确定黑山及其周围土地的价值，那时该地金矿的价值尚属未知。评估员得到的数字是 17 553 484 美元，比 1877 年红云和他的同伴的开价要少得多，但比政府的出价高出两倍还多。政府欠拉科塔人的还不止于此，因为还有中间这么长时间以每年百分之五的利率累计的利息。这是印第安财产索赔委员会做过的最高赔偿。联邦政府不愿支付如此大的数额，向索赔法庭上诉，请求推翻这个裁决，很快如愿以偿。法院无视委员会的裁决，宣布此案早已一次性了结，法院早已判定，每年国会对保留

131

地的拨款可以作为对这些土地的一种分期付款，付款数已经大大超过该土地本身的价值。

一扇刚刚打开的门又猛地关上了。但 1974 年，另一扇门又打开了。国会修改了印第安人财产索赔委员会的章程，明确指出"用于食品、定量供给和其他物品的开支不应被视为土地款"，向苏族人伸出了援助之手。索赔法院第三次审理这个案子，于 1979 年 6 月 13 日做出了判决。以丹尼尔·弗里曼大法官为首的多数派认为：①政府占有苏族的黑山属于非法；②白人在苏族土地上的通行权也属非法。还有，拉科塔人并没有得到合理的赔偿，印第安人应该得到印第安人财产索赔委员会确定的价格和大约 8 500 万美元的利息！[24]

吉米·卡特总统不愿支付这笔巨款，于是向最高法院起诉，要求撤销
132 这个判决。但是，最高法院于 1980 年 6 月 30 日宣布维持原判。哈里·布莱克门法官代表多数派表态，认为国会从来没有真正把给印第安人提供的物品作为土地款。政府发放的物品相当于土地款这种说法在二十世纪五十年代以前从未听说过。实际上发放物品是白人对自己剥夺印第安人原有生活方式的默认，是政府对破坏印第安人狩猎野牛的传统谋生方式和文化的赔偿。另一方面，威廉·雷恩奎斯特（William Rehnguist）法官持不同意见，他坚持认为法院没有权利重审已经了结的案子。他补充到，最高法院和国会一样试图修正历史，把印第安人和白人之间的冲突统统归咎于白人，他认为这种观点"并非被普遍认可"。雷恩奎斯特承认，"在黑山事件中政府毫无疑问表现出贪婪，采用了不光彩的手段，但印第安人也不是完美无缺。我认为，用修正主义史学家的眼光或者现代的道德标准看待一个多世纪前历史条件下的所作所为有失公允。"雷恩奎斯特后来被里根总统任命为最高法院首席大法官，但在这个案子中他没能说服其他法官。[25]

　　法院的裁决已定，国会接着划拨了赔偿金和所欠的利息，总计一亿多美元，并通知拉科塔人取款，从此结束拉科塔人漫长、复杂而又艰苦的斗争。经过一个多世纪的不懈努力，历经失望与希望的煎熬，拉科塔人终于获得了决定性的胜利。可以说，他们终于在美国法律体系中获得了公正。孜孜不倦地为他们工作的律师们终于可以得到一笔可观的报酬了。然而，令人吃惊的是，拉科塔人决定，像以前一样，他们要的不是钱，而是黑山本身。

　　想重新得到黑山，拉科塔人必须把律师请回来，抛弃过去的法律推理，采取全新的策略。他们必须坚持无论政府的行为是否合法，黑山并没有被夺取，政府无法行使征用权，因为在1877年，拉科塔人的土地不属于美国公民的私有财产。既然对该土地的征用权不存在，现金赔偿也就不是合适的解决办法。说实话，没有一个法院曾经听到过这样的诉词。如果允许这样的起诉发生而且得到证实，所有的法院、所有的使团以及国会都得承认，他们以前没有触及问题的实质，忽视了一些关键性的问题，拉科塔人有充分的理由要求再次开案，要回他们的土地。

133

　　首先，在以后的法庭辩论中，律师们可以坚持，1877年的拉科塔人还不是美国公民。他们是局外人。虽然政府不再和他们制定"条约"，但继续把他们称作"苏族"，实际上直到二十世纪八十年代，政府还这样称呼他们。像其他印第安人一样，拉科塔人一般在半个世纪后，也就是二十世纪二十年代才成为美国公民。既然如此，政府能对一个处于准外国状态的民族行使征用权吗？为了一部分自己公民的公共利益，联邦政府有权征用不属于本国公民的财产吗？换句话说，政府有权夺取不属于个人，而属于一个"民族"或部落的公有土地吗？

　　姑且不论这些问题的答案是什么（到目前为止，这些问题尚未被正式提出），法院的推理中至少有一个问题需要国会思考，那就是，没有证据表明国会在迫使拉科塔人出让土地的过程中知道自己是在行使征用权。没有一个政府官员提到征用权，或以此权作为获得土地的依据，也没有任何人向拉科塔人说政府可以对他们行使此权。实际上将征用权用于此案的想法要到二十世纪中叶才出现。法院和印第安人财产索赔委员会似乎是在印第安人律师的逼迫下，在事后为自己寻找法律掩护，把一种白人法律用在与该法律不相干的时间和地点。这样做将政府的权利扩大到了盎格鲁－美国法律惯例的范围之外。也许在重新审视整个过程后，美国人仍会认为并未发生什么不正当的事情，也许他们会认为印第安人和白人法律关系的跨文化性不可避免地造成了这个混乱局面。也许从白人的法律中获益匪浅的拉科塔人最终会接受这个过程，承认这个程序不仅必要而且对他们有益，并对结果感到满意。但是美国公众应该了解事件的全过程，并认真反思以下事实：法庭先是否认政府有任何过错，接着又承认确实存在不公并（好在）立即找到了补救方案（一个无关痛痒的方案），该方案的基础是 1877 年无人知晓的征用权。

134

　　除此之外，美国民众也应该知道，政府自称对拉科塔人实施的征用权是美国法律体系中最有争议的内容之一。最近，一些法学家批评征用权过于含混，认为需要对该权利进行严格定义，并限制其使用。有很长一段时间，为了加速资源开发，促进经济发展，这项权利被反复使用。后来，尤其是二十世纪三十年代以来，为了更好地保护弱势群体的经济权利和安全，一个更为开明和激进的政府以征用权为由谴责私有财产，建造宏伟的公共设施以刺激经济发展，提供就业机会。近年来，美国经历了一场环境革命，征用权原则又常被作为消除污染、保护濒危动物栖息地以及制止疯狂的城市化的有力工具。然而，在对拉科塔案的判决中，这个原则却成了剥夺美国土著人所有权的依据。怪不得布鲁斯·艾克曼说"征地原则总体上自相矛盾"。[26] 难怪自由派和保守派批评家都建议重新审视这一权利。

纵览美国历史，我们会发现，这项松散而充满随意性的政府权力的受害者多是穷人而不是富人。阻挡历史前进的往往是穷人，他们必须让路。"公共利益"高于他们的利益。也就是说，穷人不如富人能够使自己的"公共利益"得到关注或保护。例如，新英格兰的小农就败给了要求建造水坝，为其纺织厂提供动力的企业家。在后者眼里，这显然是一种公共利益。同样，激进的少数派一次又一次败给了高呼征用权的公路建筑者和城市规划者。现在，拉科塔人又败给了乔治·赫斯特这样的矿业家以及不断涌入他们土地，寻找机会的白人。公共利益又一次大获全胜，穷人更穷。历史记载表明，以往征用权原则的使用并不公平。

如果黑山不属于印第安猎人，而是属于一个拥有价值数百万的农场的美国总统，情况会怎样呢？美国军队是会设法驱赶这些淘金者呢，还是允许他们闯入、定居、开采金矿，并要求军队和国会保护他们的"权利"呢？国会会认为把美国总统的土地让给这些非法侵入者是合理的"公共使用"吗？当然，这只是一个假设，这个土地拥有者纯属想象，但这个假设却提醒我们，征用权更可能被用来剥夺一部分人而不是另一部分人的土地。美国人在内心深处真的认为应该把这一原则强加在拉科塔人身上吗？

具有讽刺意味的是，由比尔·布莱德利参议员提出的将 130 万英亩土地归还给拉科塔人的法案并不能改变征用权使用中一贯存在的歧视。这个法案对征用权实施中最不公平的部分置若罔闻。可以说在 1877 年被占的土地中，只有位于今天的黑山的国家森林和国家公园是真正的"公共用地"。因为至少在理论上，无论印第安人还是白人都可以自由地进入这里，享用这片土地。但在该法案中，恰恰是这部分土地要被归还给拉科塔人。位于附近的激流城、卡斯特城以及朽木镇的属于霍姆斯泰克矿业公司的私有财

产、私人房产，所有那些商业设施、农场、牧场，所有那些落到白人私人
手中的土地都将原封不动，安然无恙。拉科塔人失去的大部分土地并不属
于美国公众，而是属于个体的男男女女，他们用这些土地谋取私利，所获
甚丰。今天，法院还能认为这些私人个体仍在黑山行使"公共使用权"吗？
布莱德利参议员真的认为他的提案能为历史昭雪吗？只有那些为了应急，
为了眼前利益而不愿挑战现状的人才会支持这样的谎言。然而，这正是拉
科塔案件的本质。按照白人的逻辑，无论是法院的判决还是布莱德利的提案，
这些姗姗来迟、笨拙不堪、瞻前顾后的解决方案都说明，政治上的眼前利
益比恪守正义更重要。

不信你试试看。拉科塔人一次又一次试图通过法律途径来达到收回土
地的目的。他们采取了对他们来说是唯一能接受的依法索回土地的方法。
在这个方案遭到失败后，他们又换了一个策略。他们这样做仍然完全出于
真心，只不过是针对白人的特点换了个角度。他们以为，既然法律途径行
不通，那就向美国人的宗教良心呼吁。拉科塔人在法院听证会上及会后一
再指出：黑山不仅仅是一笔有争议的财产，它是一块"圣地"。黑山是万物
的中心，即*"瓦玛卡·奥格那·卡奥纳基辛"*。正如玫瑰蕾保留地的一位长
者大卫·蓝色雷霆所说："黑山是我们的家园之心，又是我们的心之家园。"[27]
把它划为白人的财产，变成生产木材、矿石、风景的商品是一种亵渎，而
这正是 1877 年白人掠夺黑山的本质。拉科塔人的信仰自由遭到了根本的侵
犯，他们的宗教濒临灭亡，只有使黑山物归原主才能保证拉科塔人的宗教
继续存在。相反，如果白人继续占领黑山并亵渎它，他们将背上扼杀一个
民族的信仰的罪名。

在媒体及负责布莱德利法案的参议院委员会面前，拉科塔人多次诉诸
于这一宗教观点，就像一个演讲者厌倦了使用外语而改用自己的家乡话。

如果他们这样做有点煞费苦心，那也是出于绝望。对传统拉科塔人来说，要求归还黑山从来不像一个公司出于法律权利和经济利益的考虑而保护自己的专利那样简单。对他们来说，黑山有一种难以形容但又非常强大的情感魅力，这种魅力很难通过白人律师在白人法庭上表达清楚。他们试图用白人可以理解的语言描述这种力量：他们说，黑山对我们来说就像耶路撒冷对你们基督教徒和犹太教徒一样重要，或者说就像麦加对穆斯林一样重要，它是一块高高在上的圣地，是我们宗教圣地中最重要的，是任何东西都不能替代的。[28]真正虔诚的信徒不会把它拿到市场上出售。它的价值无法估量，所以不能出售。卖掉黑山无异于出卖自己的父母，出卖自己的神，出卖自己和自己的灵魂。

　　宗教感受本来就微妙难言，换另一种语言表达则更为困难。这种感受不像科学命题那样基于冰冷的实验推理，它们往往不相一致，包含了许多错综复杂、难以理清的愿望。布莱斯·帕斯卡尔写道：情感中存在着理性所无法了解的道理。在书面文字发达的先进社会，神学家们试图逻辑地分析宗教感受的含义，但民众没有神学家知道得多，他们不一定接受神学家的方法。对他们来说，神学有点过于系统化和专业化，用它来解释各种错综复杂的宗教感受是不够的。先进社会尚且如此，教育程度极低的民族想让其他人理解自己时遇到的困难就可想而知了。传统拉科塔人没有任何正式的、文字记载的神学传统，从逻辑分析家的角度看，他们就更加显得不善言表。虽然他们的宗教感受与印度教、路德教的一样真实，但它们缺乏系统的分析和论证，根植于源远流长的民间意识，以民间故事的形式代代相传。今天，我们对传统拉科塔宗教作为一种思想体系的了解多来自白人人类学家的著作，然而这些人类学家并非印第安人的托马斯·阿奎那和乔纳森·爱德华兹，他们不是来自宗教内部，因此不具有宗教上的权威性和真实性。[29] 如果职业人类学家都很难搞清并说明拉科塔宗教是什么，我们这些没有受过专门训练的外行人了解这一宗教时所冒的风险就更大了。

然而，除了冒险我们别无选择。上百万英亩土地及其生态群落的命运，数万甚至数十万人的命运都将取决于美国人如何看待这些问题以及他们对拉科塔人的宗教权利持什么态度。事关重大，这要求所有美国人，包括拉科塔人在内都要尽量坦诚相见，澄清事实，甚至不惜冒犯对方。然而，有关这个问题的讨论已经被一些轻率的观点扰乱，我们必须避免这些观点。首先，对任何现代印第安人讲的关于他们遥远的祖先及其信仰的东西，一些白人听众马上就信以为真。一个能说会道的人声称印第安人都是"自然爱好者"，听众会随声附和。然而，人的感受，包括宗教感受是不断变化的，我们不能认为今天拉科塔人的宗教感受及观念与一百年、二百年，甚至一千年前相同。第二，许多人只是很笼统地谈论"拉科塔人信仰什么"，好像所有拉科塔人过去和现在都一模一样，是一个被集体意识操纵的民族。与白人一样，印第安人之间在宗教感受的强烈程度和关注对象上有很大差异，在一些基本原则上也可能存在很大分歧。第三，人们总是不假思索地滥用"神圣"一词，而极少思考这个字眼意味着什么。神圣不仅仅指热切的情感或对某种事物表现出爱恋。尽管神圣一词的含义难以捉摸，我们必须把它弄清楚，必须明白它与一些其他的重要体验以及世俗生活有何不同。

帮助我们理解"神圣"这一概念的一个最好的向导，就是世界一流比较宗教学与比较神学家默西亚·伊利亚德（Mircea Eliade）。他的专著《神圣与世俗——宗教的本质》（*The Sacred and the Profane : The Nature of Religion*）一书的英译本于 1959 年出版。在此书中，他试图从跨文化的高度详细论述"神圣"体验的核心。所有社会都有类似的体验，不过自科学革命和资本主义革命以来，现代西方文明中的很多人丧失了这种体验（当然，并非每个人都如此），从而生活在一个完全世俗化的世界中，成为历史上第一个脱离了这种体验的群体。对现代主义者来说，宗教成了一种非理性的反常行为。伊利亚德最有影响力的前辈之一鲁道夫·奥托（Rudolph Otto）在《神圣》（*Das Heilige*）（1917）一书中以"非理性"作为神圣体验的本质。他认为，神圣体验的出现是因为人们遇到了一些神秘的、无法抵抗的力量，并因畏惧而失去了理性，所以神圣是令人恐惧的东西。但伊利亚德不强调这种神圣体验的非理性。相反，他认为神圣意味着对某种"全然异样"的东西的观照，这个"异样"世界远远超出了人类或自然界，并且更为强大。它是一种"超自然"的体验，通过这种体验，一个地方或自然物的内在精神或神性可以显现在人的意识中。那些倾心于科学并坚信科学能够帮助我们了解我们需要了解的所有外部现象的人，或者是那些用功利的眼光看世界的人，都不会有这种体验。对这些人而言，世界的神圣性因其怀疑主义而消退。但伊利亚德仍希望这些人能够尊重他人的神圣体验并尽量理解神圣体验所代表的高尚的世界观。

领受这种神圣性需要持有这样一种世界观，即承认自然在时间上的不连续性和空间上的异质性。也就是说，在事物流转的过程中会出现断裂、间歇，存在着事物从一种状态变成另一种状态、时间节奏突然改变的转折点。"不要走近前来"，上帝在燃烧的荆棘丛中对摩西说，"把你的鞋子从脚上脱下来，因为你站在一片神圣的土地上。"（《出埃及记》3∶5）。对于一个现代地质学家来说，摩西脚下的土地也许普普通通，与周围没有什么不同——同样的岩石沐浴着同样的阳光，同样的放射性碳年代显示出共同的起源，同样的成分，同样的历史。但是对摩西来说，那一片圣地突然变得与众不同，他遇到了自然中一个巨大的断裂点。在那里，就像透过一个窗口，宇宙的秩序一目了然，神圣的造物主就在眼前。这时，岩石在燃烧的荆棘丛的照

耀下熠熠生辉，不再是平日里见到的杂乱之物——那凡人生活不完美性的
象征；不再是一个韶光易逝、生死无常、自然没有内在形式或意义的地方。
圣地就是一个神秘地出现于极普通事物之中，没有任何明显的标志，只能
靠上帝的神圣之音来辨别的地方。这里，时间停滞了；这里，你能超越历史，
超越事物衰败流损的命运，瞬间进入一个井然有序、持久和谐、完美无瑕
的真实世界。伊利亚德把这一启示的时刻称之为"神显"，这时"神性突然
显现，把一块土地和周围世界分开，使它在质上与众不同"。[30]

　　应该说，任何地方，不管多么单调平凡，都有可能变成一个观览宇宙
真相的神性之窗。摩西在西奈沙漠中一块不起眼的土地上找到了他的圣地，
其他人则在普通的树林中，或者甚至在印度一条肮脏破烂、拥挤不堪的河
岸上找到了自己的圣地。但神显之地也有山脉和丘陵，有的高昂险峻、令
人敬畏，有的则微不足道。山脉就像尘世通往圣域的梯子，可以把人带入
超然的境地。在许多文化中，山脉被视为宇宙运行的"地轴"——一条将
圣境与俗世连接起来的直线。山脉并非神圣体验的必备条件，但如果附近
有山，它似乎非常适合扮演这一角色，并常常被人们这样使用。虔诚的信
徒登上一座圣山，从高处俯瞰世界的真相，回到低地时，他们发现周围的
一切都变了模样。每一样东西，不论多么卑微，多么熟悉，多么平常，都
成了宇宙的一部分，都洋溢着神性，超然物外，超越了生死。

　　伊利亚德将神圣定义为一种与世俗相对的存在。那么什么是世俗呢？
在某种意义上，整个自然都是神圣的。与现代主义者相反，对宗教人士来
说，没有绝对世俗的东西。但是在宗教人士看来，大部分土地都是沉默的，
它不会像上帝在荆棘丛中告知摩西、要求摩西那样对人说话。由于没有这
个声音，世俗世界看上去平平常常，毫无意义，缺乏秩序和创造力。所以，
世俗就是派生的或不善表达的神圣之地或事物。它给人以生息，给勤劳的

139

采集者或耕种者提供食物，所以它属于经济学和劳动的范畴。在这样一个世界里，它也会带来麻烦和不幸，带来疾病、饥饿等常见的危险，人们必须时刻防范以免受其难。换言之，世俗世界是一个不完美的地方，这里人与自然界的关系并不安全，有时很不协调。

　　其次，世俗世界处于精神力量的外围，而神圣之地则是精神力量的核心。神圣之地一旦被发现，就会成为世界乃至宇宙的一个中心，甚至是**唯一的**中心。人们当然希望尽量生活得离这个力量与秩序中心近一些，把它作为日常生活的一部分定期参拜，作为万物仰赖的基础来依靠。他们甚至会按这个中心所揭示的宇宙秩序来设计房子、帐篷、城镇及宿营地。他们还会建造汗屋（用来举行宗教仪式）、教堂、寺庙等特殊建筑作为圣地的替代物。随着时间的推移，这些特殊建筑会在一定程度上取代那些曾经给他们启示的户外圣地。结果大概就是像基督教这样的西方宗教一样，神圣几乎完全被搬进室内，教堂建筑本身成了人们所拥有的唯一神圣中心，即使它年代不远、平平常常，即使它是一座装有最新的科勒水暖管道和活动式投射灯的预应力混凝土结构，即使它是由一位建筑师设计，由一群举止粗俗的戴安全帽的建筑工人建造的。神圣走进户内并不是最近才出现的——欧洲中世纪的大教堂正如摩西脚下的那一块沙漠一样，是信仰者观察宇宙的窗口。不过他们走进教堂后就关上门，将有神性的自然扔在外面。但是对许多北美印第安人来说，将神性装进一个封闭的人造建筑物的做法过去没有，现在也没有发生，所以伟大的圣地依然存在于自然之中。这些地方对于信徒来说代表的不只是自然，尽管在外来者眼中它们似乎与别的自然景色毫无区别。这里是万物的中心，圣职者说，如果你能看见的话。这里是万物汇集并获得秩序和意义的地方，是神灵说话、上帝显现之地。远离这个中心或者与它隔离意味着坠入混乱的世界，意味着迷失、困惑和异化。[31]

140

　　所有宗教似乎都源于一种深深的怀旧之情，一种对较眼前生活更纯洁、更有序的时光的向往。虔诚的信徒想逃离现世，重返过去。矛盾的是，在基督教中这种怀旧却变成了前进，即信仰者向未来迈进，勇往直前，为的是能最终重返伊甸园。这种把怀旧的目标由过去变成未来的结果随处可见，它表现为现代人对技术、对经济增长和进步的专注。但对那些缺乏这种进步观念的传统北美印第安人来说，怀旧情结曾经而且依然指向过去。他们怀念创世前的天堂。当然，完全回到过去是不可能的，但时不时反观过去

141　可以净化和振兴现在。这正是人们从圣地得到的东西：一种再生，一个新起点，始自伊甸园。关于在圣地举行的再生仪式和它所唤起的记忆，伊利亚德是这样写的：

　　　　整个一年里所犯的罪，每一件在时间中受到玷污和损坏的东西都在对世界的外在体验中得到净化。通过象征性地参与世界的毁灭与再生，人也被重新创造，得到了再生，因为他开始了一种新的生活。每到新年，人就会感到更为自由、纯净，因为他已经卸下了罪与失败的负担，他已经又一次与创世的美好时刻融为一体，所以这是一个神圣的、震撼心灵的时刻——"神圣"是因为它已被众神的显现所转化，"震撼"是因为它属于而且只属于所有活动中最伟大的活动：宇宙之创造。……不难理解为什么这个奇妙的时刻总是萦绕于信仰者的心头，为什么他要定期回到那里。在那个时刻，众神展示其神威。宇宙起源是最高神性的体现，是力量、丰饶与创造力的典型表现。信仰者追求真实，他千方百计要与最根本的现实之源头同在，要回到世界的初始状态。[32]

　　在圣地，人们被带回万物的源头。光脚站在圣地之上并感知它，你可以窥见宇宙的真相，与创世时毫无二致。从某种意义上说，你甚至可以参

与创世过程，因为创世活动时刻都在进行——宇宙总是在不断地更新自己。在许多印第安人的故事中，圣地成了实在的创世之处，在那里，他们的祖先从地球内部出现，进入多灾多难和不完美的人世，从此蒙受无数疾病和不幸。回归圣地能使他们暂时逃脱苦难，回到那逝去的纯洁世界——这个回归可能很短暂，但对忍受生活的磨难却必不可少。

　　更多地了解神圣与世俗的关系能使我们更好地理解拉科塔人近些年所表达的观点，理解他们坚持索要黑山的原因。生活在松树岭及其他保留地的印第安人饱经磨难，他们急需生命的更新。他们（至少其中的很多人）告诉我们，他们曾经拥有一片对于他们来说比地球上其他任何地方都神圣的土地，而现在那片土地却被占领了，他们失魂落魄，在苦难和不幸中挣扎。他们的存在不再完整，他们被剥夺了再生的机会。这就是他们必须索回黑 142
山的原因。

　　应该如何对待他们的观点呢？显然，我们面临的主要问题不是大量拉科塔人是不是在这个世俗化的时代仍然信仰神圣之物——毋庸置疑，他们有这样的信仰；问题也不是当他们怀念过去的世界，怀念白人到来之前和开天辟地的神话时代的世界时，他们是否真诚——他们当然是真诚的。拉科塔和白人社会所面临的问题是，黑山在过去是不是一块圣地，它现在是这样一个地方吗？如果它过去或现在是一块圣地，那美国人就有义务出于尊重宗教信仰的公正感把黑山还给拉科塔人。

　　从伊利亚德的分析可以明显地看出，黑山确实具备了圣地的特征：事实上世界上任何地方都具备这些特征。黑山雄伟壮观，拉科塔人也是个令人钦佩的部族。但是，史学家无法找到任何证据证明十九世纪黑山已经被拉科塔人作为圣地了。相反，那时它被视为一个提供食物和建筑材料的有价值的经济资源。对游牧的印第安人来说，它是一块美丽的避暑地，就像

对今天的度假者一样。那时，伴随着山顶的乌云与天空的电闪而来的暴风
雨警告人们，黑山是凶险的幽灵的世界，他们要惩罚那些心不在焉的人。
那时也许有人时不时进山祈祷，寻找神圣的景象，但在广阔的草原上也有
人这么做。这不能证明黑山在 1877 年被白人占领时已被拉科塔人视为一块
尤为神圣的土地，一块被神话和仪式与世俗世界分开，只有怀着一颗虔诚
的心才能接近的圣地。

　　根据会议秘书的记录，在当年部落首领与埃里森使团的会晤中，部落
首领中没有一人提到黑山的神圣性。相反，他们用完全世俗的语言来描述
黑山，给它明码标价（尽管要价太高，很不现实），称其为自己的"黄金
屋"和财产。（小熊说："如果一个人拥有一样东西，他当然想用这件东西
致富。"）也许当时有的印第安人并不喜欢这样的语言，但当他们的首领像
一群董事会成员给自己的资产估价一样谈论黑山带来的年金时，他们却沉
默不语。二十五年后，也就是 1903 年，很多参加此次会议的拉科塔首领
还在世，尽管年事已高，记忆力有所下降。他们满腹牢骚，不明白当初怎
么失去了黑山，要求与南达科他州国会议员 E.W. 马丁见面。印第安人的
经济状况已急剧恶化，《拉勒米堡条约》中联邦政府承诺的三十年救济已
于五年前终止，他们生活在贫困与绝望之中，依靠政府微薄的施舍勉强过
活。1903 年 9 月 21 日和 22 日，马丁和来自五个保留地的代表，还有政府
在松树岭保留地的代理人约翰·R. 布伦南在松树岭管理处会面。马丁根据
1877 年的法案和 1887 年的《道威斯法案》（1889 年才在拉科塔人中实施）
为政府的占地行为辩护。[33] 他声称政府每年以食物、教育等方面费用的形
式共支付给印第安人 3 500 万美元。印第安人对此没有一致表态，他们只
是感到绝望和气愤。他们当中有的人认为和华盛顿签订了协约，用黑山换
取足够七代人（他们理解为七百年）用的食物和其他需要，那样的话他们

就再也不用工作，不用为谋生奔波了。另一部分人则否认割让了任何土地，因为《拉勒米堡条约》规定的四分之三以上成年男子签字的条件从未被满足。一位男子模糊记得，当时每个人都在一边喝威士忌一边发表意见，但他肯定当时他坚持白人只能拥有含有金矿的山顶部分，而不拥有山麓地带，那里有印第安人希望保留的林地和野生动物。斗云对马丁说："我们只把黑山山顶以下一英里的范围租给了白人（若真按一英里计算，这个界线几乎到达海平面），而现在他们却占领了从山顶到山脚的全部土地。这就是我们要见他们的原因。我们要求赔偿。"年事已高、失去了部分威信的红云是抱怨最多的人之一。他回忆说，政府的出价是 600 万美元，他告诉他们这不够，"这简直还不够塞牙缝的"，"你可以告诉总统，如果他乐意的话，我将把山顶部分借给他，请告诉他，我指的是林地以上的石山"。他们谁也没想到，在 1876 年谈判失败后，国会第二年就单方面占领了黑山，根本没有等任何印第安人签字，也没有做什么给他们提供源源不断的年金的承诺。在国会议员和政府眼里，现在是拉科塔人自食其力、自力更生的时候了。尽管部落中的老者肯定不会接受这一最后通牒（他们不接受又能怎样？），在长达三十二页的打印出来的正式文件中却没有一个人提到黑山是圣地，对他们的宗教至关重要。事实上，几位部落长者不仅先在 1876 年，接着又在 1903 年表示愿意将黑山卖掉，而且表示如果能继续拥有对他们来说更有价值的山麓地带，则愿意将山顶部分的采矿权卖掉。或许饥饿迫使他们采取了如此物质主义的立场，但饥饿能驱除对神圣的所有记忆和敬畏吗？[34]

这些长者中的很多人既是神职人员又是政治代表，他们接受了 1886 年至 1914 年在松树岭保留地服务的白人医生詹姆斯·R.沃克的采访。沃克想在传统拉科塔宗教信仰消失之前把它们记录下来。在这期间，他与美国马、

144

乔治剑、坏伤口、红云等人交谈过，他尤其和经常为他当翻译的混血儿托马斯·泰恩交往密切。正是沃克第一次用英文完整地记述了奥格拉拉苏族人的神话，即使在今天这仍然是最有价值的文献之一。他让那些部落长者解释"神圣"，也就是他们语言中"瓦甘"（Wakan）一词的含义。该词指的是任何难以理解、神秘，因而值得备受尊重的东西。他们把世界上的终极精神称为大灵（Wakan Tanka），一种由很多低一级神灵构成的普遍神灵。"大灵控制着万物"，沃克写道，"他们左右着人类的一切活动，人类应该时刻取悦于他们。"敬神的标准仪式就是用一个神圣的红石烟斗中点燃的烟草或香草为他们上香。除敬奉这一强大而无所不在的众神之灵外，印第安人还尽量不去冒犯许多低一级的、独立的神灵，即地球上各种各样的灵力，他们神秘地存在于动物、植物、岩石，甚至白人的枪支和威士忌之中。美洲野牛是尤为神奇的动物，马、狼、熊、鼬、狐狸、河狸也一样，此外还有蜻蜓、鹰、一些湖泊、峭壁和小山。这些东西都有一定的神性，值得尊敬。但根据沃克关于传统拉科塔宗教的记述，黑山并没有出现在圣物和圣地的行列中，不论是整个黑山还是其中的一部分，都从未被作为圣地或者灵力提及。他的几个采访对象确实提到了作为印第安神话重要组成部分的另一个遥远的地方，即"松树之地"，他们都说在那片土地之外有一个区域，"那是善良的苏人死后的归宿"。也许他们讲的是古老传说中远在东部的故乡，也许这个地方处于极远的加拿大北部的苔原地带。但是从他的记述来看，在几十年的采访交谈中从来没有人提到黑山是他们的发源地，是他们神圣的中心或者死后的归宿地。[35]

　　本世纪拉科塔人中最著名、最受尊敬的宗教人物是黑驼鹿（Black Elk），一位 1863 年出生于怀俄明州的小波德河河畔的奥格拉拉苏族人。当卡斯特将军和他率领的部队在小巨角战役中被坐牛和黑驼鹿的表兄疯马率领的斗士击败时，黑驼鹿还是个少年。他在随后的黑暗时期长大成人，这一时期拉科塔人为了挣脱失败和被奴役的命运发起了被称为"招魂舞"的救世福音运动，他们相信只要穿上招魂衫就能抵挡白人的子弹——当然，那是在白人于伤膝河用枪弹屠杀印第安人之前。1930 年，黑驼鹿已是一位老人，几乎双目失明，住在松树岭保留地一个名叫曼德森的小村子附近的一间顶上长着杂草的木屋里。白人诗人约翰·内哈特对招魂舞运动及其深层意义很感兴趣，设法见到黑驼鹿并采访了他。1944 年，也就是距黑驼鹿去世还有六年时，他再次拜访了黑驼鹿。这些采访记录为他的《黑驼鹿如是说》（1932 年首版）、《第六个先祖》（1984 年整理出版）和他的史诗《树木开花之际》（1951）提供了素材。如果要找一个传统宗教及其现代表现形式的权威，这个人就是黑驼鹿。然而在这些记述中，他并没有明确指出黑山是拉科塔人的圣地。

当埃里森委员会来到内布拉斯加北部与西部苏族人举行会谈时，黑驼鹿和他的家人就在附近。他对白人想得到的黑山非常了解，因为他曾和他的父亲去那儿的黑松林砍树做帐篷柱、猎鹿（他的同伴立熊也记得当时黑山的资源使用情况，他一再对内哈特提起坐牛的话："黑山就像一个食物袋，印第安人要守住它。"立熊又说，"我想了想，明白了他的意思，因为我知道黑山到处都是鱼、动物，还有大量的水。……印第安人四处游荡，但每当他们需要什么时就到黑山来取。"）。内哈特从黑驼鹿处得知白人如何威逼印第安人交出黑山——不管印第安人愿意不愿意——以及黑驼鹿知道此事后是多么伤心。"那是一个娱乐的好地方，人们在那儿总是很开心"，黑驼鹿说。

黑驼鹿所持有的不只是这些二手的、模糊的记忆，他珍爱黑山还有一个难忘的个人原因，因为在黑山的最高峰——哈尼峰，他经历了一生中最 146

难忘的事件。在他九岁那年的夏天，当他的家人在蒙大拿州小巨角河的一条支流上宿营时，他听到一个奇怪的声音在呼唤他，那是六位先祖的声音，他们代表着宇宙的六个方向，也是大灵的象征。一小块神奇的云彩将他从他父母的帐篷托起，带着他飞来飞去，穿过各级圣灵、野兽和神灵，接着他骑着栗马穿过村庄，沿着陌生的道路向东来到山上。这里，在哈尼峰顶他窥见了宇宙深处的奥秘，看到"整个世界"就在他的脚下。他"庄严地看到大千世界包含在精神之中"，看到万物如何相互联系，明白了所有物质与精神世界的内在完美与和谐。六位先祖之所以选中黑驼鹿，让他看到这一切，为的是让他把他的族人带入这一圣圈，使他们回归和谐状态，回到那个土地仍然属于他们自己，人人幸福安乐、无忧无虑的天堂时代。他被赋予了带领拉科塔人获得新生的崇高使命。但那个时刻从未到来，白人不断涌入这一地区，保留地中迷茫的拉科塔人陷入悲惨的境地。在内哈特的陪同下，黑驼鹿晚年时候再次来到哈尼峰，他穿着长长的红色内衣，独自一人站在峰顶，向那些神灵祈求原谅。他因未能完成自己的使命而悲痛万分，过去的美好时光没有回来，拉科塔人未能重新回到圣圈。[36]

　　哈尼峰无疑是黑山的一部分，而且对黑驼鹿来说是无可争议的"地球中心"，尽管他也谨慎地对内哈特补充道："任何地方都是世界的中心。"[37]重要的是，虽然他确实曾指出，在经济和情感层面，黑山对于他的人民来说是一片极其重要的土地，他并没有坚持认为整个黑山是一块特殊的圣地。他所做的与黑山是圣地的立场最接近的声明是在1944年被采访时讲述的一个传说。传说各种动物都在黑山周围参加比赛。这些动物被分成两队进行比赛，四条腿的动物为一队，长翅膀的为一队，它们在争夺地球的领导权。人类没有参与这场竞赛，但由于人类是四足动物的敌人，猎杀它们，以它们为食，所以他们站在鸟类一边。比赛中聪明的喜鹊停在野牛的耳朵上以

节省体力，在快到终点时飞向前方赢得了胜利，因此人类也算是胜利者，147
从此开始统治四条腿的对手。比赛结束后雷公告诉人类，动物竞争的地方
就是"世界的中心，这里的土地也有生命"。他指示人类找到那个地方并在
那里居住，他们最终照办了。[38]这个故事说明，黑山是一个传说中的重要地方，
但它丝毫没有提到黑山的神圣性。直到很久以后，确切地说，在黑驼鹿去
世后约二十年时黑山才被广泛认定为圣地。

　　1970 年，国会把极小的蓝湖，连同陶斯普韦布洛附近位于惠勒峰以
南和东南方向占地 48 000 英亩的卡森国家森林，一并还给了新墨西哥州的
陶斯印第安人。陶斯印第安人视蓝湖为他们的圣地与教堂，但在它成为美
国森林保护区的一部分后就被非印第安人当牧场用，他们失去了进入其圣
地的特权。像拉科塔人索要黑山一样，他们多年要求政府归还蓝湖，并于
1951 年向印第安人财产索赔委员会提出申诉。委员会用了十四年时间才为
他们讨回了公道，向国会提议把蓝湖和周围 13 万英亩的土地归还给陶斯人。
然而国会减少了被归还土地的面积，并要求陶斯普韦布洛印第安人只可将
蓝湖用于传统的宗教活动。在两年后的另一个案例中，理查德·尼克松总
统签署了一项行政命令，将华盛顿州亚当斯山的一部分作为圣地还给雅吉
玛印第安人。一些观察家警告说，这些归还印第安人土地的做法会在公用
土地问题上带来很多麻烦，各地的印第安人都会吵着索要土地，从而影响
到白人对土地的使用和开发。在一定意义上，这些观察家说的没错。继陶
斯和雅吉玛印第安人之后，好几个部落开始把他们想保护或索回的土地定
为圣地：纳瓦霍人把目标指向彩虹桥和亚利桑那的圣弗朗西斯科山；彻罗
基人的目标是田纳西州一条将被泰利科大坝淹没的河谷；帕帕戈人的目标
是亚利桑那南部的巴布基瓦利山；南派尤特人想要回内华达和犹他州位于
"大盆地输电网"沿线的几个地方；西休休尼族则想要回位于内华达州政府

计划用于洲际导弹基地的大片土地。然后就是拉科塔人，在所有这些案例中他们要求归还的土地最多。[39]

148　　　　到目前为止，政府官员一直极力维护联邦土地的完整，只归还那些以不正当的条约获得的土地，或者是未经国会批准，只通过行政命令获得的土地。政府声称，土著人以"圣地"为由要求归还土地是不够的。神圣性本身并不能建立所有权。看来，在一个世俗化的法制国家，宗教只不过是包括牧场主、石油商、电力公司、滑雪场老板在内的众多竞争者之一。法院认为，只要印第安人的圣地位于他们能自由进入的公共土地，他们就没有任何理由获得这些圣地的所有权。而且印第安人不仅要证明某一地点对他们来说具有宗教意义，还要证明该地点在土著人历史上就是如此，也就是说，该地点的宗教性不仅发源于历史时期，而且来自史前时期。通常情况下，这样的证据要么散落在模糊的个人记忆的角落，要么残存于零零碎碎的古老的口头传说之中，很难搜集。[40]

在布莱德利法案的讨论过程中，黑山指导委员会的秘书，黑驼鹿的曾孙女夏洛特·黑驼鹿以拉科塔族口述史学家的身份作证。她已对有关拉科塔部落起源的神话做了大量研究，这些神话证明数千年来黑山一直被认为是拉科塔人最初诞生的地方。自从白人盗走黑山后，她又说，他们对拉科塔人的宗教进行了严酷镇压。1929 年，她的祖父"空犄角"曾不顾白人监禁的威胁，毅然跳起了传统的太阳舞。她说："我们有材料证明，人们甚至因谈到'黑山'而被起诉和迫害"。[41] 由于受白人压迫，她的人民缺乏证明黑山是圣地的确凿证据。如果说他们拿不出关于黑山神圣性的证据，那也是因为它们都被白人抹杀了。毫无疑问，当拉科塔人试图保持自己的传统，成为"异教徒"，并脱离正统基督教时，许多白人报以敌意，这一点她说得没错。不过她夸大了白人压制活动的有效性和广泛性以及土著人反抗的英勇。1903 年，当那些年迈的部落首领要求政府归还黑山或抱怨他们得到的补偿太少时，并没有人将他们关进监狱，或者以此威胁他们。没有人阻止黑驼鹿讲述他在哈尼峰的异教经历，尽管他这样做已经违背了他已经加入的天主教的教义，或者说阻碍了它的传播。当卢瑟·立熊 1933 年出版他的《斑鹰的土地》时，没有任何白人干涉，尽管他在书中满怀激情地表达了对黑山的热爱并批评了将总统头像刻在拉什莫尔山上的雕刻家鲍格勒姆。[42]如果说在 1877 年后的近一百年中拉科塔人没有留下任何证明黑山是他们的圣地的记录，原因不是美国白人像苏联政府对待犹太人和福音主义者那样镇压了拉科塔人，而更有可能的是早期拉科塔人大都没有将黑山视为圣地。黑山并不是他们的"麦加"。[43]

在最近向国会及法院申诉的过程中，一些拉科塔人展示了一件带有蓝色和红色标记的旧野牛皮大衣——"天地之衣"。据他们说，从十九世纪到现在，这件皮衣一直隐藏在沙伊安印第安河保留地。皮衣上黑山的地图和太阳及星星的图像叠加在一起，两个世界像镜子一样交相辉映，密不可分。这些图像告诉拉科塔人一年里何时何地应举行重要的宗教仪式。如当太阳升至天空中某一位置时，他们就要打点行装，搬到黑山中央空旷的草原地带。当夏至来临时，他们就要到魔鬼塔为跳太阳舞做准备。他们认为这张地图证明了历史上黑山的确是圣地。位于南达科他州玫瑰蕾的辛特·格雷斯卡学院对土著印第安人的口头传说做了进一步研究，研究表明大约三千年前拉科塔人就已经将黑山作为他们精神世界的核心了，当然这意味着他们那时就已经生活在这里，并严格按照地图的指示在黑山里面或周围进行朝拜活动了。如果真是这样，那么白人考古学家、人类学家和历史学家的年代推算就都存在严重错误。虽然这不大可能，但我们仍然要承认，从宗教权利的角度看，这些证据比以前提供的任何证据都更可靠，而且随着研究的深入，还有可能出现更多更有力的证据。然而，没有一样证据能够解释为什么红云、黑驼鹿和比他们更早的首领们从未提到野牛皮衣和朝拜，也没有表达任何拯救圣地的愿望。

传统印第安人为证明其信仰所付出的巨大努力，使人不禁想起摩门教徒或基督教原教旨主义者面对外界的怀疑为确立自己信仰的真实性所做的工作。例如，他们或者引经据典，或者通过考古学来证明耐菲的确曾在公元前588年穿越大洋来到希望之地，或者上帝确实在公元前4004年从黑暗中创造了世界。拉科塔传统主义者希望找到确凿的证据，证明其人民亘古以来一直生活在黑山附近，而不是从十八世纪晚期才开始生活在这里，证明他们的黑150 山崇拜是一个相当成熟的宗教，他们一直定期来这里朝拜，而且朝拜的圣地遍布整个黑山。由于这种说法仍然不具备足够的说服力，而且经常被认为是为了说服白人而编造出来的，所以他们仍在自己的记忆和旧房子中搜寻，希望能找到更多的野牛皮大衣，就像中世纪基督教徒寻找圣裹尸布一样。他们挥舞着新发现的证据冲进法庭，好像一点证据就能够使满屋的白人律师改变态度，而这些律师在法学院从未学过什么民族天文学或山神崇拜。

在拉科塔人中发生的这一切与其说是一个追回圣地的法律案件，不如说是一种新宗教的诞生或旧宗教的复苏。即使不能证明黑山在历史时期，在其广大范围内的每一处都是圣地，它现在却在变为圣地。印第安人正在努力为这里的每一片土地、每一条河谷、每一块岩石赋予神性，这种神性不只限于哈尼峰、风洞、熊丘这些分散的其宗教性有较强证据的地方，也不只限于若干个有标志的墓地，而是包括整个黑山地区。长期坚持一种信仰能使它变成现实，这种做法本身当然没有什么错。宗教学理论中没有说人们的神圣信念必须从远古流传下来才有效，没有说现代社会（印第安人也好，白人也好）不能给地方、人或事物赋予新的神圣性，也没有说他们只能接受外来的宗教而不能发明新的信仰。拉科塔人并非唯一试图创造圣地的人。举一个例子就够了，环境保护主义者对包括黑山在内的北美许多山地所采取的行动似乎与此相似。自缪尔和伊诺斯·米尔斯以来，成千上万的人被西部的山脉所吸引，他们对这些山脉依恋之深可能并不亚于拉科塔人。环境保护主义者对圣地的认识源于十九世纪的浪漫主义和超验主义，但随着现代工业文明走向自我毁灭，环境保护主义不断壮大，吸引了越来越多的追随者。这些高山已经成为人们远离尘嚣，获得新生的地方，它们能将我们从疲倦与堕落中唤醒，使我们在自然中发现神圣的秩序，认识到自然才是精神的家园。参加黑山指导委员会和"黄色雷霆"营地的拉科塔人的目标与风靡美国和其他大洲的潮流是一致的，世界各地的人民都厌倦了人类机器文明，渴望重归淳朴未开的荒野。如果说这种情感具有普遍性，它在拉科塔人中的表现方式却源于他们独特的历史和经历。他们表达的感情和问题由来已久，不过他们从中发现了新的共同目标和意义，使这些感情获得了新生。[44]

151

这些人在南达科他西部生活的时间也许没有三千年，但他们在这里至少已经生活了二百年。在这个过程中他们已经和这片土地血肉相连。这种感受很少有白人能体会到。对于今天的许多拉科塔人来说，这种土地之情正在成长，并结出了宗教的果实。熟悉产生爱慕，爱慕加深敬意。保留地生活问题重重，重振信仰的举动就更是难以抵挡，逆境使这些感情迅速转化为强烈的宗教欲望。[45]

尽管我们很容易对黑山发生的宗教复兴运动产生同情，我们仍然需要慎重考虑其中的合法性和公正性以及形成先例的问题。是不是任何一个想在黑山实践其宗教信仰的部族，不管其宗教是新是旧，都应被允许进入，或者有权把黑山作为自己的财产？那西部的其他公共土地该怎么办？如果塞拉俱乐部要求拥有约塞米蒂国家公园，我们是不是就应该拱手相让？如果伊丽莎白·克莱尔·普罗菲特（"师母"）和她的普世凯旋教会要求拥有黄石公园，我们该怎么办呢？一个古老而熟悉的美国问题摆在我们面前：什么时候、以何种方式来决定人类的一种切实需要（这里是宗教）应该转化为财产拥有权？如何将宗教的、精神的、心理治疗性的需要与其他经济方面的需要相平衡？拉科塔人说他们需要黑山来使他们的文化得以延续，但法律并没有给他们提供满足这种要求的任何依据、途径或机构。相反，经济需求却备受青睐。关于这一点，最好的，或者说最坏的例子就是1872年的《采矿法》，该法规定："所有属于合众国的土地里的有价值的矿产，不管是否经过勘测，从此将开放，供人们自由购买、开采。"如果一个公司认为自己"需要"那些矿产，它只要提出申请，法律就会**无条件地**赋予它在该公地上勘探、开采的**权利**。[46]同样，那些"需要"草场放养家畜或者需要砍伐林木的人，都可以求助于一个健全而友好的体系来使自己的需求在公用土地上得到满足。不管多么有限，所有这些使用者都可以获得一定的所有权，满足自己的需要。但是正如我们在"黄色雷霆"营地一案中看到的，宗教利益却不太受欢迎，而且很难得到满足。不仅得到的土地很少，而且使用期很短。在公共土地利用的优先性排序中，宗教如果能排得上的话也是在最后。如果像拉科塔人这样要求很多，如果他们想使用很多地方，想索回整个一片国家森林和更多的土地，他们就会被视为要求过分，就不会被当真。

152　　拉科塔人使用了两种途径索回他们的土地，但仍没有得到任何结果。他们先被"征用权"这一法律信条击败，接着他们以历史圣地为由索要黑山的理由不甚令人信服。另一方面，白人**占有**土地的情况尽管到目前为止显然是一个政治上的胜利，却也在这些土著人要求归还土地的申诉以及政府做出的裁决中暴露出很多问题，这些问题对任何有思想的人来说都是很难容忍的。即使拉科塔人到目前为止没有说服白人，白人凭什么认定自己有权占有黑山呢？是不是因为他们的生态模式足以供他人效仿？恐怕不是吧！他们是否完全履行了对那些被侵略和被征服的人们所应负的责任？没有。从经济机遇和谋生的角度来看，白人是不是比印第安人更需要黑山？当然不是。将黑山还给拉科塔人会危及所有西部人的前途吗？极不可能。归还黑山是否能够更好地保护这片土地和它的动植物群落？就国家公园而言，可能不会。但在土地管理局和森林局的土地上却很可能，因为印第安人已保证以"尊重自然"的态度对待土地，同样的话在联邦土地管理部门却很少听到。归还黑山是否会在其他方面有利于美国西部或者整个国家呢？这样做是否会提高我们的少数民族的地位，增强他们的自豪感呢？是否会让他们在有关该地区未来的决策中发挥更大的作用呢？是否会增进主流社会对他们文化的了解呢？换句话说，这样做是否有利于两个种族的和睦相处，在不损害白人利益的条件下帮助印第安人呢？答案当然是：会的！或153许百年来不断溃烂引起剧痛的伤口能被治愈，或许我们可以尝试彼此互相尊重，和睦共处。总之，黑山，或者其中的相当一部分，应该归还给拉科塔人。

第九章

阿拉斯加：爆发了的地下世界

　　落基山形似剑龙，阿拉斯加就像剑龙的尾巴。布鲁克斯山脉以北的极地地区没有树木，广阔的平原就像一望无边的桌面，伸向遥远的地平线。在短暂的夏季，阳光冰冷而强烈，白天气温达三四十度，有时高达 75 度。而在漫长又黑暗的冬季，气温可降至华氏零下 5 度、零下 20 度，甚至零下60 度。几条河流沿着被叫做"坡地"的平原从山区流向沙砾构成的海岸；其中最大的一条叫科尔维尔河，沿岸长满了与篮球运动员个头差不多高的矮树林，其余的都是羊胡子草和苔原植物。坡地的年均降水量为五英寸至二十英寸；但干涸的地面布满了一片片浅水池和湖泊，数量如此之多，而且随着地面的融化和冻结改变着大小和位置，既没有名字，也不知道有多少个。永冻土伸进土壤下层的深度有 1 000 英尺，有的地方达 2 000 英尺。毫无疑问，这是一片艰难的土地，只有那些毅力极强的生物才能在这里存活。每年春天，数百万水禽来到这里，与北极熊、灰熊、北极狐、驯鹿群，

以及嗡嗡作响、密密麻麻、成群结队的蚊子做伴，甚至连人类也已在这里

155 定居。早在四万年前，一小群旧石器时期的狩猎者可能由附近的白令陆桥
第一次来到北美大陆，他们所看到的景色可能与今天的北极景色十分相似。
新土地仿佛对他们说：尽管来吧，只要你们不在乎这难忍的寂静、空旷，
还有蚊虫的叮咬。显然，那些移民中有人的确不在乎，他们高兴地定居下来，
现在这一地区他们的后裔有 3 000 人。[1]

　　1901 年冬，一群截然不同的狩猎者来到北坡地带。他们是来考察该地
区地质状况的美国白人。他们的领头写道："考察期待获得有经济价值的结
果。"[2] 队长名叫弗兰克·C. 施雷德（Frank C. Schrader），是美国地质勘查
局的科学家，队员有地形学家 W. J. 彼得斯和其他六人。2 月初，他们从
位于白关铁路上的斯卡格威出发，来到白马镇，这是通往克朗代克淘金点
的门户。这年仍有许多人在阿拉斯加和加拿大淘金，科学家们只须沿着淘
金者开辟的道路前进就行了。1895 年，在美国从俄罗斯手中购得阿拉斯加
将近四十年之际，地质勘查局曾派出第一个考察队深入阿拉斯加准州，主
要是帮助探矿者找到最好的矿址。到 1900 年，阿拉斯加大部分地区的轮廓
已被粗略绘出，包括重要的山脉，以及诺姆、费尔班克斯、朱诺周围的金矿、
西沃斯半岛和位于兰格尔斯山中的铜河河谷。[3] 尽管如此，施雷德一行仍感
到此次考察颇具探险味道，因为他们面对的是从未被测绘过的地区。

　　考察队到达白马镇时，当地气温是华氏零下 55 度。当他们从这里出发
去北坡时，温度又升到了冰点。从这里开始，2 月份的交通工具只有步行
或狗拉雪橇。他们不得不雪橇步行兼用，沿着结冰的育空河向下游商栈伯
格曼艰难跋涉。他们赶着两辆雪橇，共有四十条狗（包括备用的），每天约
前进 25 英里。在白马镇附近他们在丛林旅店稍事休息，这种旅店由木桩房
组成，费用昂贵，但只提供简陋的床铺，食物更是粗劣不堪。他们很快放

弃了这点享受，试图自食其力。每晚他们在雪中挖出一个深坑当炉灶，用河谷地带生长的云杉和柳树枝作燃料。他们把常青树枝铺在雪地上当床垫，然后用狼皮外衣紧紧裹住身体躺下来休息。小熊星座冲着他们疲惫的眼睛眨动着，头顶的北极光闪着绿色、粉红色和紫色的光芒。每天，他们给狗队喂一次用脂肪、大米和面粉煮成的食物，队员们吃的是大米和火腿。他们在这一地区发现的唯一的猎物迹象是麋鹿的脚印和一些雷鸟。他们到达了伯格曼，该镇是为了给从诺姆出发，沿科约库克河上行的淘金者提供物品而设立的（该镇现在已不复存在）。他们发现供给品已先前到达此地，他们领取了这些物品，就地驻扎，打点行装，整理队伍，等待冬季结束，为将要到来的真正的冒险做准备。接着，6月6日，河水融化了，他们把沉重的皮筏装上前往上游贝特尔斯的汽轮，这将是白人文明在该地区的最后一个前哨站。从贝特尔斯他们划着皮筏沿约翰河向上游分水岭挺进，接着把木筏拉上岸，运过阿努克图沃关（他们命名的），再放入科尔维尔河的一条支流，向河口和海岸前进。在这段路上，他们被迫不断蹚过冰冷的河水，走过尚未融化的深雪。他们猎获了几只驯鹿，试图捕捉茴鱼。他们看到了山羊留下的粪便，但没有看到山羊。一天，他们遇到一个靠自己设陷阱捕捉野兔谋生的土著妇女。在海岸，他们遇到一群爱斯基摩人（用当地人自己的语言叫依努皮亚特人），这些人允许考察队使用他们用海象皮做的船只，这种船比考察队的皮筏更适合海上航行，也更容易驾驶。9月3日，他们用借来的皮筏紧靠海岸使劲划行，终于到达了巴罗角，重返文明，如果这也算得上是文明的话。1901年，这里只有一所教会学校和一个贸易站。令他们大失所望的是，本来可以带他们回去的美国财政部海洋局的船只和一条捕鲸船为了逃避冬季海水结冻都已开到南边去了。施雷德一行别无选择，只好再次向土著人借船，这次借到的是一条开阔的捕鲸船。然后他们向西、

156

向南朝希望角航行，寻找滞留的船只。所幸他们碰到了北极区号汽轮，它仍在希望角北面 80 英里的科温煤田装燃料，这是他们逃往诺姆和西雅图的最后希望。这个夏天他们的行程有 500 英里，穿过了科学界仍不知晓的山地和苔原平原，但季节很短，每日旅行和生存的艰难大大限制了他们的工作的科学价值。

157　　　在今天的人看来，施雷德与彼得斯写的关于自己早期阿拉斯加之行的游记比他们的地质发现更重要。不过他们首次将科学仪器带到北坡地区，为后来的科学家做了一些前期的测量和观察工作。在他们之前，白人所具备的关于这一地区的唯一的官方资料来自海军上尉 W. C. 霍华德 1866 年的航行（最东到达巴罗角）和海岸与大地测量局的 J. H. 特纳（J. H. Turner）于 1890 年的旅行（从美加边界处的海岸向内陆前进，直到箭猪河）。施雷德一行发现的唯一具有经济价值的矿产是黄金，但当时已有数百名白人在科约库克河上游开采黄金，产值已超过 70 万美元。他们也看到了铅、铜、和锑矿，但都不值一提。他们在报告中写道，煤炭"在阿拉斯加分布广泛"，但储量有限，不具备商业价值。在科尔维尔河，他们发现了一些褐煤并用来做篝火燃料，据施雷德说"结果令人满意"。但别处的煤比这里的更好，而且更容易运输。例如，科温的煤矿在这一年，即 1901 年开始生产，但除了少数来此补充燃料的汽轮外，该矿的主要市场只有需要做饭和取暖燃料的诺姆居民。所以，虽然施雷德考察队证实了煤矿的存在，但这不是什么值得庆贺的大发现。关于石油他们只字未提。[4]

　　　俄国人和美国人自十九世纪中叶就开始在阿拉斯加寻找煤矿了，当然，有很长一个时期煤炭的重要性被其他一些更有利可图的商品如海獭（俄国人称之为海狸）、大麻哈鱼和黄金所压倒。这些动物被残酷地捕杀和开采，然后运到遥远的消费地。1854 年，在一位名叫彼德·多罗辛的工程师的指引下，俄国人开始在卡彻马克湾和格雷厄姆港采煤，供给海上的船只。矿工是一群驻防在这里的不情愿的西伯利亚士兵。可以想象得出当该矿几年后失火倒塌时他们欢呼雀跃的情景。美国购得阿拉斯加后过了三年，阿拉斯加自吹找到了大量煤矿，其中库克湾附近的煤矿前景最好，超过了太平洋沿岸任何地区，据说煤的质量与匹兹堡的好烟煤相当。但在著名的 1899 年哈里曼考察期间，亨利·加内特只发现了劣质的煤矿，而且没有任何具有商业规模的开采。[5] 很久以后，人们才发现了一个惊人的地质事实：阿拉斯加储有世界上最大的一些煤层，总计约五万亿吨，大部分位于很北的地区，深埋在永冻土之下，是名副其实的煤炭沙特阿拉伯。但这里的煤主要是低热量的褐煤、低烟煤、烟煤，市场上抢手的无烟煤很少。从长远来看，所有黄金、皮毛和大麻哈鱼的价值加起来也无法与这一地下矿藏相比。

158

　　地质学家对阿拉斯加石油潜力的认识更是缓慢。博物学家威廉·道尔注意到，在与库克湾相连的卡特麦湾附近，一个湖泊的表面漂着油层。加内特没有说自己看见（或嗅到）了石油，施雷德也没有。在关于石油这一化石资源的有趣的早期描述中，有一段话出自厄内斯特·莱芬威尔（Ernest Leffingwell）有关坎宁地区的报道，该地区在北坡施雷德所在地正东 100 英里多一点的位置。莱芬威尔是一个富有的年轻探险家，受过地质学训练，在科学上跃跃欲试，雄心勃勃。他与一位名叫埃吉纳·麦克尔森的挪威人合伙组织了一个考察队，他们称之为盎格鲁－美洲极地考察队。1906 年，他们来到波弗特海进行考察，营地设在离海岸不远的弗拉克斯曼岛。他们在西雅图购买的船只已岌岌可危，他们将此船拆掉，用剩下的木料在岛上建了一座木屋。有十年时间，莱芬威尔断断续续在这里居住（九个夏天、六个冬天）。大部分时间他一人独居，身边存着充足的雪茄，还有一架留声机。他花了父亲很多钱绘出了自称是"阿拉斯加北冰洋沿岸第一张准确的地图"。游动的土著人告诉他当地石油渗漏的消息，他赶着雪橇、划着船去调查。他采集到类似马车润滑油一样的石油标本，拿回来进行分析。他总结说，"产生这些矿物燃料的地质构造可能位于坎宁河流域之下，但尚无确凿的证据……即使这么北的地区的确有石油，在目前条件下开采的可能性很令人怀疑。不过可以认为，有朝一日这里将成为可供开发利用的石油储藏的一部分。"他真是一位不期而然的预言家。莱芬威尔居住地附近就是后来成为北美最大的油田，位于普拉德霍湾。而在他所住的地方，也就是北极国家野生动物保护区的沿海平原地区，现在许多人希望它成为一个新油田。[6]在他发现的预示性的石油渗漏点之下，埋藏着数百亿桶巨大的黑色油库。

在莱芬威尔的时代之前，人们早已认识到石油与煤炭是由数百万年前沉积的大量植物和动物质转化而成的碳水化合物。阿拉斯加的煤来自植物化石，它的石油则来自海底沉积物之下不能完全氧化和分解的海洋生物化石。二者均为太阳能长期积累浓缩形成的高密度丰富能量体。燃烧一块煤等于是重返古老的历史，找回过去的太阳能，这能量不是一时的太阳辐射所产生，而是由森林在数百万年间形成，被埋在沼泽地的淤泥之中，又被地壳紧紧包围、压缩凝炼而成。开发这种化石能量就像找回地球上所有的恐龙在一亿年间吃掉的蛋白质，然后大吃一顿。这样的饮食必然会养出技术巨人。莱芬威尔和他同时代的人很难想象阿拉斯加所隐藏的食物有多么丰富，他们也无法想见这些"食品"将喂养一个怎样的庞然大物。

在施雷德和莱芬威尔的边疆科学考察时期，美国主要的人口和经济生产中心对化石燃料已经表现出巨大的胃口。迟至1884年，美国的木材消耗仍然比煤多，但这种局面在接下来的十五年里发生了根本改变。到二十世纪初，美国经济的基础已完全转向煤炭，燃料中木材所占的比例下降到总能源供给的20%。此时美国已成为世界头号产煤国，甚至超过了煤炭储量异常丰富、在十七世纪首创了现代化石燃料经济的英国。1899 年，美国这个后来居上者出产的煤炭接近 27 000 万美吨（1 美吨等于 2 000 磅）。五年后，美国的煤炭产量超过了 35 200 万吨，占全世界产量的 36%，1910 年则达四亿吨。英国位居第二；德国升至第三，其产量为美国的一半。换句话说，美国已迅速成为地球上最饥饿的巨人，他贪婪地进食，而且不断膨胀。在美国国内有许多靠这种新能源发胖的小巨人。各州中产煤最多的是宾夕法尼亚，这里真正的开采始于 1814 年，此后宾州从自己的山中挖出了三十多亿吨煤，包括烟煤和无烟煤。伊利诺伊、俄亥俄和西弗吉尼亚虽然远远落后，但也是不容忽视的煤炭生产地。至于石油，1900 年美国的原油产量在 6 300 万桶以上，每桶 1.20 美元。而在 1895 年，当第一口油井在宾州的提图斯威尔打出时，产量只有 2 000 桶。不过石油取代煤炭成为主要能源还要等到二战之后。[7]

与全国化石燃料的生产和消费水平相比，就统计数字来看，阿拉斯加显得微不足道。1911 年，阿拉斯加出产的煤只有 11.6 万吨，主要来自白令河煤田与马塔努斯卡谷地的高品质煤层。这些煤大都成为来往于沿海的商船或北太平洋周围插着国旗的军舰的燃料。阿拉斯加的煤没有更大的市场，原因很简单，北部地区或北美太平洋沿岸没有多少重工业。钢厂、制造业、火车机车制造、冶金厂都在东部，非沿海船运所能及。阿拉斯加虽然属于美国这个世界头号工业强国所有，而且联邦地质学家一直在为美国的工业寻找新煤田和油田，但阿拉斯加仍然几乎丝毫未被粗俗的工业化所玷污。直到 1911 年，古根海姆财团才修通了从沿海到位于兰格尔山的肯尼科特的铜矿的铁路。直到 1923 年，华伦·G.哈定总统才来到这里，敲下了庆祝阿拉斯加铁路完成的金铆钉，从西沃德到费尔班克斯的广大内陆终于向矿业和运输业敞开了。[8]

160

从能源角度来看，铁路时代之前的阿拉斯加生活仍很原始。一旦进入内陆，施雷德这样的白人以及所有的淘金者都必须学会如何在这片遥远的、常常极为寒冷的环境中靠当地地表能源和阳光生存，与化石燃料发明之前其他地区的人类没有什么区别。至少在短时期内，他们不得不像数万年以来生存在这里的土著人一样生活，这种情况一直持续到二十世纪的前几十年。煤炭与石油在这种生活方式中几乎没有扮演任何角色。虽然偶然也能看到土著人在住宅内用褐煤或含油的冻土做燃料，他们却从未注意到脚下的化石燃料的存在。他们怎么会呢？这种燃料大都埋在远非他们的知识和技术所能企及的深度，只有现代地质学才能探明其存在范围，了解其潜在用途，解释其起源，并找到开采和使用的方法。土著人的生活没有这种科学优势，他们对开采地下矿藏一无所知。相反，他们具有一套建立在对地表生物体系的充分了解之上的能量使用系统。这个系统现在已经残缺不全，但在人类学家的帮助下，我们可以重塑这个系统以及它所依赖的精神世界，这将有助于我们更充分地认识煤炭和石油在本世纪给阿拉斯加带来的革命性变化。

极北地区的土著社会多种多样，有的通常被白人称作爱斯基摩人（伊努皮亚特人），其他的被称为印第安人（科约肯人），他们代表了史前不同时期从亚洲迁移到北美的人群。传统的伊努皮亚人是"原始"能源利用的极有趣例证。人类怎么可能像他们那样数千年如一日、顽强地生活在资源如此贫乏，而气候又如此严寒的环境中呢？他们需要多少能源，又是如何获得这些能源的呢？罗伯特·斯宾塞用五十年代的观察资料完成的一项种族学研究为我们提供了这些问题的部分答案。他发现，在现代白人经济入侵之前，北极坡地的伊努皮亚人中存在着两种相互分离、截然不同的群体。一个是努那米特人，他们是"大地的民族"，生活在内陆，靠猎驯鹿为生。

另一个是特里米特人，"海洋的民族"，他们居住在沿海，以捕鲸、海豹和海象为生。虽然语言和部落起源相似，他们所依赖的小生境既有重合又有不同，他们的能量来源很不相同。他们通过减少竞争来避免资源的透支。

努那米特人一年中很大一部分时间散居在各自的核心家庭，他们沿着该地区的河流迁徙，较暖的季节进入布鲁克斯山中，冬季来临时则搬到下游的平原，大部分时间睡在用柳树枝搭成的覆盖着动物皮的帐篷里。这些家庭一年一度联合起来猎杀迁移的驯鹿群，追赶这些动物，直到把它们杀死。他们自己的食物和拉雪橇的狗所需要的食物，还有衣服和做帐篷用的皮革都来自猎杀的驯鹿。他们也捕猎山羊、狐狸、狼、狼獾、灰熊、麋鹿、地鼠、雷鸟、黑雁和绒鸭，以此补充他们采集到的浆果、野大黄及块根植物的不足。大多数年头他们吃得还算好，但每六七年会发生一次动物短缺，这时家家节衣缩食，度过"饥年"。换句话说，他们的主要能量来源是自己的身体，而身体靠野生猎物维持。但与他们在自然界的对手即其他食肉动物不同，他们还搜集非食物能源——在高处的森林里寻找燃料，主要是柳树，也有桤木和矮桦树，这些木材顺河水漂流，停积在河流两岸。妇女们负责搜集这些木柴，这是一项艰苦又费时的工作。一个十口之家一天消耗的柳木可达五十磅，以这样的速度，当地的木柴来源很快就会枯竭，因此他们不得不寻找新的来源。努那米特人的社交活动围绕打听和交换有关这种关键燃料的信息，即哪里能找到更多的木柴。但由于木柴短缺始终存在，他们也靠相邻的沿海地区的部落为他们提供另一种燃料：海豹油。他们用这种油点亮供照明和取暖用的石灯。他们定期在一种类似集市的地方与特里米特人会面，用一捆捆新鲜的或鞣制了的驯鹿皮换取宝贵的海豹油和鲸鱼油，装在海豹皮做的皮囊里带回内地。[9]

那些提供动物油的沿海爱斯基摩人传统上生活在较为固定的村落里，　162

住的是能抵御恶劣气候的比较坚固的木制房屋。在四五月份，有时直到 6 月，他们来到逐渐融化的冰面，沿着可通行的冰间水道寻找向北向东迁移的露脊鲸。他们也是集体狩猎，靠共同合作来保证安全、提高效率。如果一个村子能捕获十二头或十五头鲸，他们就认为这一年的狩猎相当成功。夏天里他们把鲸叉转向海象，划着船追赶猎物，然后在漂浮的冰块上宰杀掉，鲜血流入大海。一个村子每年可以捕获一百头或更多的海象。接下来的狩猎是最危险的，那就是在毫无生气的冬季，从早到晚天空一片阴暗，男人们前往寒冷坚实的冰面，用叉子刺杀那些来到冰面裂缝和开口处呼吸空气的海豹。所有这些海洋动物，加上一些水禽和鱼类，是特里米特人食物的主要来源（一个成人每天需要七八磅肉，此外每家的狗群还需要一百磅或更多的肉），这些动物也是他们房屋照明和取暖用的油脂的来源。这就是他们所拥有的一切，一个家庭所需要和能够想象的所有能源，通过一点点阳光形成的水中食物链，主要以穿着厚厚的脂肪外衣的动物的形式到达他们手中。[10]

在现代生活突然到来之前，伊努皮亚特人以一种复杂的、不确定的态度看待严峻的北方自然界以及他们自己在这个世界中的位置。如果我们急急忙忙只抓住他们思维体系中的一个东西，以点带面，就会忽视这种复杂性。一方面，传统的伊努皮亚特人一般认为，个人不可能真正控制事物发展的原始进程。诺曼·钱斯（Norman Chance）写道，"爱斯基摩人对生命的不确定性，对不可预测事件随时可能发生，以及对与谋生和健康有关的事物的不可控制性具有相当的认识。"反映在他们的语言里，就是白人说"当……时"，他们则说"如果"。虽然对白人来说这多少有点宿命论，但爱斯基摩人倾向于认为自然严格限制着人类的发展，人类不可避免地要经历艰难岁月，没有什么金罐罐能使人类彻底摆脱困境，只有死是一定的——只有死是无条件的。造成这种观点的一个原因可能是他们没有足够的能源来有效地战胜那些天天都要面临的不确定性，或者哪怕是使生活显得基本上比较安全和有保障。另一方面，在伊努皮亚特人看来，日常生活的能量流具有自我更新的节奏性，只要小心谨慎、洞察秋毫，这种能量流不会完全辜负人类社会。即使在北极圈内，地球的富饶也难以抑制，四处显露。要使这种富饶源源不断，人类要具备勤劳、自立、自律的品质。伊努皮亚特人并不去控制自然，而是设法通过每年举行的集体仪式和共享财富的制度来帮助自然再生。自然要求他们积极参与，而不是消极地、毫无顾忌地消费。让我们再看看钱斯是怎么说的："一个人专心致志地干好自己眼前的活儿，把狩猎工具修理好，清点好储存的食品和其他生活必需品的数量，这个人就不仅是自力更生，而且是在增加自己对周围世界的控制，减少对命运的依赖。"这种世界观超过了西方的功利主义，它是一种宗教，告诫人们仁慈的大地之灵所赋予的东西刚刚够他们维持生存；它是一种道德规范，教人们对自然的循环和更新负责。[11]

即使当美国其他地区迅速迈入化石燃料和工业化时代时，传统伊努皮亚特人建立在天然太阳辐射之上的狩猎与采集生活在很长一段时间内仍然没有改变。这两种生活方式有着根本的区别。伊努皮亚特人顺从能量的自然流动，很少去改变它。他们靠身边的生态系统生存，这个系统通过绿色植物的光合作用将太阳能转化为肉。因此他们从周围环境中获得能量的目的几乎只有一个，那就是维持自己身体的新陈代谢，包括进食、消化以及保持体内血液的温度。除了用狗拉雪橇外，他们所有的生产活动都要靠自己的肌肉来完成。他们面临的根本挑战是如何把地表的太阳能收集储存起来，使自己的身体处于最佳状态。与此相反，美国白人已转向远古时期深藏在地下的能源，这种能源使他们几乎完全摆脱了对周围地表的依赖。他们用这种能源把世界各地四面八方的资源运到自己家中，有罐装阿拉斯加大麻哈鱼，也有鲸须紧衣褡和黄金表链。他们房屋的客厅靠煤来取暖，这煤并不是他们自己开采的，而是从赶着马拉煤车在城里四处奔走的煤贩子那儿买来的。这种能源绝大部分不是被用来喂养狗群，而是驱动一整套的机器——运送他们快速穿越美洲的普尔曼火车、收获农作物的联合收割打谷机、发电机，以及供他们闲聊的电话。按人头计算，生活在城市和乡村的美国白人所使用的能量远远超过了伊努皮亚特人，他们需要的东西比伊努皮亚特人多得多。在这种情况下，两个社会对自己在自然中的地位的认识相差甚远，白人对事物发生的可能性的认识缺乏宿命论色彩，同时也对在自然的循环更新中发挥作用缺乏兴趣，这难道有什么奇怪吗？[12]

164

具有讽刺意味的是，化石燃料社会始料未及的一个引人注目的后果就是，化石燃料把文明人从对土地的依赖中解放了出来，但它同时也使他们感到空虚。充足的能源产生了失落感，并使许多人回过头来寻找那已经消失了的生活。充足的能源也给人们提供了闲暇、工作上的便利、方便的交通，以及摆脱高能耗生活方式的动机，使他们期待远行、期待回归大地。施雷德、莱芬威尔和他们的科学家同行因为能来到满目荒凉的阿拉斯加而欣喜无比，尽管这只是暂时的。他们既是空间上的旅行家，也是时间上的旅行家，像游客一样观赏一个在能源利用上仍然充满异域特色的地区。同样为了贴近荒野而前往北部地区的人还有许多：如加州自然作家约翰·缪尔于1879年乘汽轮来到阿拉斯加，该船访问了希特加、兰格尔堡和雾气缭绕、冰山丛生的冰川湾，同行的是前往土著人中传道的长老会教徒。第二年缪尔故地重游，又来到了阿拉斯加东南部。第三年他又来了，这次搭乘的是托马斯·科温号缉私船，该船在搜寻一条消失了的极地探险船。他们沿着西伯利亚海岸前进，沿途攀登了兰格尔地区的荒山和悬崖，在巴罗角停泊，最终放弃了搜寻工作，空手而归。1890年夏，缪尔第四次访问阿拉斯加，来到他喜爱的东南部，在以他的名字命名的冰川上划雪橇，得了严重的雪盲。缪尔的第五次也是最后一次阿拉斯加之行是作为哈里曼考察队的成员完成的，这个装备精良的考察队是铁路大亨E. H.哈里曼资助并组织的。哈里曼想通过搜集大量有关阿拉斯加的新资料完成一件科学壮举。除缪尔外，考察队还包括科学家、艺术家、摄影师、动物标本制作家、哈里曼的家人等，共126人。这次大张旗鼓的考察活动以及缪尔在报纸上和书籍中"赞叹不已"地加以渲染的其他几次旅行所产生的主要结果就是：更多的游客来到北部地区。正如罗德里克·纳什所指出的，"从旅游的角度来看，缪尔几乎单枪匹马将阿拉斯加的荒野从缺点变成了资本。"到二十世纪初，已有成千上万游客为了逃离文明每年来到这里，寻找北美大陆最雄伟的山脉、海岸和野生动物，观赏原始未开、与世隔绝的美景。缪尔自己更喜欢只身前往阿拉斯加，"不要行李，默然独行"，因为只有这样才能深入荒野，而不像别的游客那样"尘土飞扬、客舍重重、行囊沉沉、废话连篇"。但其他人坚持要把旅馆和闲聊引入阿拉斯加。不过，到达荒凉的北部地区的普通交通工具是一张烧煤的汽轮的卧铺票，逃离工业文明的脚步声正是身下轰隆作响的机器声，缪尔屡次到达阿拉斯加所使用的正是这种交通工具。[13]

　　化石燃料经济使广大的阿拉斯加边疆向现代世界开放，使它不再那么遥远。阿拉斯加的广袤和神秘成了各种游记描写的对象，它被包装成怀念大自然、欣赏自然美、冒险，再加上一点吃苦耐劳精神的商品。固然，这种体验使生活在城市中的白人在粗犷的大自然面前学会了一点谦卑，但这些人对自然的认识仍不可避免地受他们的生活背景影响，也就是说，他们来时手里拿着订好的回程船票，鼻孔里还残留着蒸汽船排出的煤烟味。他们无法完全领会伊努皮亚特人与自然界建立的顺从又积极的关系，至少不会因短短几周假期而领会，除非他们彻底抛弃工业文明并开始完全靠太阳辐射生存。缪尔并没有试图过这样一种彻底的隐退生活，毕竟他还要养活加州的家人。他已经选择了娶妻生子的生活方式，责任重重。他选择了果农和作家的职业，而这二者都离不开工业化。这些责任每次都使他终止荒野之行，回到家里从事往木箱里装苹果和梨，然后把它们用火车冷藏车厢运给城市消费者的工作。他需要不停地写作，稿纸是从批量生产的工厂运到他的书房的。他把完成的手稿寄给城里的出版商，这些稿子最终也来到那购买他生产的梨和苹果的市场。一百年前的阿拉斯加还不能维持这两种职业中的任何一种，它还不具备这两种职业所需要的能源。

　　1920 年夏，又一位知名人士来阿拉斯加寻找荒野体验，他就是年仅三十一岁的野生动物专家欧拉斯·穆里（Olaus Murie）。他被生物调查局（BBS）派到这里考察驯鹿的生活状况，并担任整个阿拉斯加内地的野生动物总管。欧亚驯鹿于 1892 年被引入诺姆并迅速繁衍，生物调查局在乌纳拉吉特有一个"实验室"，他们想通过穆里的野外工作了解欧亚驯鹿与北美驯鹿杂交的可能性，以及杂交产生的后代的经济价值。他们还要求穆里用他手下的巡察人员来限制狩猎活动。阿拉斯加准州已在 1902 年通过了第一个全面的动物保护法，但印第安人、爱斯基摩人和白人经常非法狩猎。与当时所有联邦野生动物学家一样，穆里的另一个责任是为生物调查局搜集当地野生动物的标本。这需要枪支、充足的弹药、锋利的剥皮刀，以及猎人的体魄。调查局局长 E. W. 纳尔逊是个阿拉斯加老手，他给穆里提供了武器，并就在华盛顿建立一个"完整的收藏"需要哪些动物标本给穆里提供了详细的建议。因此在约六年的任职期间，穆里把大量时间花在猎杀所遇到的动物上，为了促进两种驯鹿的杂交而猎杀驯鹿，为了搞清猎人的对手狼吃的是驯鹿还是麋鹿而猎杀狼，为了给博物馆提供标本而猎杀熊。他总是在寻找上等的标本，所以杀的都是健康、强壮、美观的动物，而不是体弱多病者。穆里雇用弟弟阿道夫做助手，因为阿道夫是个神枪手，不过阿道夫最终成了一名备受尊敬的研究狼的捕猎习性的权威。欧拉斯自己的枪法也不错，他杀死了不少灰熊。1924 年，他向他的上司描述了一次有趣的猎熊经历，讲的是一头母熊（编号 2023）和三只熊仔：

> 当母熊滚下山坡时，熊仔们紧跟其后。母熊越滚越快，跳过了石头和石坎。三个小熊紧追不舍地冲下山坡，耳朵朝前，满脸吃惊的神情，每一次跳跃后着地时都发出呼噜声。他们跟着母熊连滚带爬越过了所有障碍物，但当母熊滚过并落下一道悬崖时，熊仔们急忙收住了脚，绕过悬崖冲向母熊。老熊躺在坡底下。熊仔们跑上前去嗅了嗅，吓得跑到一边。他们或者嗅到了我们的气味，或者是母熊的死让它们感到害怕了。当我们赶过来时，它们跑开了，消失在山的另一边。

　　杀死母熊的第二天，穆里看到熊仔们仍在母亲死去的地方嗅来嗅去。他想照一张照片，也许可以寄给华盛顿的办公室，照片上注明"被遗弃的熊仔"。不过他赶走了小熊，所以档案中只记下了熊妈妈的皮。[14]

　　这里我们又一次看到，一个酷爱荒野、远离化石燃料经济核心地带的人与这个经济体系间的复杂关系。穆里喜欢在日记中引用育空诗人罗伯特·塞维斯那气势恢弘的诗句，如："边疆，自由，遥远；啊，上帝，我爱上了这一切。"但是，可以毫不夸张地说，如果没有化石燃料，穆里就不会来到阿拉斯加。没有哪个狩猎社会有能力雇用他这样的野生动物学家，让他为了搜集动物标本而浪费大量弹药。他是一种新经济制度的不可分割的组成部分。这个经济制度不需要他为大家搜集食物，却让他进行一种全然不同的工作。他带薪前往丛林地带，他的任务就是把观察到的鸟类和哺乳动物小心翼翼地记录下来，他还要管理人类同伴对这些动物的影响。他满头大汗、吃力地把熊皮剥下来，但熊肉、脂肪和皮毛不会被任何人利用。煤炭以很多直接或间接的方式使这种新职业成为可能。然而，尽管如此，穆里仍坚决认为自己是工业文明的逃避者。只要政府允许，他会尽量待在遥远的边疆，越久越好。

　　1920 年 8 月的一天，穆里乘汽船沿着赭色的育空河向费尔班克斯前进，突然看到一群飞机从汽船两侧的上方飞过。这些飞机是从纽约起飞的，正在进行首次横跨北美大陆的飞行，目的地是诺姆。这是飞机第一次越过阿拉斯加上空。飞行员们自称黑狼中队，属于陆军航空队，航空队的奠基人是比利·米切尔将军。船上的穆里和随行的探金者个个蠢蠢欲动，他们瞥见了阿拉斯加的未来，看到将来进入阿拉斯加的将是一对翅膀底下拴着内燃机的新工具。几年后，阿拉斯加头号著名荒野飞行员卡尔·本·埃尔森在该准州定居，接着诺埃尔·维恩也从穆里的家乡明尼苏达来到阿拉斯加。维恩最终成为第一个驾驶飞机在北极圈内降落的飞行员，那次飞行中他还把两个采矿者捎到了威斯曼，1925 年春，威斯曼只是个由白人和爱斯基摩人组成的小村子。汽船时代所依靠的煤正在被能够推动飞机的新燃料即汽油取代，入侵的步伐开始加快，冷酷无情，令人晕眩。[15]

　　1929 年 7 月 22 日，诺埃尔·维恩又带着一名乘客飞往威斯曼，降落时用的还是过去的跑道，只不过现在已经成为经常使用的停泊点了。机上的乘客是年轻的鲍伯·马歇尔（Bob Marshall），一位纽约有钱律师的儿子，当时正在约翰·霍普金斯大学植物生理学专业读研究生。马歇尔刚刚长途跋涉，花了两周时间从东部乘火车和汽轮到达费尔班克斯。他想在几十年前弗兰克·施雷德曾经经过的科约库克河上游 15 000 平方英里的地区从事探险活动，这里仍属"地图上的空白处"。威斯曼紧靠着布鲁克斯山脉被冰川雕刻出来的一个个山峰。虽然土著人肯定对这些山峰都很熟悉，但它们几乎都没有被白人命名。山峰标志着汽油发动机前进的极限。马歇尔需要步行进入这个令人敬畏的地区，他带了一个向导、几匹驮行李的马、一顶帐篷，一边前进一边捕鱼。他花了三周时间考察科约库克河的支流北福克河，从河两岸相对而立的像一对哨兵似地守卫着河谷的山头之间穿过，将此地命名为北极门。事实上这个研究生在返回学校之前留下了一大堆地名：北山、寒岩、杜纳莱克，等等。阿拉斯加北部的山区在 1929 年时仍无人攀登，没有被记录，也没有被占有。

马歇尔回到巴尔的摩时正赶上美国工业经济大衰退。10 月份股市暴跌，全国进入经济萧条的黑暗之中，最终一千万人被解雇。马歇尔怀念他夏季在荒野度过的时光，渴望而且有经济能力逃离这场灾难。他很快又回到了阿拉斯加，接下来的一年零半个月住在威斯曼一间简陋的木屋里，为写作后来取名为《北极村庄》（Arctic Village）的书搜集素材。除了继续到山里进行艰苦的调查外，他成了这个奇特而幸福的小村庄备受喜爱的一员。傍晚他在当地的客栈与爱斯基摩姑娘跳舞，或长时间地与老居民围着他的铁制火炉听他们追忆往事。他写道："最近的现代道路，最近的汽车、铁路或电灯在 200 英里外的费尔班克斯。……这样远的距离使科约库克与世隔绝，就像十九世纪的美国西部。这种隔离是生活在拥挤的二十世纪机械化地区的大多数人所无法想象的。"[16]

此后，在大萧条的十年中，他离开又回来，回来又离开，出出进进阿拉斯加共有四次。像许多先行者和后继者一样，马歇尔落入了一个内外相对立的模式，一会儿来到阿拉斯加"内部"温暖、友好的村人中，他们自成一体，与城市生活相脱离；一会儿又回到"外部世界"，也就是下四十八州，

这里经济危机仍在继续，这里是他作为政府林务员的事业的所在地，也是
喜欢他的作品的读者的所在地。

然而，威斯曼和布鲁克斯山脉的隔绝状态正在被迅速打破，马歇尔等
人对阿拉斯加与外部世界所做的划分也在迅速消失。二十世纪不仅带着电
灯、音乐广播、电制冷来到费尔班克斯，也很快来到了马歇尔美妙而遥远
的村落。1925 年，政府给威斯曼配备了无线电接收站，1929 至 1930 年冬，
一辆履带式拖拉机出现在威斯曼，它翻山越岭把货物运到贝特尔斯镇。马
歇尔抱怨到，运费中每六分钱至少有四分花在"从外面购买汽油、机油、
备用零件，因此永远离开了科约库克人的钱包。所以这不过是又一个技术
上成功、经济上却有害的机械改进"。1931 年 7 月 3 日，又一个机械装置来
到这里——一辆汽车的部件。车子在极地地区昼夜不落的阳光下被连夜组
装起来，以迎接第二天的美国独立日庆祝活动。组装后的汽车仍然破烂不堪，
需要不断修理。这里只有六英里多一点的环形路供汽车行驶，而且一年里
只有四个月能用。不过这里总算有了一辆真正的汽车，人们体验到了这个
时代的伟大发明。就在威斯曼市中心，发动机奇迹般发出噼噼啪啪的声音。
到 1937 年，曾经多次将马歇尔送到这里的另一个伟大的魔术机器——飞机，
已经成了威斯曼的常客，该年有一百五十次降落，几乎每过一天就有一次。
荒野爱好者马歇尔写道："至此，威斯曼不再是一个与众不同、孤立存在的
世外桃源。"[17]

虽然鲍伯·马歇尔自己在一定程度上促成了这种吵闹的机械的入侵，
但为了阻止这一趋势，他回到东部沿海，以充沛的精力着手建立一个新组织：
荒野协会。该协会 1935 年宣布成立。协会的奠基者还有麻省的本顿·麦克基、
田纳西的哈维·布鲁姆、华盛顿特区的哈罗德·安德森，以及威斯康辛的
奥尔多·利奥波德。协会的正式声明与马歇尔的豪言壮语如出一辙：

　　原始的美国景象在以惊人的速度消失。每个月都能看到某条公路修到某一地区，在那里亘古以来人们只使用自然的出行方式；每个月都有某片仅存的原始森林因为要修灌溉渠而被砍伐，变成了时大时小的泥地；没有一片本来只有虫鸟鸣唱、风吹草木之声的沼泽不充斥着叫卖"疯狂水晶"与"二人鸡尾酒"的声音。

170

　　马歇尔荒野协会的同仁们要保护的东西很多，包括大雾山、内华达山及落基山的部分地区，但马歇尔自己的梦想与众不同，他想把阿拉斯加的一大部分地区保持在荒野状态。[18]

　　在 1938 年一份联邦政府的资源开发报告中，马歇尔有机会表达了自己的想法。他认为，生活在阿拉斯加的人（当时有 59 000 人）并不需要更多的经济发展，因为他们的生活标准已经超过了全国平均水平。他指出，"如果从全国的角度来看阿拉斯加的休闲，那么显而易见，其最大价值在于，该准州大部分地区仍处于拓荒状态，而拓荒精神在美国本土已所剩无几。边疆的情感价值只有在阿拉斯加能被保存下来。"他特别指出，育空河以北的所有土地都应禁止修路或发展工业。可以允许飞机进入，实际上飞机是唯一可行的现代交通工具。但不能有汽车，联邦政府不能拨款修路，不能把土地租给化石燃料开发者。就在他提出这项建议的第二年，年仅三十八岁的鲍伯·马歇尔在华盛顿到纽约的火车上因心脏病突发去世，死时乘坐的正是他想限制的工业怪物。不过，在他留下的大笔财产变卖得到的资金的支持下，荒野协会继续存在。三十年代后期，协会把保护阿拉斯加原始环境免受文明的蹂躏作为自己的一个主要目标。[19]

　　这些都徒劳无用吗？不全是。马歇尔最喜欢的地区最终（1980 年）成为北极门国家公园与保护地，近 800 万英亩崎岖的山地被永久划分出来，用作荒野休闲地、野生动物栖息地及原始狩猎区。不过这个胜利也伴随着许多失败。在二战期间及战后的岁月里，阿拉斯加准州经历了突飞猛进的变化，大批地区失去了荒野状态。的确，阿拉斯加在这一时期被工业文明征服，完全纳入现代全球经济，成为其中的一个关键部分，这一过程发生之迅速和人们所表现出的态度之热烈，世所罕见，前所未有。由于阿拉斯加最初是国务卿西沃德谈判购买的，它曾被称为"西沃德的错误"，反对者说它将是一片永久废地。但事实上从一开始就有另一些人认为，这一地区将大有用处，它将成为来自美国许多州和其他国家移民的家园，成为国际

171 运动狩猎的场所、户外活动的天堂和大众度假的好去处，成为采矿与捕捞者的宝库、布满凶狠的杀人武器的军事前沿。对日战争期间，这里成了拥有数千名士兵的军事基地，许多人在日本投降后选择继续待在这里，有的离开后又回来定居。接着，在美苏冷战期间，阿拉斯加又处在全球对抗的前沿，雷达监测站、空军轰炸队和原子弹散布在众多的岛屿、云杉林、苔原、砾石滩之间，保卫着"美国的生活方式"。作为长期备战政策的一部分，美国陆军修建了阿尔肯号公路，它横穿不列颠哥伦比亚，直达阿拉斯加的心脏。成千上万辆卡车、吉普车、小轿车、家具搬运车沿此路向北开进，带来了参观的游客，也带来了不少定居者。[20]

　　1940 年，阿拉斯加准州的人口为 72 500 人，其中一半是土著人，另一半是外来人，后者中包括五百名军事人员。这个数字自十八世纪中叶起一直没有变，只是土著人与外来人的比例发生了很大变化。1950 年，总人口终于超过了过去的极限，达到 129 000 人。阿拉斯加州成立的第二年，也就是 1960 年，人口翻了一番，达到 226 000 人，其中有 33 000 名军人。到 1970 年，总人口达 302 000 人；1980 年为 402 000 人。转眼间，土著人被

汹涌的白人移民浪潮淹没，成了自己家乡的少数民族。

白人中有一半选择在唯一的中心地安克雷奇定居，这里过去只不过是阿拉斯加铁路沿线的一个车站，现在已经成为该州最大的城市，有近二十五万居民分散而居，人们在住处与工作地之间奔波，构成了一个社会体。停车场、高速公路、加油站、租车行、汽车旅馆、餐饮店、购物中心、交通灯，这些象征汽车化美国的基础设施杂乱无章地将城市连为一体。正如约翰·麦克菲所言："几乎所有美国人都能认出安克雷奇，因为它很像其他城市的新开发区，路边有肯德基快餐店。"[21]

每到周末，厌倦了紧张的城市生活的阿拉斯加人成群结队离开市区，前往附近有大麻哈鱼的河流。凡是有红鲑鱼或鱼苗的河流，岸边都挤满了垂钓者。有的人到灌木林中猎羊或麋鹿，他们全副武装，浩浩荡荡，咄咄逼人，简直足以颠覆任何敌国。在夏季的任何一天，城外的公路上满是活动房屋式的游艺车，一辆接一辆气喘吁吁地越过山口寻找僻静之地，活像马戏团的大象队。装有浮筒的飞机像垃圾堆周围的苍蝇般挤满了空中航线，吃力地寻找能够降落的停歇点、狩猎点或垂钓点。它们不时相撞，酿成不幸。每周都有更多的机器、更多的人、更多的欲望流入阿拉斯加。

变化的动力不只来自阿拉斯加内部，而且来自整个美国。在获得这块土地后仅仅一百年的时间里，美国人将远北部变成了美洲大陆的后院。他们先是要求，接着得到了从加勒比海岸开车直到波弗海边的道路，途中与布鲁克斯山擦肩而过，大部分道路铺设完备。什么地方的荒野能经得住里里外外、四面八方这么多发动机的侵扰？它能坚持多久呢？[22]

战后阿拉斯加的崛起基本上是石油的魔力所致。石油带来了前所未有的流动性，人类在北部地区遇到的种种限制和约束均被解除。与煤炭相比，石油的形成过程本身就是动态的：液态物质被从沉积岩中挤出，穿过石灰岩或砂岩中的空隙，汇集成地下湖泊，然后被开采、分解，提炼成汽油、柴油、航空油等，最后装进油箱、进入发动机。石油灵活多变，远远超过了煤炭，所以很快占领了大部分煤炭市场。1918 年，美国生产了 35 600 万桶石油（一桶相当于 42 加仑），到 1948 年，石油产量达到 20 亿桶。最大的生产地是得克萨斯和加州。至少在 1970 年代末以前，开发和定居阿拉斯加所用的石油几乎全部来自下四十八州和国外——苏门答腊、委内瑞拉和中东。当然，有一段时间，阿拉斯加从位于白令河汇入阿拉斯加湾处 60 英亩大的卡塔拉油田得到了一点儿当地石油。该油田在运作期间，也就是1902 年到 1933 年（炼油厂于 1933 年毁于大火），共生产石油 154 000 桶，这与阿拉斯加的需求相比微不足道。正如后面将要讲到的，虽然后来又打了很多油井，但阿拉斯加的城市化发展迅猛，所需石油并非来自本地。无论是荒野飞行员还是开着温内贝戈巴牌汽车旅行的旅客，用的都是进口能源。他们看似无限的个人自由来自古老的化石时代，来自东得克萨斯与科威特等地地下深处的岩层。[23]

173

　　由于冬季漫长，地域辽阔，加上人们普遍热衷于野外露营和狩猎，阿拉斯加人的能源消耗位于世界前列。与其他美国人一样，他们养成了很深的依赖石油的习惯，就像吸毒成瘾，而且他们对石油这种燃料的依赖性超过美国其他地方和世界的任何地方。1977 年，美国人均石油消费为每天四加仑，阿拉斯加是七加仑。美国石油和天然气的消耗量占总能源消耗的75%，阿拉斯加是 92%。尽管煤炭储量丰富，阿拉斯加很少用煤，只有百分之六的能源供给来自煤炭，而在美国全国，煤炭占总能源的 19%。[24]

　　1978 年，费尔班克斯 - 北斗星区搜集了一些关于该区能源状况的资料，结果发人深省（阿拉斯加有十二个区，相当于其他州的县）。该区地处阿拉斯加中部，面积 7 400 平方英里，65 度纬线从中穿过，当时的人口是 54 000

人。该区所消费的所有能源中只有极小一部分来自本地林木，其余皆靠进口，包括原油（每年 100.7 亿英国热单位）、喷气燃油（20 亿英国热单位）、机动车汽油（30.3 亿英国热单位）、煤（86 亿英国热单位），以及其他各种形式的能源，如丙烷、燃料油、柴油、电能。这些能源中有一大部分，也就是 156 亿英国热单位，以热能形式散发到大气中。例如，煤炭的热量大部分在低效率的燃烧发电过程中损失了——通过烟囱直接排入大气。真正被利用的部分首先供居民使用，有 89 亿英国热单位。其次是政府（60 亿英国热单位）和工业（33 亿英国热单位）。政府能源消费主要用于当地的军事基地。居民能源消费包括取暖、照明和交通。但价格昂贵。费尔班克斯的电价几乎是美国其他地区的两倍，取暖燃油每加仑比其他地区高四分之一。在阿拉斯加的乡村地区，这种价格差异更加明显。但不论价格多高，人们还是死心塌地选择石油。否则，54 000 人怎么购物、上班、上学？怎么使用链条锯或除雪机？怎么在昏暗的早晨读报，在隆冬二月保暖？怎么在遥远的北方，在离北极圈仅 200 英里的地方享受现代美国式的生活？[25]

　　北坡区比费尔班克斯 – 北斗星区大得多，它包括了从希望角到加拿大　　174
边界间的整个北部海岸线。与费尔班克斯相比，这里的居民多是土著人，即过去的伊努皮亚特人。但即使在这里，化石燃料经济也已深深侵入并急剧改变了古老的生活方式。越来越多的伊努皮亚特人开始定居城镇，交租金住在白人风格的房子里。和白人一样，他们从公共事业公司购买电和燃料。在巴罗角的街道上，出租车来回穿梭，招揽去机场的旅客。学校里有了苹果电脑、科学实验室，还有一个保暖的健身房。超市里有从加州运来的橘子，从明尼阿波利斯运来的早餐谷物和从墨西哥运来的大辣椒。一家墨西哥餐馆开张了，供应煎玉米卷、辣椒肉馅玉米卷饼，而进餐者的祖父母辈的主食曾经是驯鹿肉和海象肉。[26]

今天，伊努皮亚特人仍然外出打猎，在东部比较偏远的卡克托维克等地，居民食物蛋白的 70% 仍然来自狩猎。他们仍然是"自给自足的猎人"，过去这不是穷人的职业，而是独立自主的象征，因为他们是自力更生在当地获得食物。这种独立性大部分仍然被保留着，但有一个原因正在使它减少：狩猎技术与从前大不相同。现代土著人或者乘三轮机动车检查岸边的渔网，或者手持重步枪，开着在遥远的密歇根生产的雪上汽车在冬季苔原上奔驰，或者开着八轮越野车进入荒山野岭、野生动物保护区及国家公园。这些车用的是汽油，当地油价是费尔班克斯的两倍。商店里货物的价格也一样高。弹药也很贵。自给自足式的狩猎之所以存在，主要是因为目前仍有利可图——它能使一个家庭多收入几千美元。根据人类学家麦克尔·杰克布森和辛西娅·温特沃斯的研究：

> 总的来说，传统狩猎活动在春夏两季最为活跃，因为这时白昼漫长、天气温暖、野兽众多。而且学校放假了，全家人可以一块儿出外宿营，狩猎打鱼。从雾岛到分界湾的整个海岸都是夏季传统式狩猎的场所。由于水浅，一般不能乘机动船溯流而上、进入内陆，但仍可乘船沿坎宁河主河道上行数英里。

175

然而，原始经济与现代化石燃料经济的矛盾越来越突出。现代技术和能源并非免费。伊努皮亚特人发现，即使想领略一下旧的生活方式也需要钱，想得到钱就要到白人的世界工作，给游客当向导、看管雷达站、在油田上干活，或者在办公室当秘书。依赖石油意味着依赖工资制度，生态与经济相互联系，二者呈螺旋式递进已经有半个世纪了。旧的纯原始经济意味着共享，我有粮时帮你，你有粮时帮我。但金钱却是一种个体化的东西，被存在家庭或个人的账户上。[27]

　　外在生活方式上的变化究竟带来了什么样的内在文化后果？对于这一点人们仍争论不休。一方认为并没有发生重大变化，昔日的传统与价值没有受到化石燃料经济的影响。另一方则认为，伊努皮亚特人已名存实亡。由于缺乏充足的证据，孰是孰非很难断定，但有一个事实不容辩驳，那就是：重要的变化已经发生。也许诺曼·钱斯的结论最为得当，在从事了几十年观察后他最近又一次来到这里，他说："北坡伊努皮亚特人的文化生活已经受到严重损害。" [28]

　　尽管阿拉斯加位置偏远，远离现代文明，它仍不失为一个供我们沉思现代史上最强大的力量之一，也就是化石燃料的生产与消费的恰当地点。这股力量对土地和依赖土地生活的人类的影响几何，史学家还没有给予足够的注意。能源是人类物质生活的核心，每一个社会在根本上都是一种获取和使用能源的组织。在阿拉斯加短短几十年的历史里，我们看到了人类能源利用方面所发生的极深刻变化。当事者迷，昔日身处这种变化之中的人们无法理解正在发生的一切，不清楚这些变化最终会把他们引向何方，也无法把握变化的速度。但是今天，回首往事，我们能更好地进行宏观评价了。

　　在阿拉斯加，我们仍记得，有一股黑色的力量从地球内部喷出，将原始底层世界的能量带到了地表。在许多方面，这种力量是善意的，它给人们的生活带来了更多的温暖、光明、速度和自由，使人们能更好地欣赏这块伟大土地的神奇景色，这是地球上最壮丽的景色之一。但它也是一种黑暗的、破坏性的力量。回顾过去，我们能更清楚地看到，当这种力量喷出恶毒的、变化莫测的碳水化合物，并四处蔓延时，它在生态和文化上造成了何等的破坏。

黑色的力量

1902年，在弗兰克·施雷德为地质测量局勘测北坡一年后，一位名叫克莱伦斯·卡宁汉姆的实业家作为个体公民进入阿拉斯加，寻找煤炭资源。他犹如一只饥饿的熊，沿着现在是楚格克国家森林公园的冰川流出的冰冷彻骨的白令河，鬼鬼祟祟地前行。另外还有其他几十人也一直在附近到处刨挖，找寻煤层。卡宁汉姆比大多数人幸运，他找到了一些质地较好的煤块，带回了西雅图。到家后，他在好奇的朋友和熟人面前炫耀，这些人开锯木厂、做矿业生意赚了不少钱，现在也想去阿拉斯加投资。在接下来的几年里，卡宁汉姆从三十三位投资者那里筹集资金，代表他们以每英亩十美元的官价申请白令河流域5 280英亩土地的使用权，目的是小投资赚大钱。与1849年西部淘金热后许多其他开矿者一样，他所申请的土地是联邦财产，这一事实理应但却没有使任何人犹豫。这些申请者中谁也不会想到，自己会迅速卷入政府高层的冲突之中，并因此遗臭万年。谁也没想到，自己的所作所为最终会使内政部长和总统下台。他们对公共煤炭资源的兴趣将引发一场全国性的关于谁控制阿拉斯加、化石燃料经济以及现代工业体系的激烈论辩。煤和石油所包含的能量意味着社会权力，谁拥有它们，谁就能支配经济生活和经济生活以外的许多其他东西。卡宁汉姆一伙似乎并没有玩弄什么高超的权术，也没有什么操控美国北方的阴谋。他们只不过想赚点钱而已。然而，正像阿拉斯加历史上曾发生过的其他事件一样，那些最初看似单纯的个人欲望，最终却演变为涉及公共问题的大规模斗争。在他们提交申请后不久，这些问题就出现了，并延续了数十年，甚至到二战后的石油繁荣期仍悬而未决。

卡宁汉姆与他的熊仔同伴们只是一个小团体，但他们的发现却很快把一只狡猾的巨兽引到了餐桌前，这就是正在如饥似渴地寻找机会的阿拉斯加财团，又称古根海姆基金会。1907 年在犹他州举行的一次会议上，该财团提出与卡宁汉姆申请者合建采煤公司，由他们提供资金，条件是未来二十五年内不间断地供煤。由于财团总部远在纽约，他们与那些申请者一样很少有人去过阿拉斯加。他们是美国经济界的精英，总的来说是一群贪得无厌的家伙。他们已经通过四处招揽人才控制了北美大陆的大部分矿产。该财团的头儿是摩根基金会的金融家 J. P. 摩根和美国冶炼与精炼公司的矿业大亨丹尼尔·古根海姆。该公司的财产遍布美国西部的许多州。在阿拉斯加，财团拥有一条汽轮航线、一个大麻哈鱼渔场、一个铜矿，以及一条运送矿石的铁路。到 1907 年，该财团已是美国北部最大的企业实体。为了巩固自己的地位，摆脱对他们无法控制的加拿大高价燃料的依赖，他们当下最需要的就是当地燃料。一旦得到燃料供给，阿拉斯加更多宁静美丽的荒野就将落入这个私人帝国的手中。[29]

财团的帝国野心受到公共土地的保护者，也就是内政部的牵制。因为阿拉斯加属联邦所有，内政部必须对卡宁汉姆的申请进行公正性和合法性的认证，并在开采前颁发开采执照。在过去这可能不成问题，但 1906 年西奥多·罗斯福总统通过行政命令断然撤销了美国公地上所有已知煤矿的开采权，冻结了开发活动，要求国会制定出更好的政策，而不是以低廉的价格交给采矿者。1909 年他又将石油列入禁止开采的清单。罗斯福倾向于一种仅出租矿产，同时保留联邦政府土地所有权的制度。这时，卡宁汉姆的申请者们便与垂涎欲滴的财团一起，试图以他们在冻结政策实施前已经具备了拥有矿产的所有条件为由得到特许。

眼下这些申请者们的首要攻关目标是土地局，局长理查德·鲍灵格尔（Richard Ballinger）、前西雅图共和党市长是他们忠实的朋友。在他们看来，此人为人诚实，从不收受贿赂或中饱私囊。不过他并不认为卡宁汉姆、摩根、古根海姆一伙相互勾结或申请矿产权的做法有什么不对。在罗斯福总统采取干预政策之前，美国法律和传统一直允许将公共领域的自然资源立即出售给第一个发现者。鲍灵格尔是个不折不扣的正统派，是旧制度的忠实信徒，178 他并不支持政府收回或出租矿产的政策。不幸的是，鲍灵格尔任职只有一年时间，他的准许令被属下以欺骗之嫌搁置起来，事情进展很不顺利。离任后，鲍灵格尔摇身一变成了卡宁汉姆一伙的律师，转身向他过去的下属申办此事。接着，1909 年鲍灵格尔重返威廉·霍华德·塔夫脱总统的新政府，担任内政部长，再次负责处理此事。他仍然看不出这些申请有何不妥，而且毫无疑问大多数国会议员也持同样态度，因为尽管他们为防止明显具有欺诈性的开矿权对公共土地法进行了一些改革，他们仍然坚持旧传统，那就是尽快将公地上的金、银、铜、铅、铁、煤、石油等矿产资源以象征性的价格转让给任何有意的公民，不论这些资源最终会落入谁手。许多国会议员和联邦政府官员并不认为他们有道德上的特权或足够的经营知识使他们可以违背传统。虽然他们勉强支持罗斯福总统的政策，却并不赞成此种做法。

　　摩根财团最终获得采煤权了吗？没有。国会进行的一次调查以及全国性的抗议使得煤矿开采权的转让在政治上无法实现，那些采矿权最终于 1911 年被取消。具有讽刺意味的是，后来证实这里的煤质易碎，不能用作机车燃料。但这毕竟是后来的事了，真正阻止并击败那些申请者的是美国林务官，也即后来的资源保护运动的发起者之一吉福德·平肖（Gifford Pinchot）的坚定立场。平肖严密监视鲍灵格尔在官场内外的活动，认为其行为是出卖公共利益。他认为证据确凿，这位内政部长犯有渎职罪，并以此迫使其离职。这些证据都是内政部在西雅图的一名年轻职员路易斯·格拉维斯收集的，他确信卡宁汉姆的申请具有欺诈性（他肯定申请者事先相互勾结，超出了法律所允许的范围）。尽管他屡次劝说鲍灵格尔均未成功，但格拉维斯坚持不懈，最终把他的上司和这些人一起告了上去。在格拉维斯大量证据的支持下，平肖通过报纸和巡回演说，迅速发起了一场公开弹劾鲍灵格尔的运动。他失败了，事实上，此后不久他就因过于惹人注目而被解雇。尽管如此，他的行为还是引起了轩然大波，最终迫使内政部长在弹劾的压力下以健康为由辞职。两年后，在很大程度上由此事引发的共和党内部的分裂使塔夫脱总统连任竞选失利，民主党人伍德罗·威尔逊当选总统。至此，华盛顿再也没有谁敢将煤田交给这些申请者了。盛宴已不复存在，群熊不得不饿着肚子离去。

　　关于理查德·鲍灵格尔对阿拉斯加煤矿事件是否应负责任的争论一直持续到他死后。现在一般认为，鲍灵格尔有一定的原则性，不是一个彻头彻尾的罪犯，那场争论实质上是政治立场的分歧。鲍灵格尔坚信这样的原则，即个人享有在公共土地上追求财富的无限权利。即使这意味着阿拉斯加将由 J. P. 摩根支配，在鲍灵格尔看来也算不上是犯罪或暴行，西雅图的许多社会名流的名誉也同样不会被玷污。另一方面，以平肖为首的保护主义者则坚决反对，认为这一原则违反道德；他们表示要竭尽所能，甚至不惜强解法律，以使美国人接受一种资源开发和利用的新理念。然而最终两人都被迫离职的事实（平肖于 1910 年，鲍灵格尔于 1911 年）表明两种价值体系中任何一种都不能自诩取得了最后的胜利。

　　研究讨论吉福德·平肖的人极多，其中也包括他自己。关于平肖的政治哲学人们众说纷纭，莫衷一是。他是一个高高在上，对那些不屈不挠、历尽艰辛的拓荒者嗤之以鼻的贵族或精英分子呢，还是一个不畏强权，勇于为民众权利而斗争的民主派？抑或是一个无政治野心、一心想把国家事

179

务交给一群工程师和科学家的技术官僚？人们对他的这些不同描绘虽然都有一定道理，但没有一个击中要害，触及推动他的资源保护事业的核心价值。要澄清事实，我们需要重新听听他自己的声音，尤其是他后期的自我表白，从他的言论分析他的思想。1947 年，离职近四十年的平肖出版了自传《开拓新土地》(*Breaking New Ground*)。在书的最后一章，平肖重述了他与鲍灵格尔之间的冲突，表述了他的人生哲学。他写道，他在政治上致力于"资源保护"，希望"通过自然资源的拥有、控制、开发、加工、分配和使用为人民谋利"。认真推敲这句话，不难看出，他所坚持的原则是自然

180 资源的社会主义。对平肖而言，资源保护主要是实现所有重要资源的公有化，而不是拯救"地球生态"、"大地之美"或"原始荒野"。自步入政界之日起，平肖就主张彻底改变美国自然资源的拥有和使用方式，这种思想随着他事业的发展愈来愈明朗。他主张公共土地上的资源应保持公有状态，对那些已落入私人之手的资源也要尽力逐步收归公有。他声称"我相信自由经济，即普通人具有思考、工作及发挥所能的自由，以及尊重他人的权利"。这话并非发自内心，因为平肖很清楚，自由经济的实质在于使所有土地与资源归私人所有，而他并不认同这种做法。"地球……本来就属于所有人，而不只是属于那些拥有巨额财富、享有无限权力的少数人。"他坚信——让我们再听听他的话——美国自然资源的拥有、开发、分配和使用，理应来自人民、为了人民，而不是归少数人所有，为少数人服务。对他来说，所有权不是一个无足轻重的问题，恰恰相反，这是平肖政治哲学的关键所在。[30] 大公司雇用技术专家对土地进行有效经营的模式无法使他满意。假如他是个英国人，他可能会是个托利党的激进分子；假如他是个德国人或斯堪的纳维亚人，他可能会是个社会民主党人。尽管平肖既不是马克思主义者或布尔什维克，也不信奉工人阶级统治或无产阶级革命，但从广义的欧洲史的角

度来看，就其政治倾向而言，他毫无疑问是个社会主义者——一个隐秘的社会主义者。他总是极力回避"进步"之外的任何标签，从不承认自己的真相，或许因为在充满敌意的美国，他很难公开表达自己的观点。但他也无法完全隐藏自己，因为按正统的尺度，他的思想是激进的、与主流观念相悖的。显然，塔夫脱总统对此心知肚明，因为他曾在给女儿的信中毫不隐藏地写道：平肖有"社会主义倾向"。[31]

　　平肖肯定自问过，为什么私人企业能把如此多的国有资源聚集在自己手中？为什么公众会如此乐意，允许国会将财富转到少数人手中？原因很简单，因为这些企业成功地说服了大众，使其相信它们拥有足够的技能，能够有效地开发资源，使人人致富。私人企业实力强大且无所顾忌，民众对此十分担忧，然而它们仍然凭借技能上的优势赢得了美国民众的普遍信任，对此平肖了然于心，并决定挺身而出，迎头痛击。他对企业界做了无情批驳，而且这种批评在他离职后因为可以畅所欲言而更加露骨。他指出，事实上私人企业阻碍了美国建设的进程，它们浪费资源，威胁着未来的就业、发展与安全。例如，为了证明私有企业对化石燃料的浪费，他指出"目前普遍使用的采煤方法只能获得不到一半的煤，那些不易开采或品质较低的煤则由于废矿井的塌陷而永远无法开采。"美国铁路燃煤中仅有百分之五可以转化为牵引力，剩余部分因低效而丧失。天然气也经常由于缺乏方便的市场而被企业排入大气之中。大量石油渗漏到河流中或通过燃烧被处理掉。索斯坦·维布伦所说的"习惯性经营不当"准确地概括了所谓高级企业技术管理下资源利用的总特征。[32]

　　浪费和无能的例子在美国被污染破坏的废矿和伐木场屡见不鲜，企业在这些地方赚足了钱便扬长而去。但要使美国人相信土地由联邦政府拥有和监管情况会有所好转却很难。美国人向来惧怕大企业，但在涉及技术和

181

经营能力问题时，他们却更加不信任政府。事实上，这种不信任从安德鲁·杰克逊时代开始，并持续到其后一长串平庸无能的总统和腐败的政府官员身上。平肖所面临的反政府心理是任何欧洲资源保护主义者所未曾经历的，不论他们是不是社会主义者。诚然，美国人一直认为，有些活动最好由政府官员代为办理——教育和国防就是最明显的例子；但资源开发、国家和私人财富的创造却不在其中，在这方面，他们相信私人企业。许多人认为，无限的贪婪能使这方面的能力迅速趋于完美。平肖与他的"进步主义者"和"资源保护主义者"同伴必须说服美国人，联邦政府同样有能力胜任这项工作，这种能力来自敬业精神，而不是贪婪。国家森林局是平肖展示这种能力的最佳舞台，在平肖的组织下，森林局成为一支训练有素的团队，其成员出自一流名校，满腔热忱献身于国家的长远利益，他们诚实清廉，无可挑剔，热情洋溢，意气风发。举国上下看着他们身着深绿色制服，头戴军人式的出征帽，吹着响亮的口哨向国家森林挺进，为此深受鼓舞——事实上从此以后就开始接受这种做法。平肖希望看到土地上到处都是这样的队伍，有的去精明地治理沙漠，有的负责管理河流，有的监督煤和石油的开采。如果说这个梦想带着些许军国主义色彩，那么世界各地的社会主义均是如此。看来政府效率的提高总是离不开军队风格。

182

阿拉斯加属荒蛮之地，开发活动刚刚开始，对平肖来说，这里是实现他的资源公有、国家管理的宏伟蓝图的大好时机。1911 年，平肖在《星期六晚报》上刊登的一篇文章中提出了一个尖锐的问题："谁将拥有阿拉斯加？"他的答案是并非全归政府所有，许多土地可以发展成一系列小型农业社区，由品德高尚的个体农民拥有。如果有人对建立农业阿拉斯加的想法感到惊讶，认为这与阿拉斯加除了"白雪、冰川和狗群、冲积矿、大麻哈鱼罐头厂和有待开发的煤矿之外别无所有"的形象不符，那是因为美国人仍然没有意识到阿拉斯加的真正潜力所在。平肖告诉他的读者，要知道，这里：

> 土地辽阔，可以大量生产各种北欧水果、蔬菜和粮食；广袤的牧场上牛和驯鹿随处可见；现有可以供开矿使用的大量木材资源。总而言之，这片辽阔的土地——面积达美国所有州面积总和的六分之一——可以养育一群勤劳、健康、智慧，对美国来说举足轻重的人口，堪与斯堪的纳维亚媲美。[33]

最后这句话尤其值得注意，它展示了一个与后来的历史发展完全不同的阿拉斯加。平肖在暗示，只要美国人开动脑筋，阿拉斯加就可能成为另一个瑞典或挪威。这种想法并不算太过分，美国的其他一些地区也在模仿欧洲，并且取得了一定的成功。例如，加利福尼亚在淘金热后从采矿转向农业，力图塑造一个阳光充足，生机勃勃，葡萄园和橘树随处可见的美国西部意大利、普罗旺斯或西班牙。阿拉斯加可以推陈出新，改变以往沉闷的形象，建立一个北极光下熠熠生辉的斯堪的纳维亚式的民主之邦。

平肖土地资源公有制计划的焦点是阿拉斯加的木材和矿产，尤其是白令河流域的煤田。他强烈要求将这些煤田保留在公共领域，进行有效经营，而不是交接给摩根财团。有可能把煤田划分为五英亩或十英亩的小块，免费分给真正的阿拉斯加居民去开采，只要他们真的是自己开采。其余煤矿则应该严格按规定出租给私人企业，不能白送，租金可以给国库带来可观的收入。政府应该自己修建铁路，将煤运往沿海（另一条铁路把煤从塔纳那和育空河流域运出）；政府应该自己修建港口和储藏设施，甚至应该在康特罗莱尔湾修建自己的海运设施。绝不允许摩根或者古根海姆之类的财团支配至关重要的运输行业。通过这些工程，政府可以证明它完全能够胜

183

任监督和向市场提供化石资源的工作，比企业或财团做得更好。这样一来，政府可以保护阿拉斯加，使其免受私有企业巨头在美国其他地方所表现出的为所欲为、反复无常的自私和浪费。

从联邦政府离任后，平肖无力推行他的阿拉斯加构想，只能从一旁提供建议。然而在很大程度上正是由于平肖持久的社会影响力，1914 年国会通过了《阿拉斯加煤田出租法案》。然而，令他失望的是，该法案打上了煤矿利益集团的烙印，后者坚决要求按自己的条件承租。最终结果是，政府规定，不得以任何价格将任何煤田出售给任何私人开发者，而是以每吨煤两美分的价格把煤田出租给这些人（煤矿利益集团最终达到了自己的目的——两美分几乎是免费）。法案规定每份租约有效期为五十年，租用的土地不得低于 2 560 英亩，这也反映了企业的利益。六年后，国会通过了1920 年《矿产出租法》，将出租—租金制度推广到全国所有公地上的煤和石油，只有硬岩矿物的开采仍按 1872 年的《采矿法》，实施几乎可由任何人在任何时候免费开采。实施中的化石燃料新制度与平肖的本意相差甚远。承租人无须竞标就可轻易获得承租权，之后他们根本不去开矿采煤或钻井取油，而是做投机生意，哄抬租价；没有人会因为不开采而失去承租地。后来，国会慷慨地放宽了对承租面积的限制，允许一家公司在一州可租用46 000 英亩土地，而且租金一直远远低于附近私人土地。对那些化石燃料公司而言，该法案的关键之处在于，它重新开放了被罗斯福冻结的公共土地，使其任人宰割，虽然所有矿产仍归联邦政府永久拥有，理论上受联邦制度的约束。新制度不是社会主义，充其量也是有名无实，但是它也不是纯粹的资本主义，这也许可以算是平肖的功劳吧。[34]

1920 年出租法中最重要的部分是关于石油而不是关于煤的条款，因为对崇尚自由的美国而言，石油才是未来的燃料，煤只能属于过去。这一条款一出台便掀起了一股在下四十八州公地上勘探石油的热潮。在二十年代，大部分勘探发生在加利福尼亚和怀俄明等州。这些州的驼鹿山和蒂波特山拥有广为人知的海军石油储藏。在这里，另一位内政部长艾尔波特·福尔以权谋私，为饱私囊，他试图把这些油田租给他在辛克莱尔石油公司的朋友们，最终却因此事锒铛入狱。[35] 阿拉斯加不会发生类似的闹剧，因为当时还没有人真正了解那里的石油储量的规模或试图对其进行商业开发。阿拉斯加有一个鲜为人知的与蒂波特山类似的油田——四号海军石油储备（简称"宠物四号"）。该油田占地 2 500 万英亩，位于北坡冰角与科尔维尔河之间，是哈丁总统 1923 年设立的。尽管政府曾于 1923 年至 1926 年及 1944 年至 1953 年组织过详细的地质勘察，但即使在对日战争期间也没有动用过这里的石油。[36] 后来，二战结束后，加利福尼亚的联合石油公司与俄亥俄石油公司派人北上到安克雷奇附近地区、库克湾以西地区（自 1902 年起在科尔德湾就一直有零星的开采）及科奈半岛的联邦土地上从事非法勘探，飞利浦石油公司和克尔－麦吉石油公司紧随其后。另一家石油公司里奇菲尔德也不甘落后，并于 1957 年在斯旺森河一号地段半岛上首次发现大量石油，石油从地下两英里深处喷涌而出，每天多达 900 桶。地处遥远边陲的阿拉斯加人终于发现，自己正坐在全国石油舞台的最前排。

　　斯旺森河的油井位于 1941 年设立的科奈国家麋鹿场，它是一个占地面积约 200 万英亩的野生动物保护区。发现石油的消息一传开，内政部便将半个保护区开放，向那些急不可待的石油公司出租。在这之前，所有野生动物保护区都禁止勘探活动，为什么现在突然间准许出租和开采驼鹿的栖息地了呢？答案很简单，因为德怀特·艾森豪威尔总统和他的内政部长道格拉斯·麦克基（人称"让地麦克基"）两个人想这样做。艾森豪威尔私下交情最好的朋友，同时也是他最喜欢的高尔夫球搭档都是石油商，其中包括里奇菲尔德石油公司董事长 W. 埃尔顿·琼斯。石油公司的老板们曾出资五十万美元将艾森豪威尔在宾夕法尼亚戈底斯堡的农庄翻修一新。他们为艾森豪威尔 1956 年的连任竞选捐献了高达 35 万美元的资金，而给他的对手阿德拉·狄文森的捐款只有 14 000 美元，艾森豪威尔竞选获胜，他们功不可没。艾森豪威尔因义愤填膺的资源保护主义者的抗议陷入困境，为此麦克基在大选前几个月辞职，代表政府一方与里奇菲尔德石油公司签订租约的是他的继任者弗莱德·西顿。两年后争端迭起，迫于压力，西顿对相关制度进行了一次内部审核，再次宣布任何联邦野生动物保护区的石油或天然气均不得出租，但阿拉斯加除外。阿拉斯加的权贵名流对开放保护区和允许开采石油的决定拍手称快。他们中有些人仍然对罗斯福禁止采煤及卡宁汉姆风波产生的负面经济后果耿耿于怀。例如，欧内斯特·格鲁宁曾声称，这些不幸的历史原因使阿拉斯加"错过了煤炭时代。而且迄今为止，除个别地区外，阿拉斯加也失去了水电时代。我们不想失去石油时代。我们不希望重蹈历史的覆辙"。于是，麋鹿不得不在肮脏不堪、臭气熏天的石油营地和乌黑难闻的钻井设备间穿行。这些设备的操作人员从墨西哥湾路易斯安那湿热的海岸地区远道而来。战后的石油高潮即将到来，它所带来的财富将迅速超过十九世纪后期的淘金热。到 1957 年年底，联邦政府已将阿拉斯加 1 900 万亩土地出租，用以开发石油。

安克雷奇第三大街的"驼鹿俱乐部"里聚集了一群自称"唾骂争论帮"的当地商人，他们目睹科奈半岛上演的石油剧，羡慕不已，也想加入其中，捞上一把。这伙人没有任何石油生意的经验，他们中有《安克雷奇时报》出版商罗伯特·阿特伍德，以及该镇最大银行的行长艾尔莫·拉斯姆森。他们使用偷梁换柱的惯用伎俩，暗中雇人取得土地承租权，然后转手卖给他们。就这样，这伙人获得了一些重要的联邦石油储备的开采权。如前所述，内政部的政策是不通过任何竞标就出租土地，在阿拉斯加每英亩只征收 25 美分的租金（全国标准是 50 美分）。一般来说，有内部情报或其他门路对取得承租权非常有利。此时负责当地出租事宜的是土地管理局的两位职员维吉尔·塞瑟和切斯特·麦克纳里，他们对"唾骂争论帮"格外友好；阿拉斯加准州无投票权的国会代表 E. L. 巴特莱特显然也不例外。他暗中给这些人出点子，并公开支持增加保护区的石油开采。但是，安克雷奇镇的其他人对阿特伍德一伙人得到的优待甚为愤慨，其中包括阿拉斯加未来的州长、美国内政部长沃尔特·希克尔（Walter Hickel）。他要求先竞标，后出租，所得利润全部归阿拉斯加人。不过此时的确有一部分利润落入了阿拉斯加人的腰包。"唾骂争论帮"的商人在得到 25 美分的承租地后，又以 300 万美元的价格转手卖给了里奇菲尔德和其他公司。然后他们又重操旧业，从事撰写报纸社论及投资银行信贷这些利润微薄的行业。[37]

　　1959 年 1 月 3 日，阿拉斯加准州成为美国第四十九个州。毫无疑问，它是美国面积最大的州：378 242 560 英亩。在学校里，当美国学生做地理练习时，总会把阿拉斯加的地图叠加在下四十八州地图上做比较，当他们看到阿拉斯加州西起阿留申群岛，东到麦金利山，北起北冰洋，南至南部湿润的绿色狭长地带，面积如此之大时，惊讶得目瞪口呆。他们发现，从巴罗岛到卡其肯与从洛杉矶到堪萨斯城一样远。那些石油公司也在看地图，随着科奈－库克湾油田的过度出租，他们把目光转向北部，转向育空河三角洲、四号油田及北坡一带，他们想起了早期探险家关于北极夏季午夜阳光下石油渗漏的报道。与此同时，新州政府官员的手指也在地图上急切地移动，其中包括阿拉斯加第一任州长威廉·伊根；他新官上任，踌躇满志，却苦于没钱买单。不过援助之手即将到来，国会许诺将 10 350 万英亩土地作为生日大礼送给阿拉斯加，礼品的大小与科罗拉多州相当，足以分给每

186

个居民 469 英亩。没有哪个州在加入联邦时享受过这样的厚待。当然，也没有哪个国家，不论多么贫穷落后，曾得到如此巨大的援助。政府请阿拉斯加勘测州内所有的联邦土地，从中任意挑选，那情景就好像赛马比赛全奖得主光顾百货商店，兴奋地将最好的商品装入购物车里。当然并非所有人都在其中。当时该州的土著居民有 43 000 人，他们要求分得自己的一份土地，不受州政府控制。他们威胁说，不达目的就向法院起诉，阻止一切经济开发活动。最终，国会也给了他们一辆购物车。1971 年通过的《阿拉斯加土著人土地安置法》允许土著村庄和地区社群从公地中挑选 4 400 万英亩土地。阿拉斯加终于可以放心地狂欢了。它当然首选那些最富有的、藏有油田的土地。[38]

187

石油公司悄悄地准备地图和数据，打着自己的如意算盘，不过那些最有发展前景的地区已经不再是什么秘密了。阿拉斯加建州三年后，联邦科学家在北坡地区进行地震勘测，结果表明，从普拉德霍湾及科尔维尔河流域的地质结构来看，这一带很可能蕴藏着大量石油。州地质学家督促伊根政府选择这部分联邦土地，1964 年州政府这样做了。同年 12 月，阿拉斯加开始出租新获得的土地，供开发和勘探。与联邦政府不同，阿拉斯加坚持竞标。公司们仍然兴趣十足，当月及第二年 7 月先后签订了两个租约，随后希克尔州长的新政府又于 1967 年 1 月完成了第三宗交易。有三家公司赢得了普拉德霍湾附近大部分土地的开采权：里奇菲尔德（后经兼并成为大西洋 - 里奇菲尔德公司，简称 ARCO）与汉贝尔石油公司（即后来的埃克森石油跨国企业）共同投资，以每英亩 93.78 美元的价格成功竞得六万英亩土地（每英亩 25 美分的时代一去不复返了）；英国石油［后与俄亥俄标准石油公司即苏亥俄（SOHIO）合并——如果你没有新的身份，那么在石油界就什么都不是，最好是每隔几年就换一个时髦的首写字母缩略名称］成功竟标，获得稍微靠西面的土地，在那里钻井开采。前一年夏天，该公司费尽周折将钻井设备沿加拿大的马更些河运送，然后又沿着大陆边缘前进，直到科尔维尔河的冰丘海岸。设备安装好后便开始打井勘探。至此，该公司已经投入资金 3 000 万美元，却只钻出了八口干井。他们对大发横财的梦想不再抱多大希望，但依然决定将游戏进行到底。它大约承租了十万英亩土地。

1968 年元月，大西洋－里奇菲尔德石油公司发现了石油，但在进一步确认前没有声张。同一年的 2 月 16 日，公司高层宣布，他们的油井已经钻至永久冻土层以下约 9 000 英尺处，并在那儿发现了富含石油的砂岩和砾岩层。两亿两千万年前这里曾经是一条河道。照片上，钻井工人蓬乱的胡须上结满了冰，更像是冻僵的洞穴人，而不是来自俄克拉荷马、得克萨斯或其他地方的现代人。无论如何，这些离乡背井的硬汉子终于大获成功。7 月的《纽约时报》在商业金融版刊登了这个故事，标题是"68 名拓荒者在阿拉斯加发现大油田"。有关此事的报道持续了整个夏季，与当时的其他许多新闻一道成为人们关注的焦点：共和党大会在迈阿密召开，会上，理查德·尼克松总统出人意料地选择斯皮罗·阿格纽为竞选搭档；民主党大会在芝加哥举行，市长理查德·戴利派警察用棍棒驱赶举行反战示威的群众；越战伤亡人数与日俱增。与这些令人不安的政治事件相比，北坡几乎就像是另一个星球——它引人注目又不可思议，如月亮般诡秘，甚至温情脉脉。这种感觉不仅其他地方的美国人有，而且阿拉斯加人也一样，他们很少有人知道普拉德霍湾在哪里。[39]

试想一下当石油公司宣布发现了北美最大的油田，位居全球前二十名，总储油量达 100 亿桶（后来的估算是超过 200 亿桶）的消息时，阿拉斯加人会显出怎样的惊讶之情。在现有的技术条件下，可以开采出这些石油的近一半。[40]同时在油田上方的一个蓄积带还发现了约 30 万亿立方英尺的天然气储备。此外，在普拉德霍湾油田以西不远处，又发现了北美大陆第二大油田库帕鲁克，储油量约为 64 亿桶，可开采量为 19 亿桶。另外在东面还发现了恩迪科特油田，在更深的石灰岩层中发现了里斯本油田，在距海岸一英里处发现了尼亚库克油田，还有米尔恩油田、麦金泰油田、西萨克油田以及乌格努油田。这些油田以及北坡发现的其他油田的总储油量可能有 1 250 亿桶，足以在很长时期内满足美国大得可怕的能源需求。此时，美国每天的耗油量约为 1 500 万桶。[41]

石油的发现在阿拉斯加化石燃料发展史上前所未有，阿拉斯加州和那些石油公司一道展望未来，前途无量，兴奋不已。阿拉斯加将对所有出售的石油收取 12.5% 的开采税。是出租更多土地的时候了。1969 年 9 月 10 日，阿拉斯加组织了第四次，也是规模最大的一次土地租赁交易，赚了九亿美元，相当于州年预算的许多倍。即使这样，它也只是从联邦政府偌大的生日礼物中选了几百平方英里而已。突然间，阿拉斯加身价百倍，令世界其他地区刮目相看。正如"未来能源"俱乐部主席约瑟夫·费歇尔对一群大学生所说的，"库克湾地区有了一定的发展，加上北坡的石油，阿拉斯加发现自己拥有现代最重要的原材料生产的一大块，其地位令世人羡慕。从现在起，阿拉斯加必须高瞻远瞩，放眼世界，以应对与能源生产和消费有关的各种经济、政治及社会运动。"[42]也许他还应该加上一句警告的话，"拥有"石油并不意味着拥有石油所带来的政治权力。财富的增长没有止境，阿拉斯加有理由期待自己的财产增值；但美国及全球的政治权力是有限的。权力是一种零和游戏，一方得益必然意味着另一方亏损。石油企业将是财富和权力的主要赢家，他们通过控制最重要的资源的生产，从而在很大程度上控制了整个北部地区。从此，他们将成为未来阿拉斯加经济发展的主要决策者。联邦政府几乎退出了舞台。

新成立的阿拉斯加州也许获得了许多联邦土地，并从中获得了丰富的矿藏和巨额的收入，但在未来的重大决定中，它将只扮演一个次要的、外行的角色。从现在起，阿拉斯加不得不与真正的权力较量了。

下一个重要决定就是如何将北坡的石油运送到那些有钱又急需石油的人手中。石油公司们认为这是他们的事儿，应该由他们决定。是用泵把石油装入停泊在普拉德霍湾他们自己的一条条油轮里，然后绕行加拿大北部，嘎吱嘎吱地穿过冰冻的"西北通道"①，最终运到东部沿海和欧洲呢，还是将石油装入超大型潜艇，然后让它们在北冰洋的积冰之下潜行？或者是通过陆地将石油运往南方某个不结冰的港口？在决定路线之前，他们需要弄清市场在哪里，谁需要石油。更重要的是，谁想买，谁出的价最高。石油公司们立即协商，动用专家集思广益，了解市场动态。最后，公司高层决定向南通过陆路修建一条输油管道。用《费尔班克斯每日矿工新闻》跟踪报道这一决定的一位记者的话来说："可能要建……管道。日本和北欧看来将是我们未来的主要市场。"尽管美国的能源需求极大，但它已经拥有可靠的供给，而且市场低迷，每加仑汽油的售价只有 35 美分至 40 美分。相反，日本似乎乐于支付高于平常的价格，它没有自己的石油，完全依靠中东。与波斯湾相比，阿拉斯加离日本更近，而且在政治上比阿拉伯人更可靠。当然，反过来看，石油公司不会不知道，阿拉斯加离洛杉矶和东京一样近，190而洛杉矶的石油供应已经饱和。

看来是要修建管道了。在这样北的地区修建输油管还是头一次，价钱不会低，早期的成本预算高达五亿美元。但是应该走哪条线路呢：是穿过阿纳克图沃克山口那片鲍勃·马歇尔经常徒步旅行的庄严荒野，还是向东

---

① The Northwest Passage，指地理大发现时斯英国人试图找到从西北方向到达东方的航海路线。——译者注

穿过阿提根山口，然后向南到费尔班克斯，再沿阿拉斯加铁路到达已有装载设施的库克湾西侧地区？或者是从费尔班克斯出发，沿理查森公路穿过汤普森关，然后南下到达隐藏在狭长的威廉王子湾最远处的港口小镇瓦尔迪兹？这里群山环绕，云雾笼罩，鲸、海狮、海豹、海豚和海獭出没其间，自然环境十分优美，被称为"阿拉斯加的瑞士"。实际上瓦尔迪兹已经成了一片废墟，该镇在1964年的地震中被一个巨大的潮汐摧毁。石油公司经过协商达成共识，决定把瓦尔迪兹作为目的地，并从日本订购了管道。整条线路全长789英里。他们成立了一个名为"阿里耶斯卡管道服务公司"的财团，负责管道的修建和维护工作，其成员包括美孚石油、飞利浦、阿拉美达·赫斯以及联合石油。大西洋里奇菲尔德、汉贝尔和英国石油是主要成员，它们表面上是竞争者，实际上并非如此。偌大的国际市场在向他们招手，巨大的市场足以满足他们每个人的欲望，他们共同的未来似乎因为黑色金子的诱惑而发绿。[43]

　　与卡宁汉姆煤矿开采权申请者一样，管道财团以为一切都将畅通无阻。他们向来一帆风顺。他们支付了高额租金，还投入了十亿多美元的开发资金。州政府一直对他们很友好，联邦政府也不例外。在任的理查德·尼克松总统像他的前辈艾森豪威尔一样从石油界获得了大把的竞选经费，他继续奉行艾森豪威尔－麦克基时代的重商理念，以石油消耗补贴条款为依据给石油公司提供税收优惠。[44]不仅如此，现任内政部长不是别人，正是阿拉斯加的沃尔特·希克尔。他对石油开发如此热衷，以至于在任职州长时，为了方便石油公司抵达钻井地，州政府用推土机开出了一条从费尔班克斯通往普拉德霍湾的长达400英里的道路，在美国仅存的这片大面积荒野上留下了一块大伤疤。到处都是共和党保守派当权，到处都是理查德·鲍灵格尔之流，他们坚信政府不应阻止资本的发展，而应该随时准备伸出援助之手。

像泰迪·罗斯福和吉福德·平肖那样有独到见解的政治家早已作古，他们企图将公共利益与企业家和公司的私人利益区别对待的努力也已付之东流。现在这些石油商只等着得到在联邦土地上铺设管道的许可了。在过去获得这样的许可轻而易举。现在朱诺和华盛顿正处于保守主义的高峰，他们预计此事将毫不费力。他们递交了申请，把管道运到选好了的线路上。他们怎么也没想到，这时却爆发了全国性的政治争论。

就在他们忙于钻井勘探时，美国人对自然资源的态度已经发生了深刻的变化。这种变化在选举中刚刚开始显露，但任何精明的规划者都会认真对待这种变化。虽然平肖的进步主义保护运动早已结束，他所提出的一些权力问题也随之消失，但新一轮环境保护运动起而代之。其早期的主要成绩就是通过了一系列保护环境免受工业化蹂躏的新法律。例如，1969 年国会通过了《国家环境保护法》，规定任何提议对联邦土地利用进行重大改变的联邦机构必须提交一份环境影响分析和评价声明，同时必须考虑是否有破坏性较小的其他方案。这就是"环境影响声明"(EIS)。对这个史无前例的惊人规定，许多人，甚至政府官员都难以接受，没有任何政府官员准备为石油管道起草这样一份声明。这时，美国三大环保组织——荒野协会、环境防卫基金以及地球之友——向法院起诉原告希克尔，取得了在提交环境影响声明前禁止授予许可证的判决。负责准备该声明的机构是美国土地管理局（BLM），其前身即平肖和鲍灵格尔时代的土地总署。新一代环境保护主义者对该局的态度与老一辈保护主义者大体一致：土地管理局不称职，对承租人和持证人过于顺从，是联邦政府最软弱、最不可靠的部门之一。当环保领袖们看到提交的环境影响声明时，他们对该机构的评价得到了证实。这项工程将阿拉斯加拦腰截断，一分为二，使整个北部地区遭受现代技术的袭击，而声明书却只有短短 200 页。不过，该机构只不过是在严格

192 执行总统的指令。尼克松政府与石油公司一样，对新环境保护时代的到来毫无准备。在舆论的强大压力下，内政部撤销了声明，开始着手准备一份有充分科学论据和强大学术威慑力的完美声明。1972 年 3 月 20 日，一份六卷 3 500 页的声明书问世，希望很快得到社会的认可。5 月 11 日，新内政部长罗杰斯·莫顿声称已经仔细阅读、认真考虑了修改后的新声明书，批准了石油公司的申请。此时离普拉德霍湾首次发现石油只有四年半的时间。

尽管声明是为支持管道工程而写，它却像反对者手里的圣经：很多地方措辞模糊或与原意相违。显然，这条管道对阿拉斯加环境的影响将比历史上任何一项工程都深远，所带来的生态变化是科学家所无法预测的，更谈不上控制了。一个最为平常却不容忽视的问题就是，石油开发所带来的无处不在的垃圾和混乱将加重对阿拉斯加的污染。这一点从"宠物四号"油田勘探留下的一片狼藉的景象中可见一斑：废弃的活动房屋、数千只锈迹斑斑的油桶、苔原上开出的杂乱无章的道路以及现代文明人随处丢弃的垃圾。不知道为什么，但凡化石燃料出现之处，地球的自然之美都被严重破坏。在寒冷的北极地区，这种破坏尤其明显，而清理过程却比温带地区更为漫长。

石油开发将造成外部环境的大规模恶化，这一点从新闻报道中可见一斑：石油公司预计，该工程需要 8 300 万立方码沙砾。假使将这些沙砾装入一立方码见方的盒子排列起来，将有 47 000 英里长。该工程不仅在阿拉斯加史无前例，而且也是人类历史上最大的建设工程之一！管道和油田加起来所占用的土地面积与美国一些比较小的州相当。普拉德霍湾的主油田占地 350 平方英里，加上附近大约 500 平方英里的其他油田和管道所占的 940 平方英里，总面积比特拉华州还大。所有的人造结构必须建在严实的沙砾垫层上，以保证这些结构散发的热量不会使永冻层融化，不会使地面出现淤泥裂缝，不会使上面的建筑物下沉坍塌。做沙砾垫的原料只能来自开挖沿途河床，这将导致大量水生生物死亡。管道本身巨大而笨重：直径四英尺，为绝缘起见外面有一层贵金属和一个纤维玻璃罩，里面的石油以华氏145度的温度流动（高温由地热造成）。到瓦尔迪兹的路一半多是永冻土，这里的管道不能像通常那样埋入地下，否则管道会使永冻土融化。因此，不得不将管道架在结实的垂直脚架上，远离地面，比两个成年男子或妇女还要高。管道顶端有使热量扩散到空气中去的散热设备，这些东西的成本相当高，为石油公司所始料未及。其次，管道像一条银色的长城穿过整个阿拉斯加，迁徙的北美驯鹿、驼鹿、貂鼠、熊以及其他动物将如何适应？它们是学会在管道下小心行走，和往常一样生活呢，还是将改变迁徙模式、进食和繁殖习性——这样做也许会带来灾难性的后果？将近800英里的管道需要十个气泵站维持石油的流动，每一座气泵站都是肆意蔓延的油田工业体的缩影，进进出出的管道绞在一起，发电机嗡嗡作响，外面围着为了防止坏人破坏而修建的铁丝网。沿途管道要数百次穿过大大小小的河流而不发生遗漏，否则当地的渔业就会受到破坏。管道还必须越过一些北美大陆最崎岖的山坡。石油公司对这些都很明白，但在环境影响声明出台前，他们对管道必须穿过一个异常活跃的地震带这一点却没有充分准备。管道终端位于瓦尔迪兹，石油将在这儿被装上巨大的油轮，而这里正好是阿拉斯加湾的地震带，刚刚发生过一次强度相当于1906年旧金山地震两倍的震动，而且每隔三五年都可能发生一次。因此，大规模开发造成的景观破坏仅仅是该工程的部分后果。垃圾可以收集起来，建筑物可以设计得漂亮一点，但石油公司将如何保障阿拉斯加庞大而复杂的生命之网的正常运行呢？他们具备哪怕是最基本的知识吗？尽管自诩有专业知识，他们完全没有考虑这些问题，直到环保主义者促使法院下达指令，最终由政府出面替他们去做。

　　如何将石油运往全球市场是整个计划中最为脆弱的部分。然而令人

费解的是，这个问题恰恰最不受重视。按照公司的规划，他们将用由阿里
耶斯卡财团属下各公司的四十一艘油轮组成的船队运油，一年中靠港装油
一千多次。这些公司都对油轮航行的安全和可靠性深信不疑。不过，截至
修改后的环境影响声明出台时，已经发生了多起令人恐怖的油轮泄漏事故，
将有害的黑色石油注入大海。其中最著名的有：1967 年的"托里峡谷"号
沉船事件，3 000 万加仑（约 10 万吨）石油流入大海，造成康沃尔海岸
四万至十万只鸟儿死亡；1976 年"阿果商人"号出事，导致 700 万加仑石
油被倾倒在新英格兰附近的乔治海岸；1969 年，加利福尼亚圣巴巴拉一个
海上油井发生爆炸，使长达 40 英里的海滩变成一片黑色。发生类似事故的
可能性及其危害随着油轮和离岸钻井平台规模的增加而增加。运载量达 80
万吨的超级油轮正在出现，如此庞然大物需要一英里多才能停稳，驾驶它
们需要最尖端的设备和一流的海员。然而，因油轮的日常冲洗、港口排放
压舱物等活动而排入大海的石油每年超过 100 万吨。与这些日常运输过程
中习惯性地倒入海洋生态系统中的石油相比，因意外事故突然大量漏入大
海的石油算不了什么。[45] 环境影响声明的第一份草稿提纲完全忽视了管道
工程这方面的影响。环境保护局负责人威廉·拉克尔舍斯严厉批评了内务
部同事的这一疏忽。美国陆军工程队也一样批评这份声明，指出它：①没
有充分评价该工程的生态影响；②没有提供关于立即开发阿拉斯加石油对
国家安全举足轻重的充分证据；③没有估算在海中发生泄漏时的清理费并
确定谁将承担此费用。[46] 正当石油公司左右受敌之时，政府出面提供掩护，
急忙证明使用油轮不会带来大的问题。

　　最终的环境影响声明坦率地指出，很难预计每年会发生多少起因油轮
碰撞产生的意外泄漏，不过声明对可能泄漏多少石油和造成多大破坏持乐
观态度。海岸警卫队的数据显示，全世界运送的石油中仅有 0.00015% 在装

载过程中漏出，另外还有 0.00009% 意外漏入大海。大多数石油安然无恙地往返于港口之间，北坡的石油也不例外（尽管这里的环境比其他石油生产地危险得多）。当北坡油田全负荷生产时，瓦尔迪兹终端每天从管道接收的石油大约有 200 万加仑，这些石油被从高处的油库装入停泊在四个船位上的油轮里，最大的油轮净载量为 265 000 吨，相当于"托里峡谷号"失事船所泄漏石油的三倍。通过计算每年从港口输出的石油量，再乘以海洋防卫部提供的百分比数据，声明得出阿里耶斯卡每年漏入大海的石油可能达到14 万桶。当然，这是"最坏情况"，永远不会发生，因为石油联盟将使用最 　195现代的油轮，配有双层船体及最好的导航设备，而且航道畅通无阻。另外，按"正常情况"推测，阿拉斯加运油船每年可能发生碰撞或触礁的频率只有一次。州政府照搬了阿里耶斯卡的推算，即在一次这样的碰撞中至多有四万至五万桶石油可能泄漏，与其他那些灾难性事故相比微不足道。声明继续写道："瓦尔迪兹港口的设备和运作程序目前是一流的"。实际上，这里的设备管理水平根本算不上先进。即使用最好的清理设备，回收的石油也只有百分之五，剩余部分会流入生态系统。尽管在其他地方这个回收率可以提高，但由于地理、技术和经济方面的原因，在阿拉斯加却不行：

　　　　大量漏入威廉王子湾的石油将更难控制、清理和回收，因为阿拉斯加离船只、清理设备太远，而且当地人力有限；美国海岸警卫队认为，没有必要要求终端管理者配备快速应对每一个可能发生的泄漏的设备。但他们明确指出，对该地区任何地点可能发生的最大泄漏，应在十二小时内拿出方案并做出安排，以保证提供足够的应急设备。（第 175 页）

　　因此，如果在瓦尔迪兹终端发生石油泄漏，量不会太大，而且会将救援交给所能雇到的最好的急救队，不过这些急救队肯定得从很远的地方赶来。因此，一旦发生意外，大部分石油会跑掉，进而对海洋生物造成强烈的毒害作用。[47]

流入海水中的各种烃会像进入人体血液的酒精一样影响海洋生物，使这些生物先处于昏迷状态，然后完全停止呼吸；没有被毒死的则可能患上癌症，不能正常繁殖。专门捕捞大麻哈鱼的渔民有可能失去渔场和市场，因为泄漏的石油会像 DDT 一样沿着食物链聚集在蛋白质和脂肪组织里，最终进入人体。沿海大麻哈鱼捕捞业的年经济损失可能会达到 40 万美元。威廉王子湾的那些为餐馆老板提供大量蛤蜊、牡蛎和邓杰内斯蟹的产值达 1 700 万美元的有壳水生动物产业可能也要蒙受损失。但声明最后说，这些损失——至少是那些可计算的、有商业价值的——无论如何也不会超过北坡石油将带给阿拉斯加的无比美好的经济利益。[48]

196　　提交环境影响声明的过程本来不是为了解决成本收益问题或做出明确的经济评价和判断，但该声明包含了这方面的内容。即使在大幅度修改后，它仍然像一份宣传册。正如国会议员勒斯·阿斯宾所抱怨的，声明又一次表明尼克松政府"扮演着石油公司下属的角色"。[49] 根据 1969 年的相关法律条例，政府必须考虑是否有比所提出的方案更好的替代方案。环境影响声明初稿的起草者们没有讨论替代方案，修改后的声明包含了一个对各种可能性的简要调查。不过有一种可能性没有提到，那就是停止所有开发活动，学着在没有阿拉斯加石油的情况下生存。无论从政治还是经济角度来看，他们都不会认为这是明智的选择。不过政府承认，管道可以走一条石油公司从未想过的路线——横穿加拿大直到埃德蒙顿市，与那儿为加、美两国提供石油的已有管道连接。换言之，有两大选择：一种是上面说的横跨阿拉斯加管道（简称 TAP），另一种是横跨加拿大管道（简称 TCP）。前者已经勘测过了,后者还没有考察确定。声明列举了五个可选的加拿大路线,并认为最有前景的是从北冰洋海岸穿过北冰洋国家野生动物保护区,然后沿马更些河谷往上走, 或者从费尔班克斯出发, 沿着阿拉斯加高速公路和一条旧的军用管道, 到达"三角洲聚集点", 然后经过白马镇横穿加拿大。关于该线路的环境影响, 声明讲得很清楚, 显然, 最佳路线是穿过加拿大,可能是三角洲聚集点, 这样可以减少穿过河流的次数, 还可以避开所有的地震带。这样对鱼类和各种野生动物的干扰也比在原始荒野中修建管道要少。关键是, 管道走加拿大能"避免使用海洋油轮, 因而消除海上泄漏的危险"。所有这些使内务部做出"石油公司应改变管道路线"的决定了吗?没有。在厚达六卷的声明中, 关于替代方案的讨论还不到一百页, 声明没有把寻找替代方案当回事, 内务部没有, 尼克松政府的高官也没有。

不过非官方环保组织一直在试图使人们就替代方案展开讨论和调查,他们没有让这些想法销声匿迹。莫顿部长在收到修改过的环境影响声明后几周内就批准了石油公司的管道通行权申请。环保主义者再次诉诸法庭,结果美国上诉法院做出了莫顿的批准无效的裁决, 理由并不是生态保护这个关键性问题, 而是 1920 年颁布的《矿产出租法案》。该法案明确规定,所有管道所占用的公共土地每侧不得超过 50 英尺, 而莫顿所批准的比这高出许多倍, 目的是便于石油公司使用其现代化建筑设备。[50] 几乎没人注意过 1920 年法案中的这条内容, 莫顿和石油公司满以为他们可以为所欲为。算他们倒霉。他们大为恼火, 因为他们知道, 这下又得艰难地走向国会,开始修改法律的漫长过程, 出席听证会, 向他们的政客朋友游说, 向公众解释他们的处境。与此同时, 从日本买来的昂贵的管道一直躺在云杉和地衣之间, 因为来不及保护而生锈。

石油集团抱怨环保主义者蓄意阻挠。的确是。但他们在阻挠谁呢? 他们阻挠的是美国人民的利益还是仅仅是石油公司的利益？当然，石油公司认为这二者之间没有什么区别。区别是有的，尽管在政治气氛混乱、社会分歧严重的二十世纪七十年代前期，没有人能够确切地说环保主义者所代表的是公众利益还是仅仅是他们自己的利益。假如拥有决定权，他们无疑会阻止所有北极地区的石油租赁和开采活动。他们真心实意想要保护阿拉斯加部分地区不受破坏。如果非得做出选择，他们宁愿要鲍勃·马歇尔的荒野，也不要吉福德·平肖的资源公有与开发。塞拉俱乐部的前任主席埃德加·维伯恩请求将整个阿拉斯加北部广袤的土地全部保持原样，"就像上帝创造的样子"，"说我们急需这里的石油，这方面的仔细论证我一个也没见到，然而我们的行动却好像我们已经弹尽粮绝，只剩最后一桶石油了……不论是再过五十年还是更短或更久，石油终将枯竭——就像当年的黄金一样。石油资源是有限的，不论我们多么小心谨慎，开采后的土地将面目全非。另一方面，被保护的荒野却永远是越来越美，它能给阿拉斯加带来成百上千万的游客以及成百上千万美元——可以称得上是一种无限资源，一种永久的储蓄"。[51] 然而，保护荒野的理想无法抗拒化石燃料的魅力，环保人士一般都明白这一点，明白他们的影响力的有限性。毋庸置疑，他们获得了出乎石油公司预料的政治影响力，但这种影响力依然有限，只能起到暂时阻止石油业、引发公共辩论、使公众考虑寻找别的开发方式的作用。

在 1972 年剩下的日子里以及 1973 年的大部分时间里，管道问题成了环保主义者在国内的头等大事。他们与荒野协会领导的"阿拉斯加公众利益联盟"一起，呼吁阻止石油公司扩大管道土地通行权的企图，要求用加拿大路线运送石油。他们获得了许多沿海渔民的支持。他们的对手则是美国最强大的政治和经济势力。尼克松－阿格纽班子在秋天的选举中赢得了再次入主白宫的绝对性胜利，他们支持管道工程的立场和以前一样坚定。

198

国会中各种关键性委员会的领导们都准备立即授予石油公司更多的管道土地通行权，其中包括内务与海岛事务委员会主席、参议员亨利·M. 杰克逊（Henry M. Jackson）和该委员会下属的众议院公共土地委员会主席、众议员约翰·麦尔切尔。两人均为民主党人，都支持石油开发，尽管杰克逊曾是美国《国家环境保护法》的主要缔造者。阿拉斯加的国会代表、参议员泰德·史蒂文斯和麦克·格拉威尔，以及众议员唐·杨都坚决支持阿拉斯加路线。所有财力位居美国榜首的能源公司都花高价雇用众多说客和律师为他们工作。主要的、最紧张的论战发生在参议院。在那里，格雷沃尔与史蒂芬一起提交了一个议案；支持阿拉斯加路线；杰克逊单独提交了自己的议案；麦尔切尔向众议院提交了一份议案。听证会于 1973 年 5 月开始，8 月份辩论结束。

石油公司的立场仍然缺乏说服力，他们选择路线时丝毫没有考虑其他的替代性方案，也没有考虑可能造成的环境危害。他们只想尽快收回十几亿美元的投资，打开利润丰厚的海外市场。但由于长期形成的对企业业务能力一味盲从的习惯，政府没有提出尖锐的问题。参议员杰克逊在其委员会提交的支持石油公司的报告里试图使自己的立场听上去更令人信服，他争辩说，美国生死攸关的经济利益正面临挑战。报告称"现在国内的原油和天然气生产明显不足，而且问题越来越严重，这使美国越来越依赖来自不可靠的东半球的石油"。不只是英国石油公司，美国也需要而且迫切需要这些石油资源。1973 年，美国从海外进口的石油占总量的 36.3%，而 1970 年只有 23.2%。国内石油生产供不应求，1970 年美国每天消耗 1 490 万桶石油。需求飞速增长，年增长率达百分之三至百分之四，而国内石油生产在 1970 年达到顶峰后便开始回落。从历史学角度看，美国正在进入一个新的、陌生的脆弱时代，为了满足需求，它开始在世界各地寻找能源。其他

199 工业化国家早就这么做了，但美国人仍不习惯如此依赖他国。报告指出，
美国人很担心这一点。他们认为自己可以独立，可以不依赖别人，不受外
部世界影响，但他们又急需石油，离不开石油。他们希望，阿拉斯加的石
油可以缓和这种与日俱增的依赖性，推迟不得不面对自己的弱点的日子。
为了满足这一愿望，必须尽快铺设管道，不管有什么环境后果。

　　　　姑且不论各公司于 1969 年做出的修建阿拉斯加管道的决定是否明智，
　　　　是否与当时的美国利益一致，不论政府最初支持这条路线是否有足够的信息
　　　　和分析做基础；内务部和海岛事务委员会决定，阿拉斯加管道显然更可取，
　　　　因为该路线可以比加拿大路线提前二年至六年投入使用。[52]

在这段话里，杰克逊委员会实际上转弯抹角地承认了石油公司并不真
是为了国家利益而前往北坡的，不是。从减少过度依赖外国石油这一点来看，
真正有望从阿拉斯加石油中得益的国家应该是日本。不过，在环保情绪不
断高涨的情况下，委员会不会说破坏北极环境是为了日本。他们声称这里
的石油属于美国，甚至要立法规定该石油只能卖给美国人，并营造出一片
国难当头的气氛。他们比自己想象的更有预见力。因为在这一年晚些时候，
在关于管道的辩论结束后，阿拉伯石油输出国突然停止石油生产，以惩罚
美国对以色列的支持。1973 年至 1974 年冬，美国深感依靠国外能源的苦
处。石油禁运后，美国在全世界的地位与以前大不相同，无论是实力、财富，
还是独立性和主权都面目全非。不过，痛苦的禁运恰恰证实了数月前联邦
政府在管道争议中所承认的不安全感。

在反对亨利·杰克逊及尼克松当局一派的人当中有两位开明的参议员，
即明尼苏达州的沃尔特·蒙代尔和印第安纳州的伯奇·拜；另外还有几位

众议员，包括亚利桑那州的莫里斯·尤戴尔、伊利诺伊州的约翰·安德森以及宾夕法尼亚州的约翰·塞勒。他们都是公认的环保运动代言人，都认为有必要开发北坡石油，但希望认真考虑选择加拿大路线的可能性。他们共同提出了旨在推迟批准管道工程土地使用权的几个议案，要求美国科学院对穿过加拿大的各种路线做全面考察，然后两国政府协商解决。他们坚持认为，在涉及对外贸易、公共土地和国家能源需求等问题的决策中，政府应扮演正确的角色，而不是对那些自称内行的石油公司言听计从。反对者中有一部分人（尽管不是所有人）来自中西部，他们有自己的目的。如果说美国的确面临石油短缺和依赖不可靠的国外石油的危险，那么由于中西部远离国内油田和化工厂，这里面临的危险最大。中西部的石油价格在美国下四十八州中是最高的，而从瓦尔迪兹运出的石油丝毫也不能缓解他们的压力。相反，这些石油将被运到已经饱和的西雅图或洛杉矶，因此急需修建一条或两条通往内陆的管道来运送西部过剩的石油。这些观点数年后得到证实。据《纽约时报》报道，预计到1980年，西海岸每天将有80万桶多余的石油，因此英国石油手下的苏亥俄公司已经申请在南加州到德克萨斯和墨西哥湾之间修一条管道。他们承认最好的市场在中西部，在南方建一条新的输油管要比用油轮绕过合恩角或者穿过巴拿马运河更便宜。[53]

　　有利于蒙代尔等人的证据来自一位名叫查尔斯·西切提的经济学家，他对阿拉斯加路线与加拿大路线的各种方案做了唯一全面而客观的分析。西切提首先证明，加拿大路线在生态方面确实优于阿拉斯加路线。他还吃惊地发现，加拿大路线在经济上也更为可行。的确，加拿大路线比阿拉斯加路线长，最多要长出2 000英里。不过如果把从西海岸到内陆的管道包括在内，情况就不一样了。如果把瓦尔迪兹输油管的终端设施、油轮和阿拉斯加路线所需要的西海岸设备都包括进去，二者的总造价大体相同。西切

提指出，"目前大多数预算都显示，差价不会超过十亿美元。"将石油销往
中西部能赚得更高的利润，在管道使用期内石油公司们可以多赚 30 多亿美
元（以百分之十的折价率计算或以 160 亿美元不进行折价计算），可以抵消
上面的差额。石油公司为什么要放弃这笔钱呢？西切提推测，他们仍指望
将北坡石油卖给日本，或者通过某种进出口交易将石油销往高价位的海外
市场。另外，假如管道穿过加拿大，就要推迟"二年至七年"（据亨利·杰
克逊的估计），这将意味着他们有一段时间赚不到钱，一时无法偿还他们在
钻井和管道上的投资，也无法迅速地付清贷款。换句话说，他们选择了对
环境更具有危害的阿拉斯加路线是出于短期经济利益，以及想在年终股东
报告里显示投资即刻得到了高回报。从他们自身的角度来看，这似乎是一
个理智的选择，即使这意味着他们得到的长远利益将更少。而从更广的、
整个国家的角度来看，这个决定无疑是非理性的。[54]

　　批评家已开始称这些石油公司为"大石油"，大石油之所以反对管道通
过加拿大到达美国还有一个原因，那就是历史上加拿大联邦政府对石油业
没有美国政府那么毕恭毕敬。1959 年加拿大成立了国家能源委员会，统管
所有管道，这使石油公司极为不安。众所周知，加拿大人越来越敌视那些
从南边过来购买他们的资源、损害他们的独立性的经济侵略者。加拿大西
部一些省份的左翼组织"新民主党"力量不断壮大，其目标之一就是对从
铁路到管道的所有"公共运输线"实行国家管理，对石油业实施公有制；
如果这股势力不断增加，也许有一天加拿大政府会试图将美国人的投资收
归国有。当时渥太华的执政党是自由党，首相皮埃尔·特鲁多 1968 年第一
次当选，1972 年被迫与新民主党联盟，以保持在国会的多数；虽然他不主
张国有化，但对私有石油公司来说，他要比尼克松和那些战后长期执政的
保守的共和党人可怕得多。换言之，"北边"有更多的"社会主义者"，通

（左侧页边码）201

过他们的领土运送石油就好像回到了进步主义顶峰时期的美国；那时西奥多·罗斯福和吉福德·平肖正在痛斥那些"不负责任的托拉斯"，推行自然资源归国家所有、由政府开发的理想。[55]

　　连加拿大的保守党成员也对北坡石油抱怨连连。1971 年，在有关阿拉斯加石油开发的辩论期间，一位来自亚伯达省太子河的保守党议员反对用阿拉斯加管道与油轮运油的方案，理由是该方案"对不列颠哥伦比亚地区人民、城镇、城市以及加拿大西部海域和海岸的自然资源构成生态威胁"。他要求寻找别的更好的路线，并批评特鲁多政府没有及时与美国人商讨此事。加拿大印第安事务及北部开发部部长让·克雷蒂安代表政府回答道：　202 事实上他们正在研究北极石油的整体概况，不过因小心谨慎，进展缓慢。他声称"美国先斩后奏，一开始就把管道运到了阿拉斯加。而在加拿大，我们先要研究分析，才做决定"。在适当的时候，加拿大也将修建管道，阿拉斯加石油可以从中流过，"但不是不惜一切代价……北部开发不会重演在南部所犯的错误"，不会使当地环境和居民深受其害。他继续说道，"去年，我们通过了北极水污染预防法，因为我们担心在北冰洋地区使用的技术不够先进，不够安全"。与美国不同，加拿大有关北部化石燃料开发的辩论集中在哪个党最谨慎、最关心环境保护，没有人抱怨说这样的开发速度等于民族自杀。[56]

　　加拿大北部地区的前景也非常看好，主要是马更些河谷，该河在普拉德霍湾以东 300 英里处流入波弗特海。加拿大北部沉积岩的面积相当于阿　203 拉斯加沉积岩面积的五倍，只有通过地震勘测才能得知其中多少含有化石燃料。那里的天然气储量可能非常大，比石油还多。不管怎样，总有一天，为了把这些能源输送到城市消费者手中，需要修建一条或数条管道。美国石油公司拥有更雄厚的资金，也许可以在开发这些能源的过程中发挥作用。

从普拉德霍到马更些河谷建一条管道长廊，再从马更些河谷通到亚伯达边界，这样的话既能减少对环境的破坏，又能利用国际技术和资金。尽管加拿大对美国石油公司持谨慎怀疑的态度，加拿大政府对与美国合作并无敌意。1973 年 3 月，能源部长唐纳德·麦克唐纳在全国电视上说：

> 如果美国人回来跟我们说，"瞧，我们对阿拉斯加管道有所顾虑，我们想考虑是否接受你们关于走马更些路线的想法"，我想我们西海岸的利益会使加拿大政府接受这一建议。

然而，麦克唐纳与加拿大政府的基本立场完全被尼克松当局误传给了美国人民。尼克松政府的官员们错误地声称，特鲁多坚持加拿大对任何石油管道拥有大部分所有权。他们警告说，加拿大人将限制美国人对共有管道的使用，想自己多占，运送自己的石油（尽管在可以预见的将来，加拿大北极地区不会有石油）。白宫压下了有关加拿大人已经主动提出，如果修建加拿大管道耗时过久，造成的短期石油短缺可以通过增加加拿大石油出口来弥补的报道。[57]1973 年，加拿大一共向美国输送了 36 537 万桶石油，比沙特阿拉伯或委内瑞拉出口到美国的还多。只要价格公平，它愿意出口更多。[58]北美的石油贸易体系已经很完善，美国不面临任何风险。但尽管加拿大一再承诺，其政治气氛仍使石油公司不安，他们决心避免加拿大干涉他们经营活动的任何可能，并将这份决心传达给了华盛顿。

石油业对受到限制和严格管理的担忧在关于阿拉斯加管道的辩论结束一年后成为现实。1974 年，特鲁多首相的一位特派员前往马更些河流域，考察当地人对经济开发，尤其是修建天然气管道的态度。这位专员名叫托马斯·R.伯格，是一位出色的联邦法官。他非常认真地履行职责，在当年和次年年初先后在 35 个社区举行听证会，听取了代表四个种族、讲七种不同语言的近千个北方人的意见。他听到的意见有表示欢迎的，但更多的是焦虑和敌意，这使他对天然气和石油开发的进展速度发生了怀疑。他的报告的题目"北部边疆，北部故乡"准确地抓住了人们在机会与危险面前的复杂心情。机会几乎全归遥远的南方工业社会所有，而危险却要那些处于工业发展道路上的北部人和大自然来承担。伯格担心，如果开发不受控制，动物群落将大量减少。例如：波丘派恩驯鹿的数目大概有 11 万只，它们每年都要到沿海平原一带的繁殖点，在这里，钻探和开采石油可能严重威胁它们的生存。伯格建议禁止石油公司从普拉德霍湾向任何北育空地区修管道，并由政府建立大面积的荒野区和野生动物保护区，保护这些脆弱的动物群落。然而，最令他担忧的是土著人，包括提纳人、伊努皮亚特人、梅蒂斯（混血）人，政府从来没为他们举行过公平、善意的听证会，他们的土地所有权要求仍悬而未决。大规模的工业开发将使白人建筑工人涌入他们中间，随着酗酒的到来，土著社会将解体，他们赖以生存的土地将被破坏，社群特色将丧失。以前那种几乎完全建立在可再生资源基础上的狩猎、捕鱼和捕兽生活将被以商品经济和非再生资源为基础的生活取代。由于原有的生活方式被打乱，他们将不得不充当出卖体力的临时工。而工程一旦结束，他们将成为失业者，靠吃救济生活。他写道："证据确凿，北部人的家园越是被工业边疆所取代，可能发生的社会问题就越多。"[59] 因此，他建议甚至连马更些河谷的管道也推迟十年，好让土著人有足够的时间建立更具多样性的经济，使他们的生活有更多的自主性，未来更光明。整整十年，事实上直到 1990 年，在这个河谷仍没有修建任何管道。采纳这一建议的加拿大政府小心谨慎，以至于在那些迫不及待的美国石油开采者眼里简直就是麻木不仁、令人绝望。对北部石油、天然气的开发进行严格管理，大大

204

推迟了开发步伐。伯格的这些建议的确很可敬，加拿大政府也一样，但这正是美国石油公司最害怕的。那就绕开加拿大，安全地待在工业边疆精神占据主导和统治地位的阿拉斯加。

对加拿大的恐惧从石油公司蔓延到不少颇具影响、喜欢评论的美国人当中。对于一个如此想赢得海外市场的国家来说，他们对外国人和任何复杂的贸易结盟都疑虑重重，连对加拿大这么好的邻居也不例外。如果说加拿大人的民族主义带有敌意，美国人也不例外。尽管我们自诩与这个北方邻国边界漫长、开放、无须戒备，尽管两国在文化和经济上密不可分，尽管我们的能源一大部分依赖他们，穿过他们的领土修一条新管道仍会给他们提供一个用来对付我们的武器。正如费尔班克斯的一位公民所说的：

> 不管加拿大现在多么友好，也不管我们多么希望这种关系继续下去，我们仍然是把一种事关我们国家生存的重要用品交给了另一个国家。对那些敌视我们两国的政治和哲学的势力来说，这会诱使他们挑拨离间，使我们双方公然为敌，或者至少会从事破坏活动。[60]

205

一个"外来的"、"阴险的"加拿大？恐怕只有美国人中的妄想狂才会这样想吧。不过，虽然谁都知道，在阿拉斯加石油告罄之前两国爆发战争的可能性微乎其微，但要证明这些恐惧之辞纯属荒诞却很难。不过反驳者可以指出这样一个事实：海路运送石油比用经过埃德蒙顿的管道运送更容易受到敌人的威胁。

精明的阿拉斯加人支持管道全部建在自己境内另有原因，这与就业机会和财政收入有关。关于财政收入，阿拉斯加人担心工程延误或工程造价的上涨会影响他们即将收取的石油产地使用费，该费用按石油市场价与运输成本的差额计算。[61] 阿拉斯加政府明白，自己的利益与阿里耶斯卡财团紧紧拴在一起。尽管如此，随着争议的继续，财政收入毫无踪影，一些官员开始对这个石油利维坦表示不满。1971 年，阿拉斯加州成立了"管道影响联合委员会"，主席是来自安克雷奇的民主党人钱斯·克罗夫特，他坦言阿拉斯加与石油业间的经济冲突不可避免。他和其他人都意识到，他们正在与世界上最有权势的一群人打交道，这群人对石油享有从生产到提炼到销售的"完全或近乎完全的控制"。阿拉斯加州律师长约翰·哈夫洛克更为坦率，他对一个国会委员会抗议道，"我们被告知，我们扮演的角色是冲向球场，在他们带着球前进时拦住他们。石油业却说我们的角色只是为他们提供方便，使他们顺利实现他们的计划"。他继续道，"我们想做的每一件事在他们看来要么不合宪法，要么具有经济风险"。在众多免税和免除责任的优惠政策的保护下，石油公司不愿让阿拉斯加成为他们事业的真正搭档，对阿拉斯加州的各种利益置若罔闻。"在目前这个调整期"，哈夫洛克说道，"我们发现我们在谁将掌权和管钱的问题上争执不下。"[62]

　　这种不满的背后是阿拉斯加州石油管理的失败史。历史证明，事实上掌权管钱的是石油业。1972 年，多达二十几个与管道相关的议案出现在州议会，其中四个成了法律，包括通行权出租法，阿拉斯加管道委员会法（依据此法成立了一个类似联邦州际商业委员会的委员会），以及石油跨州税法。石油公司反对得最激烈的是第一个法案，尽管它只是对希克尔去华盛顿任职后当选州长的共和党人威廉·伊根曾提出的议案的一个小小的修改。伊根想让州政府接管整个管道工程，把它作为公共财产来建设和运营（平肖主义的翻版）。但正如一位代表石油业的说客所说的，这个想法"令人作呕，简直难以形容"。像过去的进步主义者一样，伊跟做出让步，提出了一个按石油市场价来确定收费标准的租约。当然，石油公司向法庭求救，成功地

206

将这个法案驳回，后来当保守共和党人在议会重新获得多数时，这个法案
终于被废除了。不过，曾经有那么一阵子，阿拉斯加的议会似乎雄心勃勃，
就像一位编辑所说的，好像是它，"而不是联邦政府成了阻止管道工程的主
要力量"。[63]

　　尽管一开始没有准备好面对所有这些争议，石油业总算急急忙忙搭
起了自己的防线。虽然历经艰辛，他们还是使阿拉斯加州政府对它恭敬有
加、不敢造次。他们在华盛顿拉拢了一些最有权势的人支持他们。他们找
到了一个有力的口号"别忘了能源危机"，以此来压制所有批评者和反对者
的声音。[64] 这时，石油公司已稳操胜券。1973 年 7 月 13 日，参议院讨论
了让国会负责选择北坡石油运输路线的蒙代尔－拜修正案，最终表决否定
了这一议案。7 月 17 日，由亨利·杰克逊提出的授予内务部长公用土地使
用权（包括 TAP 的公地使用权）总裁决权的法案进入表决阶段。参议员格
拉威尔提出了一个使管道完全不受国家环境保护法约束的修正案，这是环
境保护法通过后四年里第一个豁免申请。以环保法创始人自居的杰克逊表
示反对，但该法案以 49 票赞同 48 票反对的结果通过。缅因州的威廉·哈
萨威提出了另一个旨在使任何造成石油泄漏的公司承担全部责任的修正案，
但在杰克逊的催促下该法案被撤消。杰克逊想把这类事务交给各州。让我
们回到杰克逊自己的议案。由于原来在格拉威尔修正案中弃权的参议员艾
伦·克兰斯顿加入了反对派蒙代尔一方，投票结果成了 49 比 49 的平局[65]，
参议院里的气氛变得紧张起来。一半人想让石油业为所欲为，另一半想让
政府领头。这时，参议院院长、副总统斯皮罗·阿格纽投赞成票打破了僵
局，这只是阿格纽在国家重大事务中上演的许多戏剧化角色之一。几个月后，
他作为羞耻与腐败的象征辞职下台。那些和他一起投赞同票的多数派大部
分是参议院中亲商的保守派，其中包括 15 年后仍然在任的劳埃德·本森、

罗伯特·伯德、皮特·多米尼西、杰西·赫尔姆斯、丹尼尔·井上、萨姆·纳恩、　207
泰德·史蒂芬，还有几个马上就要退休的成员，如哈里·伯德、詹姆斯·伊
斯特兰、萨姆·欧文、巴里·戈德华特，及约翰·陶尔。失败一方的成员
中也有一些长期在任的议员，其中除蒙代尔、埃德蒙·马斯基、威廉·普
洛克斯迈尔、休伯特·汉弗莱和弗兰克·彻奇外，还有克兰斯顿、约瑟夫·拜
登、罗伯特·多尔、马可·哈特菲尔德、泰迪·肯尼迪、罗伯特·帕克伍德、
克莱伯恩·拜尔及罗伯特·斯塔福德。在管道问题上的表决结果是该届国
会重大问题表决中票数最接近的。然而正是这个结果，在刹那间决定了阿
拉斯加环境的命运。

　　8月2日，众议院讨论约翰·麦尔切关于授予管道工程土地通行权的
议案，投票后通过。在之后的会议上，杰克逊的议案成了唯一的选择，当
年秋天，两院又一次表决通过了这个议案，接着提交尼克松总统，总统于
10月16日签署该法案为93–153号公共法。此法案最终规定了最高为一亿
美元的海上石油泄漏罚金——陆地上的泄漏不包括在内——资金来源是油
轮在瓦尔迪兹装载的石油，每桶须交五美分的税。法案要求总统调查从其
他地方获得能源从而不必使用油轮运送的可行性，法案还要求总统调查加
拿大是否愿意准许经过其土地修建新的管道，用来运送北坡石油。这些管
道是补充而不是代替阿拉斯加管道，因为亨利·杰克逊坚持认为管道很快
将供不应求。

　　让我们把目光投向阿拉斯加辽阔的北部地区吧。这里砾石沙洲与泥炭
沼泽满布，冰川汇入大海，野山羊在高高的岩石间跳跃；履带拖拉机引擎
已经开动，准备就绪；几千节管道已经安放好，等着焊工将它们连接成一
条钢铁的丝带；这里人们蜂拥而至，期待着找到工作，议员们盼望着得到
延误多时的收入。1973年至1974年冬，阿里耶斯卡集团在育空河北面搭

起了建筑营地，等春季一到，庞大的工程就破土动工。在 1975 年 8 月的建筑高峰期，21000 多名工人在管道沿线搭起了 31 个施工点，他们争分夺秒，拼命工作。在费尔班克斯和安克雷奇市，妓女和拉皮条的生意红火，酒吧通宵营业。[66]

208　　　第一批石油于 1977 年 6 月 20 日流入普拉德霍湾一号抽油站的管道，7 月 28 日到达瓦尔迪兹码头，8 月 1 日被一艘油轮运往市场。但开局不利，一个抽油站发生爆炸，导致一人死亡，迫使系统在一段时间内不能全力运转。不过不到四年，出油速度又升至每天 160 万桶，随后达到每天 200 万桶。截至管道建设竣工并全负荷运转时，共耗资 90 亿美元，是最初预算的 18 倍。

　　到 1990 年，已有超过 70 亿桶石油流过长长的管道，越过崇山峻岭，从河床底下，从云杉、白杨林间经过。70 亿桶油似乎很多，但实际上只够美国一年的消费。70 亿桶是十年多的产量，仅占全国总需求量的一小部分，约十分之一多一点。到 1990 年，北坡油田产油的高峰期已过，这些广袤的极地油田的末日为期不远了。[67]最令人不安的是，美国的能源独立性一点也没有加强。昔日关于摆脱外国能源供给的承诺成了空话。当政府批准输油管道时，进口石油占全国石油总供给的 36.3%；1987 年，进口量占 44.4%。那些管道支持者对指责他们欺骗民众的批评者的唯一答复是，如果没有北坡油田，美国将比现在更依赖进口能源。如果极地的石油仍深藏地下，美国会比现在更脆弱，更容易受世界上潜在的恶势力的攻击，美国受沙特阿拉伯、英国、尼日利亚、加拿大、印度尼西亚和拉丁美洲那些疯狂、无理、专制、充满恶意的石油输出国的摆布要增加百分之十。

　　即使赢得这么点能源独立性也需要一个庞大的工业集合体，这个集合体只有被参观了才能得到公众的认同。但这儿太偏僻了，几乎无人问津。偶然会有一辆温内贝戈牌汽车沿着 300 英里长的丹尔顿高速路前进，开往油田。旅行者停下车来欣赏闪亮的管道，读着赞颂管道带来的辉煌业绩的广告牌，但在路的尽头他会发现，没有餐馆、旅馆、宿营地，甚至没有去油田的路。不过如果认真观察，他或她就会看到，工业化庸俗宽阔的面孔正在这广袤的冻原上得意地狞笑——放眼望去，一群群用金属板墙搭建的井房分布在分离机周围，从地下抽出的气、热油和水的混合物在这里被分离，气和水将被重新注入地下（当时还没有天然气管道），油则被输送到抽油站。苔原上所有的设施都被乱麻似的管道连接起来，纵横交错，通向四面八方，像一个庞大的发动机的内脏被翻了出来。融化的永冻土形成的池塘在金属建筑物之间闪闪发光；巨大的定做的工棚用柱子撑离地面，里面有电影院、餐厅、排球场，还有温室里长大的树木。宿舍里住着几百个男女工人，有白人、非白人，还有少数当地人，就像生活在科技自动化的茧里的蚕，像"星球大战"里的战士一样与自然隔绝。重型拖车拉着井架沿斯潘路轰隆前进，灰色的尘土或雪粒四处飞扬，拖车时不时停下来给一只驯鹿让路。驯鹿在曾经是自己家园的地方徘徊徜徉，失魂落魄，表情迷茫，与那些被大都市侵占了土地的农民没什么两样。

209

　　与油田相比，普拉德霍湾石油总部的大楼出奇地干净整洁。石油公司深知这里是公众关注的焦点，那些苛刻的环保主义者巴不得他们把这里弄得一团糟呢。作为回击，他们自诩具备一种新的能力——"极地开发的生态关怀"。他们声称驯鹿会成群返回，并学会喜欢极地石油公司和英国石油公司。他们肯定，比起那些经常把动物逼得跳入海水的恼人的蚊子来，不断排出废气的油罐车算不了什么。考虑到油田将要枯竭，石油公司开始竭力在议会和公众中游说，想使政府将附近属于"极地国家野生动物保护区"的滨海平原向他们开放。这片绵延125英里的地区空旷辽阔，是美国绵长的极地海岸线中仅剩的没有租给石油公司的一块。在短暂的夏天，数百万水鸟、数万只驯鹿，以及几百只麝牛和狼在这里聚集。尽管加拿大政府在托马斯·伯格报告后督促美国政府把这里作为荒野保护起来，但遭到了石油业的强烈反对。企业经理们称，平原下可能储藏有 32 亿桶可开采石油，而内务部认为，找到这样一个油田的几率仅为五分之一。经理们一再坚持：让我们打井勘探吧，不要封锁这宝贵的资源！全面快速开发的号角再次吹响：美国严重依赖国外能源供应，我们的经济独立及安全再次受到威胁，极地野生动物保护区能让我们免受贪婪的中东石油输出国的控制。批评者反击说，将这里的石油送到消费者手中的生态代价太高，北美大陆残存的最美的野生动物景观将受到威胁。难道我们必须让工业化这只罪恶之手伸向这最后一块净土吗？他们质疑即使找到了石油，也只能供美国市场喝一两口而已，能源问题真的能解决吗？当整个北坡的石油都被抽完时，美国真的就能免受国外产油国的控制吗？ 1990 年，美国的能源供给几乎一半来自国外，在疯狂的消费中，不论毁掉多少荒野也无济于事。在《平静的危机》一书中，前内务部长斯图尔特·尤戴尔写道："在阿拉斯加，我们有比前辈更好的机会来证明我们尊重荒野和野生动物的价值。在这里，荒野的奇妙仍比比皆是；如果我们破坏了它，我们不能以无知为借口为自己开脱。"石油公司的回答是，他们已经学会尊重荒野，请美国人民完全相信，相信他们具备既保护自然又开采石油的管理能力。一本石油公司的宣传册说"在北坡进行开采等活动已经二十年了，石油业已经证明它能不破坏环境进行经营"。[68]

　　到底谁说的对？普拉德霍湾短短的开发史为我们提供了发人深省的答案，尽管仍有争议。普拉德霍湾毫无魅力，看上去秩序井然，但这里潜在的生态问题却令人不安。石油近海运营及其对非商业狩猎和捕捞业的影响以及工人们的健康安全问题姑且不论，石油总部的环保记录不佳，尽管这里是供外界参观的橱窗。首先，这里的水污染远比乘车或乘飞机来的游客看到的要严重。多年来，石油公司把数百万加仑用过的钻探泥浆和其他废物倒在二百五十个存储池中，其中许多都泄漏了；他们还将这些富含重金属（如铝、镉、铅等）、碳氢化合物和其他有毒物质的废物倒在路上、苔原上。近两年内发生了近一千起各种燃料和石油的泄漏事故，污染了苔原池塘，致使鸟类赖以生存的食物种类和数量骤减。其次，空气污染普遍存在。北坡油田一年所释放的氧化氮和华盛顿特区一样多，二氧化硫排放量也很高，由此导致苔原植被的酸化。早在开采之前，科学家就警告说，这里有浓雾——"极地雾霭"现象，雾会携带氧化物，然后以酸度像醋一样高的水滴降落下来，将驯鹿吃的蓝绿藻类和地衣杀死。如今这些警告变成了现实。第三，油田产生了数量惊人的固体垃圾，从废电池和轮胎到废金属和泡沫聚苯乙烯。这些大多被送到当地垃圾场，其中一些正在接受环保局的毒性调查。对这些预料之中的事情，那些忠心耿耿的好心的下层管理者视而不见。毕竟，一个面积与特拉华州差不多的现代工业集合体不可能完美无瑕。 211无论石油公司如何努力，或者是为了改善自己的公众形象，或者是真的关心生态环境，这些副作用很难避免。环保主义者知道这一点，决心减少危害，阻止这个工业集合体及其污染向东扩展到北极保护区。[69]

但是，阿拉斯加环境的命运掌握在首都政客们的手中。整个保护区属于联邦地盘，属于每一个美国公民，不论他们是否有汽车。难道这个国家仍然像 1973 年参议院投票结果所显示的，环保和能源开发各分天下，一方呼吁尊重私有工业，另一方强调政府责任？孰对孰错将主要取决于人们对石油公司自诩的专业水平和管理国家自然资源的能力的态度。这是老生常谈了，平肖多年前就提出了这个问题，尽管到二十世纪九十年代"能力"的内涵发生了许多变化。现在，"能力"不仅包括经济上的长

期高效管理、利益的合理分配，还包括企业所表现出的生态关怀和对自
然美和秩序的尊重。任何认为政府有能力管理资源的观点都是假想而已，
因为自平肖离职后，尤其是二战以来，政府在阿拉斯加所起的作用基本
上是被动的配合。另一方面，认为应该把北方的资源交给石油公司的观
点也忽视了石油业的幼稚、短见、盲目、无知、异想天开，只追求公众
形象却忽视了真正的历史事实。企业管理的结果是使美国成为全世界工
业化国家中化石燃料使用最浪费、利用率最低的国家。创造同样的价值，
美国所使用的能源是其他国家的两倍或三倍。如此低的效率使美国向大
气中排放的碳污染远远超出了任何国家。正是这些碳化物将地球的大气
层变成了一个大温室，将太阳辐射聚集起来，使整个地球的平均温度上升，
威胁了农业的分布，实际上也威胁到了美国人的食物供给。具有讽刺意
味的是，如果随着全球气候的不断变暖，冰盖融化，海平面上升入侵陆地，
212　也许二十世纪末的某一天，整个北极海岸，包括那里的工业设施，将被淹
没。如果这样的灾难降临，美国的私有企业应付很大责任，因为正是他们
长期以来要求尽快开采和消耗能源。无能的最终表现是自毁。美国人需要
扪心自问：在私有石油公司的领导下，他们是不是正在朝这个方向迈进？
不论答案是什么，不论谁应替代私有企业，石油业的确谱写了一段充满
了令人注目的政治胜利的历史，但同时它又一再表现出经济和生态上的
相当的无能。

　　何以见得？1989 年 3 月 23 日夜晚，当 1 100 万加仑原油意外泄入威
廉王子湾时，答案一目了然。这个小小的意外事故使阿拉斯加更加成为美
国人关于化石燃料经济的争论的焦点。

被毁的自然

　　毁掉整个地球需要多少伏特加？也许没人能推算出来。但是我们现在却知道多少杯酒能把一个倒霉的船长灌醉，使他倒在自己的床铺上，把油轮交给一个没有执照的伙计驾驶。这个家伙惊慌失措地开着油轮撞到了暗礁上，将船体划了个洞，使 1 100 万加仑原油流入阿拉斯加清澈的威廉王子湾，杀死了大量有苦难言的海獭、鲱鱼、大麻哈鱼、各种海鸟，以及其他大大小小的生物。这是美国历史上同类灾难中最严重的。

　　该船名叫埃克森·瓦尔迪兹，是埃克森公司船队中最新的油轮，配备有最先进的导航设备。这个庞然大物从头到尾长达 987 英尺，几乎接近五分之一英里。它与那些把北坡石油运往市场的其他姐妹船一道，已经在加州的长滩和阿拉斯加的瓦尔迪兹之间平安往返多次。在管道运营的前十几年里，这些油轮在管道终端与炼油厂之间往返 9 000 多趟，只出过几次小的泄漏，成了企业计划和技术手段完美无瑕的证明。基于这个完美的记录，埃克森公司认为油轮上船员的数量可以减少。瓦尔迪兹号上有二十个定员，大约每人负责 260 万加仑的石油。油轮在从加州北上的返程中用肮脏的海水做压仓物，到达阿拉斯加码头时把水排掉。接着一刻不停地用油泵装油，不到二十四小时船舱装满了，油轮准备沿着固定的航线再次南下。公司规定，为了在油轮回转时不浪费时间，大多数船员要待在船上监视装油过程，等巨大的船舱装满时，油轮从头到尾吃水约 55 英尺，深深地浸入水中，像一个一英寸铁皮包裹的皮囊。[70]

　　船长叫约瑟夫·海兹伍德（Joseph Hazelwood），是纽约州亨廷顿人，四十出头，秃顶，留着两鬓和胡须。他是少数几个被允许上岸的人之一。1989 年 4 月 23 日是周四，下午和傍晚他去了瓦尔迪兹好几家破旧的小酒

213

馆，上船前和朋友喝了几杯。晚上 8 点左右，出租车把他送到了码头。很快，埃克森·瓦尔迪兹号离开了海岸，掌舵的是领航员，也是海兹伍德的午餐伙伴。油轮穿过纳罗斯海峡，两岸是积雪和云杉覆盖的悬崖峭壁。11 点 20 分，领航员将船交给船长后便返回了港口。当船接近威廉王子湾和阿拉斯加湾的主水域时，海兹伍德发现一大群冰山正朝右舷逼近。这些冰山是从邻近的哥伦比亚冰川分离出来的，其中有的像房子那样大，白天在阳光下像蓝宝石闪闪发光，此刻在午夜里却像一群凶恶的怪物。遇到这样的情况，正常的应对措施是减速、小心前进，或者完全停下来，直到航线清理后再前进。但海兹伍德做了一个奇怪的决定：他突然把船左转舵 180 度，横向全速朝布利岛冲去，接着又把船调到自动导航状态，试图绕过冰山。更鲁莽的是，他把权力交给一个毫无经验的三级助手，自己回宿舍去了。午夜 12 点 04 分，船底重重地撞在水下装满了红色警示灯的布莱暗礁上，接着又向前拖了 600 英尺才停下来。水下的岩石将船舱的单层铁皮划了一道长长的口子，装油的隔仓有一半都裂开了，原油像稠密的黑水喷射而出。几个小时内就有 25 万多桶油流入海中。这一天是耶稣受难日（星期五），也是 1974 年致命的地震重创阿拉斯加 25 周年。然而，这次灾难却完全是人为原因造成的。[71]

214

　　事后人们常常指责"喝醉的水手"，但是本着宽容的精神，我们不要忘了自腓尼基时代起水手就有酗酒的习惯，这个老毛病恐怕很难改掉。海兹伍德肯定是醉了，因为血液酒精检测显示，早上 9 点半（不知为何在事故发生九个小时后才检测）他的血液酒精浓度为 0.061%，远远高于海岸警卫队规定的 0.04% 的限度。人体内的酒精以每小时 0.015% 的速度稀释，因此触礁时船长肯定是酩酊大醉。他的领航员朋友当时闻到了他嘴里的酒气，但没说什么。跟同行们一样，领航员肯定知道海兹伍德最近在纽约因为酗酒被吊销了驾照，并且有长期重度酗酒的记录，即使在严禁酗酒的船上也如此。不过，让我们再一次本着宽容的态度，承认公司为了降低成本让雇员加班、加速，船长是因为压力过大才去喝酒的。可能正是这种宽容的态度使得安克雷奇的陪审团几个月后宣布，他没有犯酒后失职罪，理由是科学证据不足。[72]

史学家不能像法官或陪审团那样给过去的人物定罪，史学家应尽量冷静客观地分析是什么外在力量将个人本性中的缺点放大，酿成社会和生态大灾难。史学家应寻找日益严重的环境危机的文化根源，澄清发生在纯净的阿拉斯加水域的环境灾难的原因。

许多人说，船长的上司，那些一再向公众许诺他们有能力应对任何泄漏，能够避免雇员个人错误的老板们跟他一样有罪。埃克森公司曾声称已制定出应对紧急情况的"完美制度"，一套经专家仔细研究制定的厚达二十八卷的计划。公司在媒体前大肆炫耀，装模作样地把它摆在休斯敦总部的书架上。而当灾难来临时，该计划几乎毫无用处。没有警惕性、设备没有准备好，也没有付诸行动的责任感。个人的缺陷和放纵由于世界上最大的跨国公司之一所表现的过分自信、吝啬、拖延和自大而加重。

当触礁的消息第一时间传到由七家主要石油公司组成的负责管理码头和管道的联合股份公司"阿里耶斯卡管道公司"时，该公司不知所措。阿里耶斯卡有自己的应急方案，但已好久没人过目了。方案要求一旦发生泄漏， 215要在五个小时内用漂浮的管子把油围住。因为油浮在水面，像一层又厚又臭的移动的毯子，这样做的目的是把油限制在浮管内，然后用一种特殊的机器把油从海面撇到一条接收船里。但要在一望无边的海上把1 100万加仑的油围住，而且浪涛汹涌，颠簸不已，绝非易事。即使最好的设备和清理人员也很难把油全部围在浮管内，何况阿里耶斯卡公司在1982年就解散了泄漏特别行动队，因此这个方案已无法实施。更糟糕的是，用来把浮管运到泄漏现场的大船搁浅在码头上，一直在那儿等待维修。而浮管放在仓库深处，一名工人用叉车花了好几个小时才把它搬出来，运到了码头。显然，公司早已拿定主意不会发生泄漏，人力和物力有更好的用武之地。这些决策受到了财团最大股东英国石油的支持，英国石油否决了购买应急设备的建议。泄漏后的前几个小时，阿里耶斯卡磨磨蹭蹭，不知所措，责任不明，成了组织混乱的典范。十四个小时后，浮管终于被安放在埃克森·瓦尔迪兹号周围，但这时海上的油已经扩散了十英里，失去了控制。油向南扩散，穿过威廉王子湾，污染了好几个纯净的岛屿，并继续朝着景色迷人的科奈海岸漂去。[73]

　　这时埃克森公司决定承担起治理污染的任务。在纽约和休斯敦的办公室里，他们试图制定一个方案，把浮油从水中弄出来，当然这几乎不可能。他们先把油轮残骸里剩余的100万桶油卸了下来，因为他们担心如果船翻了会使情况变得更糟；然后他们把油轮从暗礁中托起，把它送到了长滩的维修点。接下来，埃克森公司想在浮油上使用驱散剂，因为浮油在冷水中会迅速变稠，就像厚厚的巧克力奶油冻。这种驱散剂可以把油冻分解成数百万小油滴，使它们流向海湾而不污染海岸线。不幸的是，瓦尔迪兹没有现成的驱散剂——这项开支也被从预算中砍掉了，不得不从菲尼克斯那么远的地方把它运来。这时州官员坚持要做几次试验，以检验驱散剂的有效性和有害性。他们担心驱散剂对海洋生物的毒害会比石油更大。等到检验结果证明可以使用并做好准备时，为时已晚，油扩散得更远了。3月27日，在事故后的第四天，浮油已经从泄漏点扩散了37英里；第七天，90英里；第十四天，180英里；第五十六天，470英里，西至阿拉斯加半岛与科迪亚克岛之间的舍利科夫海峡。从布莱暗礁到这里的距离相当于从楠塔基特岛到北卡罗来纳。总计有1 244英里海岸线被染成了黑色，有的地方油层有六英尺到八英尺厚。这时公司唯一能做的就是试图用吸附剂将油吸干或用高压水管将油冲掉。尽管埃克森公司在最后时刻竭力解决，但还是失败了。在金融和商业界埃克森公司是个巨头，它被普遍认为是经营最好的石油公司之一，然而在这样大的泄漏面前，在威廉王子湾，它却几乎一筹莫展。它笨手笨脚，慢慢腾腾，只知道没完没了地开会追究责任，最终变成了悲剧。[74]

　　威廉王子湾是 15 000 只海獭的栖息地，这里的海獭占整个阿拉斯加海獭总数的十分之一。这些毛茸茸的动物天真地在海藻里游动，用深棕色的眼睛打量着这个液体的世界。厚厚的油层将它们中的许多吞没了，油气烧坏了它们的眼球和鼻黏膜；黏黏的油液渗入它们厚厚的皮毛，使其在冷水中丧失了保温功能，导致体温过低。而在它们试图把皮毛舔干净的当儿，碳氢化合物又进入它们的消化系统，使它们的肝脏、肾、肺都中了毒。没有人知道究竟有几千只海獭死掉并沉入海中，但有好几百只被从油里打捞出来送到临时康复中心。在那里，人们试图把它们刷干净。被杀死的鸭子、潜鸟、鸬鹚和其他潜水鸟类数以千计。秃鹰和金鹰俯身扑向被石油污染的腐肉，濒危物种游隼也一样，它们都难逃死亡的命运。生物学家担心迁移的鲸群会游入被污染的水域，担心春季从南方回来的野雁和天鹅，还有那些生活在威廉王子湾岛屿上的北美鹿会啃吃岸边被污染的植物而生病死亡。渔民们心急如焚，担心他们的渔场会长期受到严重威胁，如在沿岸矮苦草里产卵的鲱鱼，在油层下游动的大麻哈鱼幼仔，还有蜘蛛蟹和虾类。埃克森公司知道怎么采油，怎么用油轮把油从一个港口快速运到另一个港口，但它能拯救所有这些受到危害的生命吗？很可惜，它不能。动物消失的规模在阿拉斯加历史上前所未有。火速赶往海湾抢救野生动物的志愿者们收集了一吨又一吨尸体，把它们堆在大驳船上等待焚烧。　　217

　　一些远离事故现场的评论家说：只要渔民能得到充分的补偿，损失无关紧要。死了这么多的生物也没什么可担忧的。例如,《经济报》的一位评论员宣称:"石油泄漏虽然短期破坏性很大,但没有长期危害。"[75]试将同样的话用在曾经发生的战争、飞机坠毁、洪水、经济危机、瘟疫、大屠杀或暴乱上。人类从所有这些灾难中走过来了,不是吗?那么哀悼这些损失有什么用呢?这些若无其事的宽心话如此麻木不仁,令人震惊。假如我们谈论的是广岛的原子弹而不是在原始环境中倾倒石油,我们还能说"虽然短期破坏性很大,但没有长期危害"吗?有人可能会说,尽管原子弹非常恐怖,日本人还是很快从爆炸中恢复了,烧死几千个人并没有影响日本的人口增长。

最终,日本一切恢复正常,甚至繁荣昌盛。丰田公司和索尼公司迅速崛起,财源滚滚。曾经被放射性物质污染的地方现在每到春天樱花绽放,夜晚米酒飘香,人们开怀畅饮,其乐融融。阿拉斯加油迹斑斑的海岸也会很快恢复。大自然将恢复。这种美好的预测毋庸置疑,尽管有的破坏会需要几十年甚至上百年才能恢复。大自然有从自然或人为灾难中恢复的神奇力量,不然的话,它不会历经十亿年的起伏动荡依然生机盎然。泄漏发生一年后,自然的恢复显而易见。大麻哈鱼像以前一样从海湾沿着小河向上游迁徙,海狮从浮标上抬起脑袋观看渡船经过。偶然经过这里的游客将很难发现漏油的迹象。埃克森公司从257 000桶泄漏的石油中仅仅收回了32 500桶,剩余部分大多已蒸发掉、冲进海里或渗入岸边的岩石和沙子里,了无痕迹。还有什么值得担忧的呢?我们照样使用石油,不怕泄漏。不过,这样做的前提是忘掉船板上那堆积如山的等待焚烧的鸟儿的尸体,还有那在海底腐烂的海獭的尸体。

埃克森公司在所谓的清理上花了十亿多美元,清理工作主要在1989年夏天进行,接着公司宣布大功告成,打道回府。评论家们指出,大肆宣传的花销其实大多是免税的，公司为生态环境所做的牺牲远没有看上去那么大。可以肯定的是，公司上层没有一个人受到真正的惩罚。只有海兹伍德船长失去了埃克森公司的工作，然而他的下场也比那些死去的野生动物好多了。司法部门按部就班地以罚款和暂时吊销航行执照处罚了他。公司的公众形象暂时受损，但它的股票平稳，利润继续攀升。与公司从阿拉斯加资源中捞到的利润相比，花在清理上的费用微不足道。到 1987 年，埃克森等公司用该管道获利 426 亿美元，而且在事件发生后无意停止石油运输。

　　阿拉斯加州几乎每个人都从石油热中得到了经济利益，许多人在清理过程中大发其财，这些因素势必削弱他们的不满。事故发生前，州政府没有划拨任何应急资金。截至 1987 年，朱诺政府得到的石油税、政府税和租金共 290 亿美元，其中每年四亿美元以红利分给了州里的居民。灾难使得这些收益暂时失去了意义，整个州沉浸在深深的悲痛、无法弥补的损失和愤怒之中。渔民是所有人中最愤怒的，许多人言辞激烈，骂公司去见鬼，甚至比这更难听的话。但泄漏后仅仅几个月，公众情绪稍有平息，在舆论的强烈支持下，石油业和州政府官员便又一次联合起来游说联邦政府，要求开放"北极国家野生动物保护区"，以便勘探和开发。瓦尔迪兹码头的导游得意地指着油漆一新、全副武装、时刻准备应对突如其来的泄漏事件的驳船，甚至夸耀阿里耶斯卡集团的深谋远虑和"对环境的关注"。看来一切照旧，人们高喊着要更多石油，泄漏事故对他们的经济利益的长期影响远远小于对海岸生态环境的影响。

　　然而，"阿拉斯加石油泄漏委员会"对事故进行了认真仔细的分析，并试图向公众和石油公司说明事故的真相和原因。委员会的主席威廉·帕克长期任交通部官员，他和委员会的其他成员们坦率地总结道："1980 年代对利润的热衷抹掉了 1977 年对安全生产的关注。"1977 年是管道开始运行的那一年。在最终提交的报告中，委员会怀着被骗者的失望，强忍内心的愤怒写道：

219

> 这个运送美国国内石油产量 25% 的系统失败了；旨在规范这个系统的机构也失败了。石油公司当初为了使阿拉斯加和国会批准石油管道所做的承诺已被背弃。1970 年代建立的防范措施被忽视。输油管运作早期对油轮航行安全的警惕让位于自满和大意。……灾难本来是可以避免的，不是靠船长和船员这些不完美的凡人，而是靠意在减少人类错误的先进的石油运输系统。如果阿拉斯加人、州政府和联邦政府、石油业及美国公众坚持要求严格的防范措施，这场灾难是可以避免的。同样，如果 1970 年代修建管道时的警惕能保持到八十年代，这场灾难也是可以避免的。[76]

这些激烈的言辞来自头脑清醒、认真负责、经验丰富的人们。然而即使在这样的控诉背后，仍然闪烁着技术社会对未来的一丝殷切希望。委员会仍然认为，从北坡开采石油并安全运往瓦尔迪兹是**可能的**；虽然沿途有冰山、暴风雪、浓雾和暗礁，油轮以一年一千趟的频率运送石油，不漏一滴油是**可能的**。只要有足够的警惕，阿拉斯加州和埃克森公司就能继续从石油中获利，同时还能保持大自然的纯洁无瑕。

灾难已经过去，但质疑这种乐观精神的一些重要问题仍有待回答。这些问题直指现代经济文化的要害，是整个阿拉斯加化石燃料史给我们的启示。埃克森公司计划周全、拥有专业技能，但为什么他们如此大意？为什么世界各地的政府和公司——包括印度的博帕尔、宾夕法尼亚的三里岛、瑞士的巴塞尔、苏联的切尔诺贝利——对环境如此不负责？城市化工业化时代对地球上的生命造成了这么大的破坏，为什么生活在这个时代的大量黎民百姓如此漠不关心？为什么对大自然的冷漠已经成为我们的生活习惯？

要解释现代环境破坏的严重性似乎并不需要什么新的、高深的理论。类似的破坏行为可以追溯到更新世灵长类人猿那里：由于古代猎人的贪睡，他们的篝火烧毁了森林；农民破坏土壤，最终自己被饿死。人类这个物种自出现那天起就常常表现出贪婪、鼠目寸光、残暴、任性，紧接着他又消灭猎物、破坏土地、过度繁殖、寻找获胜的捷径，结果是自取灭亡。不论是个人还是集体，我们从没有摆脱生态恶行及其后果。那些在有空调的钢筋玻璃大楼里养尊处优的总裁们不爱听这样的话，但他们的愚昧以及做蠢事的潜力跟那些赤身裸体、蓬头垢面的原始人没有什么两样。威廉王子湾的惨败展示了这种可怕的潜力，一百万年前它就已经深藏在我们的基因里了。 220

尽管如此，随着时间的推移，人类对自然的影响力已经发生了根本改变，我们不能再用"一切照旧"这句老话敷衍搪塞。事实上环境每况愈下。如果我们想了解环境问题的严重性和类似发生在威廉王子海湾的事故的原因，我们就需要面对现代人及其历史的一些特点。

现代社会最显著的变化是人们使用的工具的规模增加了。三百多年来，科学告诉我们如何更有效地开采、运输、提炼、加工和生产我们所消费的商品和能量。对早期人类来说，火是一种强大而可怕的工具；但今天的人类已经发明了核裂变反应堆、DDT等氯化烃、链锯、伐木厂，还有长达987英尺、能把从阿拉斯加用管道输送来的一百万加仑石油运到南加州的油轮。科学使得并不完美的人类拥有了前所未有的力量。

现代生态灾难的特点之一在于相关的技术庞大又复杂，远非一个人的头脑所能想出。这些技术需要许多人的研究、投资和劳动，要组织管理这些人又需要高度复杂的机构。在美国，这些机构主要是谋求利润的私有企业，尽管像其他国家一样，我们也越来越多地靠政府研发一些最先进的技术，如军事和航天技术。不论控制科学技术的机构的性质或规模如何，推动它的是亘古未变的人类欲望，是谋取财富、权力、安逸、自我表现和群体扩张的野心。但由于现代组织机构本身的特点，如规模庞大等，人类追求那些古老欲望的背景、内涵和表现形式都发生了根本的改变。

埃克森公司寻找的是深埋在北极坡地永冻层下、由海洋生物腐烂沉积形成的黑色黏稠的油层。这在公司总部附近无法找到——开采的油田离公司总部会议室的直接飞行距离是 4 000 英里。换句话说，公司的职员从没见过石油，石油与他们的日常生活毫不相干；它是一种纯粹的抽象存在物：它能赚钱。购买汽油的消费者也一样，他们要的是出行自由这样一种抽象的东西。为了来去自如、自由出行，生产者和消费者共同加入开采地球资源的行列。对他们来说，这些资源看不见摸不着，与他们没有任何感情连结。

难怪现在的消费者变得如此心不在焉。他们习惯性地认为他们以及他们的亲朋好友不会因自己无节制的欲望而蒙受恶果。他们希望在成功的阶梯上爬得越高，离自己行为的后果就越远，尤其是远离自己造成的污染和丑陋。只是在公众的强烈要求下，埃克森公司总裁才决定亲赴事故现场，而那已经是事故发生三周后了。

除了技术规模的增加以及人类与资源来源地之间的距离的增加外，还有一点就是我们对自己的认识也发生了根本的转变，姑且称之为自我形象的转变。许多人似乎相信，我们越来越聪明、富裕和强大，人类在各方面已经成了最优越的生物。我们比我们的祖先更值得信赖，更文明，更理智。

这种自我形象的转变始于所谓的"理性时代"，历史学家把它定在

十七、十八世纪。理性时代是产生现代世界几乎所有政治、科学、经济和工业革命的源头。当时的大哲学家开始赞美人类的思想和人类改造地球的惊人潜力。他们认为，如果我们能找到地球引力和天体运动的规律，能建造纺纱织布的工厂并能大批生产所有东西，这当然意味着我们人类是一个非常高贵、特殊的物种。我们具有最优美的理性和最惊人的技术奇迹，只要能想到的我们都无所不能。我们甚至能使自己摆脱人类在情感、迷信和罪恶方面的原始缺陷。因此，我们在智力和道德上与神相似。正如美国哲学家伊莱休·帕尔默所说："从人的身体构造可以推出这样的有力结论，人在道德和科学上的提高没有止境。"[77]

这种关于人性的新乐观主义的影响在经济学领域尤为突出，经济学用科学方法回答如何创造财富这个问题。科学经济学发现，理性驱使下的贪婪有奇迹般的创造力。此前，人们一直普遍认为贪婪是人类最可鄙的行为之一，需要法律、规则和一种普遍的防范意识将其控制在安全的范围内。但在亚当·斯密等人的理论的影响下，贪婪开始被看成自我利益的合理追求，而不再是单纯的自私。也就是说，它成了美德。每个人被认为是自己幸福的最佳裁判，有能力用理性来发掘幸福的内涵；其他人无权干涉。因此，让每个人都用他／她与生俱来的理性竭力追求个人利益吧，这样一来，整个社会都会受益。这种建立在合理化的贪婪之上的新道德哲学被视为实现进步或人们今天所说的"增长"的最有效方法。为了获得进步和增长，斯密和他的同时代人提出：应该废除所有限制自私的过时的法律，废除大部分限制个人行为的社会约束。没有外界的干扰，人类就会向富裕、文明的理想社会迈进，个人和集体都能获得物质上的富足。

二十世纪八十年代是一个重返亚当·斯密及其时代的自由放任理想的时代，在那些应该对阿拉斯加石油泄漏事故负责的人们当中尤其如此。一

222

向纵容石油业的联邦政府在八十年代彻底放松了管制。例如，本来从威廉王子湾出发的油轮必须有双层船壳，但该规定在以埃克森为首的石油公司的游说下被废除了。如果瓦尔迪兹号是双层船壳，石油大部分不会泄漏。没有使用双层船壳是因为这会使造船成本提高百分之二到百分之五，公司想降低成本提高利润。[78] 同样，在这放松管制的年代，阿拉斯加的海岸警卫队减少了海上巡视，用廉价而低效的监测系统替换了原有的雷达系统。就在里根总统和国会忙于增加数万亿美元的军备预算的同时，海岸警卫队的开支却被大幅度削减。显然，他们自信地认为，理性的自我利益这只无形的手能保证所有船只在航行时安然无恙。放松管制、削减开支、相信理性的贪婪是社会最理想的基础，这些东西在阿拉斯加州也能看到。当州预算的 85% 来自石油收入和税收时，很少有人会公然对企业自我利益的可信度提出质疑。"当时我们信任了他们"，事故发生后一位州官员这样说。在寻找事故原因时，这样的话在整个州随处都能听到——这是可怜的受害者的哀诉，是感到自己无辜上当受骗的人的哀诉。然而，在一种追求无限制经济增长、企业自由，热衷快速汽车和低税收，并靠这样的口号赢得选票的文化中，究竟谁是真正的受害者，谁是真正的罪犯？事故的当事人——油轮的机组人员、石油公司、政府官员、获胜的选民，他们真的证明了自己是一个高贵的物种了吗？

在伊努皮亚特猎人和采集者生活的远古时代，个人行为受社会和生态两种外部因素限制，这些限制是现代美国人所无法忍受的。那时，人们对何时何地以及如何狩猎都有规定（如猎人应该卑恭地靠近猎物，在杀害前要请求原谅）。那时，精心安排的仪式和禁戒代代传袭，这些都融入部落的宗教生活，根深蒂固，成了指导个人生活的准则。生育不是个人的权利，不可以毫无节制，而是受到由集体商定、集体执行的生态意识的约束。人们担心个人欲望的膨胀和混乱如果得不到社会的约束将会毁掉每个人的未来。然而，现代社会却标榜不受类似的社会或自然因素制约的自主、自立。我们远比我们的祖先更相信自己。我们当中有些人甚至想把这种自信扩大，要废除几乎所有的法律、规则、传统、限制，认为这些东西侵犯了个人权利，或者最多也不过是一种不得已而有的罪恶，越少越好。

　　随心所欲、独往独来至少已经成为中上层阶级生活的主要目标。这种自由的影子浮现在威廉王子海湾漂浮的油层上，浮现在许多其他环境灾难的现场，其中有的像这次泄漏事故一样突然、醒目，有的则缓慢、隐蔽，如温室效应。仅仅靠小心谨慎能抵挡住人们拼命摆脱任何约束的努力吗？靠某种技术方案，如设计一种新式油轮或者使用一种先进雷达系统，就能彻底消除隐藏在环境恶化背后更深刻的文化根源吗？人类所处困境的根源是一个简单的事实：尽管人类和过去一样不完美、不可靠、有上千种缺点，我们仍固执地追求无限的自由和权力。显然，如果我们想停止对地球的破坏活动，停止对食物、水、空气和同类造成的日益严重的威胁，我们就必须找到一条限制这两种东西（自由和权力）的途径。

224

寻找归属的土地

有两年时间，美国西部准州加入联邦的活动达到高潮，包括北达科他（1889）、南达科他（1889）、华盛顿（1889）、蒙大拿（1889）、怀俄明（1890）、爱达荷（1890）。今天，我们尽可以称这些州为西部的"北部地带"，但在加入联邦时，这几个州的特征却可以用一个形象来概括，即"北方大铁路"。正是这条铁路及其建造者——住在遥远的明尼阿波利斯的詹姆斯·J.希尔（James J. Hill）——使得"北部地带"得以形成，并决定了这些准州加入联邦的时间和方式。早期"北部地带"的特征之一，就是把西部的小麦、牛和铜等物资通过铁路运到东部。这个地区最初完全以销往他地的物品而为人所知，时至今日可以说情况依然如此。"北部地带"已多多少少成为一个永久的内陆地带。

"内陆"这个概念源于加拿大的学术传统。简言之，"内陆"指远离城市和工业，远离经济和政治权力核心或中央的地区，后者即通常所说的"大 226

都市"。[1] 内陆地区往往比其他地区发展缓慢，因此，它们通常处于依附或
从属的地位，受大都市管辖，或至少深受其影响。除个别地方外，这似乎
正是"北部地带"六州的特点。它们基本上是希尔想象力向西部延伸的结果。
现在，尽管不乏有骨气的当地人，它们仍然是作为大都市消费者的原料来
源地而存在的，地域广阔但缺乏政治地位。

　　"大都市"比单个城市要大；它是一个国家的核心地带以及工业生产
与文化创新中心点的总和。这些中心点传统上位于"北部地带"正东方向
的明尼阿波利斯、芝加哥、纽约、华盛顿及伦敦。然而，在过去一百年里，
大都市已经向西发展，要在地图上找到其位置已经比较困难。许多"北部
地带"以南的城市如丹佛、达拉斯、盐湖城、洛杉矶、旧金山，一些位于"北
部地带"之内的城市如波伊西、西雅图，以及一些更西的外国城市如温哥
华和东京，也都成了"大都市"的一员。它们是商品、资本、劳动力和思
想的集散地。

　　我们也可以称"北部地带"为边界地带。我是说它位于或接近国际边界，
也即欧洲人所说的边疆，此处指美加边界。该边界从红河河谷到胡安德富
卡海峡，绵延一千多英里，它横穿平原、高山、咸水水域，将两个原本是亲
戚的友好邻邦轻轻分开（两国关系融洽，他们以此为荣）。相对于南面的美
西边界，北部边界很少引起史学家的重视，尽管两个边界有相似的历史——
它们都是欧洲列强相互较量的产物，都有独立宣言和民族主义，都曾面临
主权纷争和跨界移民问题。尽管有人曾经从比较学和跨民族的角度做了一
些试探性的研究，我们并没有真正的关于北部边界史的学派，没有诸如赫
伯特·伯尔顿或约翰·弗朗西斯·班能这样的大家。[2]

　　要理解即将迈入新世纪的"北部地带"诸州，需要强调其内陆和边境
的双重身份，同时也需要了解这两种特征过去、现在是如何相互影响的。

要做到这一点，我们不仅需要把这些州视为位于一条东西轴线西端的地区，而且需要将其视为位于一个南北轴线中央的地区。换句话说，在过去一百年里，北部地带已经成为美国西部地区的一部分，同时，虽然程度较弱，它也越来越与邻邦加拿大的西部省份联系在一起，并因此属于一个与路易斯安那或宾夕法尼亚截然不同的世界。

我想详细讨论的是"北部地带"与大西部的融合问题。确切地说，我想知道在经历了一百年之后，是什么构成了这六个州的内在文化归属（身份）。我认为要找到它们的文化归属，先要确定整个美国西部的文化归属，也就是说，这几个西部各州的**共同特点**是什么？尽管这几个州既属内陆又属边境，身份复杂，将它们联系起来的共同纽带是什么？在其中的任何一个州生活，或者说成为一个西部人，意味着什么？

有很长一段时间，来到西部这片从大平原直到太平洋的土地上的人们对归属问题不大关心。他们感到没有多大必要去寻找自己的独特之处或者显示自己与东部美国人有何不同。他们单纯地、不假思索地认为自己是这个国家最优秀的儿女，是一个正在崛起的大国的先锋，一只她勇敢地挥向漫漫荒野的拳头。他们单纯地认为自己是美国的未来，这反映在所到之处他们所起的地名上：美国河、独立岩、弗吉尼亚城、华盛顿州，曾经计划却未实现的林肯州、杰弗逊县、路易斯安那县、克拉克县、麦迪逊县、弗里曼县、卡斯特县和谢里丹县。这些名字包含着强烈的民族主义精神、无与伦比的优越感和对美利坚这个伟大国家扩张事业的忠诚。他们坚信，向西扩展，这个国家会更加强大美好，会获得新生。

没有什么比 7 月 4 日这天曾经在西部地区举行的近乎神圣的庆祝活动更能表现早期西部人对不断增长的美国主义的忠诚了。从踏上西部之旅的第一批大篷车队起直到二十世纪，西部人正是在独立日这天表达他们对美利坚合众国的耿耿忠心的。他们竭力用自己的爱国热情表示对东部的蔑视。威廉·斯温（William Swain）描述了 1894 年 7 月 4 日在前往加利福尼亚淘金营地的途中，在沿北普拉特河往下距拉勒米八英里处举行的庆祝活动。中午时分，他与一块儿前去淘金的同伴们列队前进，在"星条旗永不落"的歌声中走到临时搭建的检阅台前，伫立着听人诵读《独立宣言》、一个爱国演讲，还有一个"嗨！哥伦比亚"的表演。接着，他们在两侧是两排马车、中间是车篷顶棚搭成的巨大餐厅入座，尽情享用这个国家的富饶物产：火腿、豆类、饼干、佐尼蛋糕、苹果派、甜糕、布丁、腌菜、醋、芥末酱加辣椒、咖啡、糖和牛奶。在领受了美国的富饶之后，人们开始没完没了地祝酒干杯。斯温写道，"男孩子把别人剩下来的白兰地倒在一起，他们干杯、欢呼，直到酩酊大醉、烂睡如泥。"[3] 在这喧闹声周围，高高的西部平原默默延伸，一望无边，对他们的豪言壮语漠然无视。但斯温和他的同伴们依然满嘴酒气，大言不惭，信誓旦旦，他们大体上在说："我们将把这个地方纳入美国，不论我们走向何方，我们所经之地都将成为美国的一部分。"

228 这是怀俄明州成立之前四十年的事了，但是它却代表了一种长期存在的以国家为归属的认同，这种情感在该州成立时存在着，而且今天在北普拉特河沿岸的一些地方它有时依然很强烈。在威廉姆·斯温看来，与众不同的西部人并不存在，而且在很长时间内也不会出现。

最先对这种盲目的国家主义提出异议，并对自己的归属提出质疑的人来自 1890 年代的西部居民。尤其是在广阔的大平原及内陆山谷地带，人们开始担心自己也许并非真如曾经希望的那样是美国的未来。他们不但没有从东部地区夺得权力和财富并取而代之，成为真正的"美国"，反而有可能沦为穷困潦倒的流浪汉，任人剥削，财产丧尽，被人遗忘。这个怀疑时期就是我们所说的"平民起义"时期，不过怀疑并没有因 1896 年平民运动的失败而告终，它在随后的几十年间不断增长，直至 1920 年代和 1930 年代，史学家和其他知识分子开始审视西部人在整个国家的地位。其中最知名的就是沃尔特·普雷斯科特·韦伯：一位来自德克萨斯州由沃思堡、阿比林和威奇托福尔斯构成的三角地带中部的斯蒂芬县的青年。这位未来的史学家在成长过程中深感自己远离美国文化的中心地带。G. M. 托宾写道："他儿时读过的书没有一本能告诉他西部平淡的生活方式在美国总体生活中有何地位；这些书的内容无一例外地都以东部或欧洲为标准。"[4] 因此，韦伯开始撰写他自己的著作，事实上，他想通过历史，通过研究何为西部以及它如何区别于美国其他地方，来找到自己的身份。在两次世界大战之间，类似的动机也曾激励过来自犹他州的伯纳德·德沃特、蒙大拿州的约瑟夫·金赛·霍华德，以及其他一些学者。　229

　　针对西部归属问题出现了西部是殖民地或"被掠夺的对象"的说法。除了加利福尼亚这个西部家庭的宠儿外，其他西部州一并被视为东部资本的受害者，而詹姆斯·J. 希尔之流成了众矢之的。但令人不解的是，这种依附局面只有靠设立在东部的联邦政府来纠正，而它确实努力这样做了。西部人的自我意识不断高涨，他们迫切要求得到国家的承认和援助；于是在新政时期，联邦政府向西部各州发放了大量资金，结果是二战后西部开始起飞，经济、人口持续增长，以致国内的权力分配向西部大大倾斜。[5]

　　当然，地位的上升和权力的重新分配并不均匀。最近五十年进入西部的居民大部分已经迁移到较为温暖的西南诸州。西部的大片区域仍属人烟稀少、地位低下的乡村，而且在可以预见的未来可能依然如此。由于没有足够的人口、水资源以及可利用的土地，爱达荷永远不可能成为南加州的竞争对手。正如威廉·罗宾斯强调的，大片人烟稀少的西部地区仍然是被掠夺的对象。[6] 当然，缅因、西弗吉尼亚和印第安纳处境相似；另外，每个州都有乡村居民、不同种族的城市工人、妇女和儿童、有色人种、老人、残疾人以及未受教育者，这些远离全球经济顶端的人也是被掠夺的对象。不过，最令人感叹的不是许多地方依然存在着剥削——西部人仍然不得不面对这一事实，并努力改变之，最令人惊讶的是，战后经济发展模式并未消除对归属感的追求。相反，这种追求变得比以往任何时候都更加执著和迫切。也许西部人已从民族先锋沦为东部大公司掠夺的对象，继而又进一步沦落为全球资本主义的一部分。它时而领先，时而落后。但是，有一种不断增长的趋势与这些变幻不定的外部政治和经济关系相对抗，那就是，西部人在扪心自问：究竟是什么使他们与众不同？

如果说韦伯是第一个有区域意识的西部史学家的话，如今他的追随者已数不胜数。成立于 1961 年的"西部史协会"已有数千名会员，此外还有更多的人活跃在各州和各地的史学学会里。越来越多的作家、画家以及倡导历史保护和装饰艺术的人加入了他们的行列，形成一个探索西部区域独特性的不可或缺的智囊群。无论西部是什么，其身份特征根植于过去，它将被那些既有同情心又有冷静的批判态度的史学家和艺术家通过研究和创作发掘出来。塑造身份的过程已经开始。我们可以放心地说，这些史学家和艺术家的想象力已经超越了在怀俄明平原上高唱"嗨！哥伦比亚"的威廉·斯温。但他们歌唱的**是**什么呢？他们**应该**歌唱什么呢？

几年前，我曾提议，寻找西部身份应该放弃边疆主义神秘而缥缈的高调，放弃"野蛮人"、"文明"、"处女地"、"天定命运"这样的抽象口号，而应该脚踏实地，置身于西部自身的物质现实。[7]具体地说，我倡议首先关注农业和人类生态学，也就是西部人依靠土地谋生的独特方式。在西部各州有两种广泛采用的谋生方式使之区别于东部：首先是老式牛羊畜牧业；其次是较晚出现的为促进灌溉农业而修建的大型水利业，灌溉农业带来了土地使用的集约化、更稠密的乡村定居点以及高密度的绿洲城市。当然，这两种方式并非完全独立，它们是普遍的资本主义人地关系的体现，尽管也受地区性气候、水资源供给和植被状况影响。畜牧业和水利业之间并非互不相干，它们往往像在美国许多地区所看到的那样交织在一起。然而，它们有着各自不同的历史联系和发展方式，因此，为分析起见可将它们区别对待。在我看来，要想从根本上理解西部特色，史学家必须追溯这两种土地利用方式的历史。换言之，他们必须对该地区的**生态适应过程**有所了解。

我并不是说一个地区的特征**仅仅**是由其物质基础决定的，它还取决于人们**看待**自己及自己家园的方式。换句话说，我们不仅需要书写西部的生态环境史，也需要书写西部的内在文化史，后者目前基本上仍属空缺。

我之所以推崇帕特里夏·尼尔森·利默里克（Patricia Nelson Limerick）231 的作品，原因之一就在于，她是长期以来认真思考西部内在文化史的第一人。她的新作《征服的遗产》（*The Legacy of Conquest*）号召我们超越琐碎的研究，高瞻远瞩，探讨西部人在思想和感受上有何独特之处。她要我们探讨当西部人跨越了种族界限时，他们彼此之间的想法和感受是什么：他们想些什么或者感受到了什么？或者他们的思考或感受中缺少些什么？她发现在西部有一个与外部世界不同的，甚至是对立的精神世界：

> 人类学能帮助我们分析美国白人对待西部的态度。有一条人类学法则，即文化具有异乎寻常的持续性。拿美国印第安人来说，尽管作为其基础的经济政治结构已经灭亡，但他们的信仰和价值观仍会延续。印第安人如此，美国白人也一样，面对事实的挑战，白人看待西进运动的价值观依然充满激情，不见衰减。[8]

那些固执的思维习惯，那些虽然令人烦恼、代价高昂，甚至会招致自我

毁灭却依然顽强存在的思维方式，仍没有引起我们的足够重视。种族竞争和
种族征服就是这些思维习惯中最重要的一个。虽然白人的征服事业可以说在
一定意义上已经失败了，少数族裔已成功地抵制了白人入侵者，但这种思维
方式依然存在。牛仔仍开着丰田货车在牧场上奔驰，高高的牛仔帽被低矮的
车顶挤扁。西部白人仍没有学会接受多种族世界的现实。

　　当我们完全采用利默里克的多种族人类学视角时，对区域身份的探寻
就变得艰难起来。利默里克要求我们书写曾经在西部奋斗、生活的所有种
族和族裔的文化史，他们有的十万年或数十万年前就来到此地，有的则是
上个星期刚刚到达。即使真有一个共同的归属感，那也不是白人征服者单
方面把自己的经历、记忆和信仰强加在其他人身上所致。首先必须认识到，
西部之所以不同于其他地方正是由于各种截然不同的民族在此相聚，其中
包括现代亚裔美国人、欧洲裔美国人、古亚裔美国人，他们面面相觑，或
者试图理解对方，或者毫无收获。这在世界上任何其他地方都没有过。西
232 部历史是一场多种语言同时进行的对话。
　　毫无疑问，利默里克是从道德的高度来建议我们如何看待区域史的。
白人的共同经历不应被视为唯一重要的历史经历。但是，接受这种新观点
使我们面临一个困境：是寻找一个西部人真正**共有的**历史呢，还是一部由众
多族裔书写的历史？它如此多样、如此支离破碎，以致我们无法找到一个
统一的区域身份。在我看来，现实是残酷的，就种族而言，从未有过什么
共同的西部身份。西部居民从未真正在多元化的环境中生活过。相反，他
们生活在自己族群的圈子里，讲着不同的语言，表达着各自的信仰和价值
观，并发展出各自的身份特征。例如，白人从未接受多少印第安人的世界观，
印第安人也从未完全接受白人的世界观。或许有一天会出现一种更为综合

的西部人，他是众多种族长期相互交流的产物——那时，西部人将能洞悉其他所有人的观点，成为一种新人。但这种复合型的西部人目前并不存在。

在另一个层面，至少就白人而言，利默里克在如何对待西部思想史问题上给我们上了十分有意义的一课，那就是：在西部，有一种把主观理想与外部世界分离开来的倾向，几乎到了天真烂漫的程度。其他史学家，尤其是亨利·纳什·史密斯，曾经提到同样的思维习惯，尽管他们关心的主要是有关自然环境而非社会现实的思想。[9]当然，这种思维模式不只局限于西部，但西部似乎有一种特质，能加强逃离现实、想入非非的倾向。西部尤其是个醉生梦死的地方，一块幻想与怀旧的土地。在这里，人们似乎不断地想从他们已有的生活中逃离出来，进入一个想象的美好世界。这个世界有时属于未来，有时则很快成为过去：一个隐藏在落基山区某条河谷中的农业乐园；牛仔赶着牛群从得克萨斯向北移动；美洲野牛重新在草原上游荡；一幢废弃的酒屋，里面仿佛仍然回荡着当年的钢琴声。西部人脑海里充斥着这些凌乱不堪、转瞬即逝的记忆与传奇的碎片。我认为，原因就在于西部不是一个从悠久而持续的历史中稳步成长起来的地区，而是一个充满了剧烈变化、无休止的挪动和超常断裂的地方。在这里，时间似乎完全碎裂了，给人带来的不是持续不断的体验，而是一个又一个飞奔的记忆之亮点。在这里，一个人幼时曾看见比利小子骑马穿过小镇，去参加一场枪战，晚年却看到原子弹可怕的蘑菇云在地平线上腾起。怪不得信仰、梦想与现实如此脱离，世事沧桑，变化之快令人无所适从。

在西部的政治想象中，梦想与现实的反差尤其强烈。我们还没有一部完整的西部政治想象史；当这样的著作完成时，我们将领会这种反差有多么强烈，以及西部人在哪些方面、在多大程度上有别于美国主流社会。西部人渴望拥有一块土地，并且使用时不受任何个人、团体或组织的干涉。

这个渴望不是西部人发明的，在刘易斯和克拉克之前，甚至是美国宪法颁布之前，它就存在于白人心中了。我们可以称之为"洛克法则"，因为正是约翰·洛克在十八世纪早期提出，人主要是通过获得土地、对其进行开发、将荒野变成田园来实现自己的价值的。这种观念认为，我们的财产全是个人努力的结果，不关他人的事。而且，这种理论认为，我们所有的自由和权利都来自拥有财产，而自由社会就是生活在其中的人能够按自己的意愿最大自由地获取并使用自己的土地。这种思想在十九世纪中晚期达到了高潮，那时美国人正横渡大江长河，加入历史上最大的地产买卖。如果我们接受刘易斯·哈兹的理论，即新社会从建立时盛行的观念中获得自己的特征的话，那么西部社会深深地被这种追求私有财产的思想所影响。[10]用哈兹的话来说就是，西部人高举霍雷肖·阿杰的大旗，在内战结束后踏上这片"上帝许诺的土地"，从此再也不想离开。他们希望在西部获得土地和资源，施展他们的企业家才能，发家致富，他们不需要其他目标和生活准则。

但就在第一批移民和建州浪潮之后不久，西部地区开始被迫从不断前进、勇于创新的东部接受另一种价值观。从 1891 年起，联邦政府开始保留西部的部分土地，将其作为永久的公共土地，不再向私人发放。此举起始于《森林保护法》的颁布，该法案在几年内将 34 000 万英亩森林从市场撤出，这些森林全部位于西部。在国有土地中设立公共土地的想法主要来自一个名为"美国森林协会"的组织，其主要成员是一些深受欧洲森林和土地社会化观念影响的东部人。他们提出对洛克的旧财产观进行修改，要求将土地归集体所有，由集体管理。在西奥多·罗斯福任总统期间，新思潮不断壮大，同时联邦政府向私人关闭的土地越来越多，甚至开始购买私人土地，以增加公地面积。如今，美国国土面积的三分之一，约 74 000 万英亩土地由联邦政府控制，其中包括森林、国家公园、牧区，等等，绝大部分在西部和阿拉斯加。蒙大拿土地的 37%、爱达荷的 65%、加利福尼亚的 45%，以及亚利桑那的 73% 因此得以摆脱霍雷肖·阿杰和约翰·洛克的魔掌。

这一系列事件对西部的影响如此深远，我们仍没有充分认识其重要性。它使该地区陷入了意识形态的泥潭。洛克式的关于自由财产是自由人的保障的旧观念与公有制是社会安全的保障的新观念相冲突，其剧烈程度没有任何地方能够相比。

把这种东西部之间的冲突与众所周知的南北方冲突进行比较会很有启发性。引发了内战的南北冲突的焦点是奴隶制：一部分人是否有权将另一部分人视为自己的财产？相比之下，东西部之间的冲突则集中在土地私有化问题上：一部分人是否有权控制过去以国家名义获得的土地？南方虽然失败了，但他们从未彻底原谅北方人，尽管他们或多或少承认自己在道德上理亏。现在，西部人也失败了，公共土地已经永久地为公共所有，而且将一直如此，它在可以预见的未来将一直掌握在联邦政府手中。迄今为止，"艾草起义"没能扭转这个局面。但是，失败的痛苦刻骨铭心，仇恨一触即发，许多西部人仍在为他们失去的伟大事业而奋斗。

土地不只是被拥有、被争夺的对象，它还以更微妙、更复杂的方式渗入了西部的存在。事实上，要了解该地区的内在文化史，就必须把目光投向土地的**各种**影响上——不只是对占主流地位的白人，而且是对所有居民。在某种意义上，长期以来，西部人在相互交流的同时也在与自然景观交流，后者对他们的想象力的影响微妙深入，很难描述。

几乎每一个进入西部的现代人都会受到精神上的震撼和身体上的考验。235 这里似乎不是为了人类的享受而造就的。即使是在这个高速旅行的汽车时代，海拔较高的西部大平原仍是一种对耐力的考验和对占有欲的蔑视。再往西是地球上最高最险的山脉之一，景色虽然壮丽，跨越却极为困难。接着则是荒凉不堪、环境恶劣的内陆沙漠。即使在今天，这里的景色仍很难让人对之产生好感，来这里的多是愤世嫉俗、卓尔不群、形单影只的另类人。西部到处都有充足的空间——岩石、土壤、气候，景色严酷粗犷，就像古代的神灵，时而令男男女女们感到卑微、渺小，时而令他们振奋、怖畏。

　　许多与威廉姆·斯温一起来到西部的第一批白人都怀着发财致富的梦想，仿佛黄灿灿的金子正躺在河床上等着他们采集。但是，几乎不论在哪里，黄金很快告罄，随之而来的是可怕的极度贫困。与其他地区不同，面对西部土地，人们最深的印象不会是物产丰饶、坐享其成；相反，这里满目荒凉，历经磨难，大大挫伤了美国人的期望和经验。

　　尽管条件恶劣，人们对这片土地仍然一往情深，似乎有点不符合理性与逻辑。例如，几乎每个西部州都把某种能代表其土地的东西，往往是独特的景色或土特产印在该州的汽车牌照上。"海阔天空"、"神奇的土地"、"大峡谷之州"，或者是一枚土豆、一座山峰的轮廓、一束小麦。这些标记中有的公然表达了人类征服自然的姿态，如怀俄明州的汽车牌照是一个正在试图驯服一匹野马的牛仔，这是西部人最喜欢的形象之一，也是牛仔竞技表演中一再看到的东西。也许，所有这些彰显身份的牌照都承载着一种征服精神，像战场上缴获的战利品一样向世人昭示，尽管敌人很强大，我们的部队仍然成功地将其征服。也许，这些标记象征着某种神秘的地区沙文主义，也像常见的民族主义或种族中心主义一样充满了对抗性与褊狭。但是，我认为这些标记也有其值得肯定的地方——它们表达了一种对严酷、雄伟、壮丽的土地的接受。西部人紧紧地同这片土地联系在一起，这种感受连他们自己都有点不知所措，难以言表。他们感到自己属于这块土地。不管走到哪里，他们都随身带着关于这块土地的某种图腾形象。

　　你很少会在政府大楼里看到这种土地之情，因为政治家与商人、工程师和会计师一样,通常不跟这种东西打交道。但是作家往往很熟悉这个题目,他们试图通过形象、人物和故事来揭示和表达人的心灵史;而且因为艺术需要体验,所以他们描写的是一些他们熟悉的、与他们生活在一起的人的历史。当我们把目光转向西部作家的作品时,我们就能发现西部人心目中土地的意义的线索。

我发现,西部小说首先表达的是一种强烈的、人类深深植根于自然循环与形态之中的意识;其次则是一种对西部景色的独特的心理作用的迷恋。无论是白人作家还是印第安作家,男作家还是女作家,西部作家不会笼统地将人类生活作为一种在本质上绝对地属于文化的东西来描述,他们不会认为人类生活只不过是一代又一代人的经验的积累;相反,他们笔下的人物在一个远远超越了文字记载的地方奋斗,时间仿佛是永恒的。他们笔下的个体与这样一个无尽的世界抗争,结果往往是失败、消亡、抛弃小木屋,任其颓败。悬崖上的住所空空如也,家人的遗骨散落遗失。即使今天,在那些着重描写城市、工业和技术权贵的作品里,人类在西部的成就仍然显得短暂易逝,大自然的力量却无所不在。

和本地人一样,外来者也得出了一切努力皆属徒劳的结论。新泽西作家约翰·麦克菲在查找昔日怀俄明州的历史资料时引用地质学家戴维·洛夫的话说:"如果说我们学到了什么东西的话,那就是不要与自然为敌。要顺应自然、适应自然,因为大自然不会顺应人类。"[11]

我并不是说每一个西部人都学会了这种谦卑,他们还没有;相反,我要说的是,正如许多观察者认识到的,学会谦卑**正是**西部生活给我们上的一堂课,正是无处不在的白垩纪、二叠纪和寒武纪地质景观,是岩石、风、尘土、造山运动与风化侵蚀、森林大火与草原旱情这些自然力量给我们上的一堂课。在这一点上,其他地方的美国人可以来西部取经。

在如此强大而持久的自然面前仍然坚持人类要控制地球，这简直是异想天开。当代作家中没有谁比华莱士·斯泰格纳（Wallace Stegner）更好地

237 表达了这种观点，他在几乎是三十年前写的有关荒野的著名的信中说：

> 正当我们表明自己是有史以来效率最高、最无情的环境破坏者，并在这块蛮荒大陆刀耕火种、披荆斩棘之时，荒野也在影响我们。正如印第安名字仍然散布在大地上一样，荒野也存在于我们心中。假如追求人类自由与尊严的抽象梦想在美国已不再是抽象的东西，至少部分原因在于这样一个事实，那就是我们不知不觉已被我们所征服的荒野征服了。[12]

斯泰格纳讲的是整个美国，但是他是站在西部人的角度、以一个在该地区生活了半个世纪的人的身份说这番话的，他是用属于西部人的方式来看待美国经验的。匹兹堡或查尔斯顿的作家对历史的理解会有所不同。但对斯泰格纳而言，正如对许多西部作家一样，土地是最为重要的，它公然地、无情地摆在人类面前，狂傲不羁、不可驯服，它亘古不变、难以改造，它广袤无垠，不听摆布。面对这块土地，被它征服，西部人开始找到自己的归属。

在未来的一百年里，西部各州会不会产生一系列与我所说的截然不同的特点，从而使它们与其他地区或者更相似或者更不同，或者更具特色或者更少特色，抑或以新的出乎意料的方式展示自己的特色呢？我们常常听到这样的警告：西部最终会消失，会像其他州一样成为跨国公司、政府机构以及技术权贵统治的千篇一律的世界的一员。但另一方面，我们也看到，人们似乎比以往任何时候都更渴望独特性和归属感，西部这样的地方能满足这种渴望。我们还需要等些时日才能知道究竟哪种趋势会最终取胜。与此同时，一个比我们想象的更为深邃的西部史正等着我们去书写。

第十一章

没有秘密的土地

　　最近我在读一本书，书名很忧郁，叫做《自然的终结》(*The End of Nature*)。在护封的照片中，作者比尔·麦克基本（Bill Mckibben）身着林居者的格子衬衫，是一位住在纽约州壮丽的阿迪郎达克山区的喜欢户外活动的幸运的年轻人。尽管他的居住地环境优美，照片中的他满面春风，但作者却在为人类活动所引发的全球大气变化而忧心忡忡。他指出，在接下来的一个世纪，因燃烧化石燃料而释放到空气中的二氧化碳会增加一倍。据科学家计算，新增的二氧化碳会使全球平均气温增加华氏三至八度。这还不算，高空臭氧在锐减，热带雨林正迅速消失，地球的每一个角落都处于人类的掠夺之中。地球上再也没有独立的、原始的、未被控制的自然了。麦克基本哀叹到，我们已经征服了自然，而且更糟糕的是，我们完全毁掉了被我们征服的自然。"自然的意义在于它的独立性；没有了自然，就只剩下人类。"[1]地球上的每一种事物在某种程度上都成了人工制品，带上了我

239　们人性的缺陷。因此作者提醒我们要学着谦逊点。但是，尽管麦克基本先生对于事态严重性的看法颇为中肯，一点点谦逊能起什么作用却很难说。

正因为我也相信人类的确到了应该学会谦逊地看待自己在生命这出伟大戏剧中所扮演的角色的时候了，我不得不对麦克基本的书名提出异议。如果我们认为自己已经完全征服了自然、控制了地球，那么，我们将不大可能去培养谦逊的美德。要知道，胜利者通常是不会交出他们的战利品的。

当然，我们有足够的理由为我们所造成的生态灾难担忧，并为此感到愧疚。我们确实已经成为一股强大而危险的力量，而且已经威胁到自己的存在。但是"自然的终结"真的来临了吗？地球已经成为人类文化的一部分了吗？没有，绝对没有，那是一个我们永远也不会达到的目标。或者说，那是一种我们没有能力去犯的罪行。

"自然的终结"这句话让我想起了另一个曾经轰动一时的说法——"历史的终结"。它的提出者是三十八岁的国务院官员弗兰西斯·福山（Francis Fukuyama）。福山认为随着苏联共产主义的垮台，美国已经击败了唯一的对手，取得了最终的胜利。在这场意识形态的冷战中，我们赢了，或者至少说资本主义赢了，因此推动现代历史前进的动力已消耗殆尽。福山声称，"在后历史时期，将不会再有艺术和哲学，需要的只是对人类历史遗产的永久性看护。"[2] 当然，人们只把这个说法当作一种庄重的玩笑，理智地不予理会。跟麦克基本一样，福山跟我们玩了个花招，他先以过分狭隘和含混的方式定义自己的概念，然后再完全推翻他所定义的东西。在麦克基本那里，结论是一种过分的消沉；在福山这里，结论则是一种过分的自我庆贺。对于这两种情况，我们都需要冷静客观地看待，以便从这些片面的定义中解脱出来。

　　我之所以反对这两个"终结论"，还有一个个人原因。我的职业是一位环境史学家——研究历史上人与自然的相互作用，寻找其中的发展趋势，探讨现有问题的根源，聆听人类与地球的古老对话。如果自然完全变成了文化，那就不存在两者的相互作用，我也就没有什么可研究了。如果自然作为一种独立的力量或秩序已经彻底消失了，那就不会有新的环境史可写了。如果连历史都死了，我就只能转行，或许做个卖鞋的之类了。

　　当空气中充斥着不切实际的想法或者是某种事物将绝对"终结"这样的言论时，史学家们常常会变得不耐烦。他们相信，在具体的时空条件下，结尾与起始似乎总是连在一起的，看似走向消亡的事物其实正在走向新的开端。一个矛盾的解决往往为下一个矛盾的出现埋下了伏笔。在我们因自然的失败而过度消沉，或者因资本主义的胜利而得意洋洋之前，我们应当走出书斋，看看在现实生活中技术与自然相遇的真实情景。 240

　　每个人要去的地方不一样。我选择的是我最熟悉的地方——北美大平原，也是西进运动的大门。大平原所养育的最杰出的女儿之一维拉·凯瑟称这是"一块没有秘密的土地"。[3] 在大平原上，人类与自然关系的真相无处藏身，只要我们睁开眼睛，没有什么东西会妨碍我们看见真相。这片富于揭示性和原始性的土地可以帮助我们提出根本性的问题，并找到清晰有力的答案。像西部其他地方一样，欧洲人定居大平原较晚，在这里我们（白种人）的历史短暂易见，并且是用通俗易懂的语言记录下来的。当然，大平原印第安人的史前史中包含着我们现代人所不知道的秘密，远远超出了凯瑟的能力——那是一段非常神秘的历史。在白人到来之前，这里的居民是如何理解这块土地的？他们是如何对待土地的？除了少量石制箭镞、骨头和传说故事外，他们的世界已经彻底消失了。然而，大平原的现代史却摆在我们面前，一览无余，与大多数地方相比，在这里我们更能学到人类与土地不断变化的关系的本质。

　　我想带您去一个叫做希马隆国家草场的地方，它位于堪萨斯的最西南角，远离大城市。它因缓缓流经该地的希马隆河而得名。"草场"一词意味着一望无边、绵延起伏的草之海洋。事实也正是如此：107 000英亩土地覆盖着野牛草、蓝格兰马草、碎石草、侧穗格兰马草、西麦草以及垂穗黄草，这些都是当地草种，此外还有个别异域草种。沿河谷地带散布着一些树丛，一片片碧绿的三角叶杨和沙堤柳，它们曾为圣菲小道上的旅行者提供木材和阴凉。十九世纪下半叶仍然出没在这里的野牛现在没有了。不过还能看到作为大平原蛮荒时期代表的大多数野生动物，包括叉角羚、郊狼、草原犬鼠、红尾鹰和响尾蛇。这儿的天空仍然如此辽阔，使人感到自己好像是休斯敦太空巨蛋球场里在地面上匍匐爬行的小虫。脚下的表层土依旧是从前的土壤，第四纪的风把它沉积在此，一百万年以来岁岁枯荣的草使它变黑，偶尔有一两块三叠纪的砂岩裸露出来，作为点缀。面对这些事实，大多数人会同意，这里毫无疑问属于大自然。但是麦克基本却说自然已经死了，难道说眼前的这些都是人类制造的？

　　环境史学家注意到，这个草场的所有标志牌上都有"国家"一词。他申请到一个科研项目，来到华盛顿国家档案馆，对这个词的来源进行研究。在农业部土地利用司的资料中，他发现，这块土地是联邦政府1937年至1943年间从一些因沙尘暴而贫困潦倒的小麦种植者和牧牛人手中购买的。眼前这片生机勃勃的草场那时是一块荒地，是沙尘暴区的一部分。在当年档案中的照片上几乎看不到草地，到处是光秃秃的荒地，一派凄凉。照片中还有被废弃的农舍，这些房子的残骸现在半掩在草地里——一块块破裂的松木板已经腐烂变黑，当年这些木板从明尼苏达的森林运来，供这里的农民盖房用。一束束生锈的铁丝网仍然露出地面，说明这里曾是围起来的牧场或农田。

　　其他记录显示，希马隆国家草场只是沙尘暴年代开始实施的二十四个土地收购项目之一，这些项目分布在从俄克拉荷马和新墨西哥向北至南北达科他，向西至爱达荷和俄勒冈的十一个西部州，总面积近 400 万英亩。之后，土壤保护局用了十多年时间以及大量的农业机械在这里重建原生草原。最终，当草地重新苗壮生长时，这些土地被转到林业局手中，林业局开始将它们租给当地的牧场主，最终于 1960 年宣布它们为国家草场，与国家森林同等地位。今天，这里羚羊、尖尾松鸡、长耳大野兔与赫里福特牛共存，后者是一种肉牛，其祖先几百年前生活在英格兰，后来才被带到美国。换句话说，史学家在希马隆国家草场上发现大量有关人类入侵、人为灾难、人为修复和人类干涉的事实。[4] 这里的自然毫无疑问受到了文化的影响。但我们能说这个地方是一个人工制品吗？

　　在试图回答这个问题之前，我想先把视野放宽，提醒大家，长期以来西方文明一直渴望着将地球的每一个角落完全变成文化景观。包括弗兰西斯·培根、勒奈·笛卡尔、约翰·洛克、亚当·斯密、布丰伯爵和卡尔·马克思在内的许多人，都做过征服自然的美梦。在他们的影响下，人类越来越把自然当作一个可利用的仓库，而不是一套必须遵循的法则。如果说现在地球已经完全处于人类的掌控之下，那就意味着他们的梦想已经完全实现。

　　生态征服的理想并非美国人首创，但我们却把它发挥得淋漓尽致。我们横穿北美大陆，不仅以传统的帝国主义方式制服了那里的人民，而且征服了"荒野"、"土地"、"干旱条件"——这些抽象名词所代表的是我们心目中的敌人。我们认为这种征服基本上是和平的，是技术战胜自然的快乐之举。我们手握铁锹和斧头，开着推土机，或者用核能让大地献出无尽宝藏，满足人类的欲望。不用说，在征服的过程中，土著人的失败只不过是一个小小的插曲。

在这些抽象概念的蛊惑下，美国人往往意识不到自身行为的毁灭性。不论是苏族人还是科曼切人，他们都算不上人，算不上有血有肉、有生命的人类群体。他们在我们的追赶下逃跑，或者在我们的手中受苦，他们只不过是我们所要征服的"自然"的一部分。还有那些被我们集体消灭的熊、麋鹿、河狸、白杨、松树，它们没有被当作真实的生命体。假如我们承认它们也是有活生生的需求、有自身利益的健全的生命体，我们就不会那么轻率地手持武器侵入它们的领地。毕竟，美国人过去、现在都是反抗压迫的民族，我们对被征服的受害者富有同情心；但是在征服北美大陆的过程中，我们长期压制这种情感，以回避自己所处的道德困境，坚持认为我们跟其他的压迫者和征服者不同。我们追求的不是利润、市场、土地、房产、原材料这样渺小而世俗的东西，我们是在为建立一个人类自由的精神王国而奋斗，是在为全人类的自由和正义奋斗。要建立这样一个帝国当然要消除所有敌对思想。所以，千万不要指责我们，说我们杀害了数百万野牛；其实，我们杀死的是"野蛮"，野牛只是符号。如此一来，征服变成了高尚的事业，其破坏性具备了仁慈的内涵。

尤其重要的是，美国使广阔的西部成为技术战胜自然的中心舞台。一个多世纪以来，直到二十世纪六十年代，人们所熟知的西部史是一部为实现伟大理想而征服自然的故事。取掉这段历史中那些漂亮的细节，如克星·简的爱情、普罗蒙特里点①连通洲际铁路的黄金道钉、成千次驱赶牛群的牛仔的粗茶淡饭、清晨嘹亮的军号声，剩下来的则是一部斗争、拼搏、克服

243

---

① 普罗蒙特里点：犹他州地名，1869 年美国洲际铁路于此交会，庆祝仪式上用黄金铆钉连接最后几节铁轨。——译者注

一个个自然障碍，获取西部控制权的传奇故事，而这些都是在伟大的口号下进行的。美国人是好人，"好"即"强"，美国西部人是最棒的，也是最强的。他们，包括妇女在内，都身着皮衣，手持枪支。他们勇敢顽强，宁死不屈。随便拿一部泽恩·格雷（Zane Gray）的小说，里面人物的名字仍能引起我们的强烈共鸣：《小路上的阴影》中的韦德·霍尔登，《紫艾草骑士》中形只影单的拉塞特，以及《边境传奇》中的吉姆·科利夫。故事总是以他们的胜利而告终，即使不是每场战斗都如此，决战时刻的胜利也绝对属于他们。虽然有时西部人并不像电影中那样高大魁梧、武艺超群，他们仍然能够用其他的方法和手段，用智慧、理性、科学、集体力量、勇气或神权来战胜自然。他们可以成为工程师、企业家、神父、探险家。妇女可以在炉灶旁为征服事业做出自己的贡献。总之，不论所涉及的个人如何，目的都是打着高尚的道德旗号去征服土地。除此之外的任何结局都难以想象。

弗雷德里克·特纳关于拓荒者的一句话精辟地概括了传统西部史的要害："一步步，他改变了荒野。"[5] 对特纳和大多数美国人来说，西部史唯一重要的主题是野蛮的自然力与男性拓荒者之间的抽象战争，一场你死我活的战争。

今天，也许是有史以来第一次，我们能够以一种客观的、批判的态度来看待那个老式的简单化的"征服"故事。实际上今天很多人在听到任何关于控制地球的吹嘘之辞时都会感到惭愧。我们现在不太听得到这种话了，用关于进步和美德的许诺号召人们勇往直前的做法已不再时髦。我们对过去的错误有所认识，我们开始意识到，征服的口号可能是破坏性的、幼稚的。所以我们开始用"增长"或者"发展"一类比较温和的词语婉转地描述正在发生的事情。或者，由于不知道该如何继续谈论人与自然的关系，我们干脆改变话题——完全忽视自然，甚至否认其存在，坚持认为它纯属人工

制造，已完全被文化吸收。美国曾经是一个渴望征服的民族这一重要历史

244 事实就这样被淡化了，却没有真正地反思。直到今天，人们仍然避而不谈
征服给美国人及自然环境带来的影响。

　　史学家存在的目的就在于正视而不是逃避历史。我们有责任挖出过去
的思想，揭示它们如何依然影响着人们的所作所为，并提出以下问题：在
试图征服西部自然时，我们的目的是什么？这个目的实现了吗？征服行为
持续了多久？征服行为对征服者产生了什么影响？

　　我们先看第一条，看看那种认为我们已经征服了西部自然的观点。事
实上，我们并没有绝对地征服自然界，我们所征服的只是一个我们称之为
自然的概念，一种抽象的东西。麦克基本最终也承认这一点，"当我说我们
已经终结了自然的时候，显然我并不是指自然过程已经停止——阳光依旧
照耀，风仍在吹拂，生命仍在生长衰亡，光合作用、氧化作用仍在继续。
**但是我们已经终结了至少对现代人来说唯自然才有的特征，即它与人类社会
的隔离。**" [6] 此话出现在书的中间部分，作用甚微。但这个定义很关键，也
很精明。如果我们将自然定义为完全与人类相隔绝，不包括任何人类或人
类行为的痕迹，毫无疑问自然已经终结了。但是，这样的自然何时存在过？
一百多万年前，当第一个直立猿人穿过非洲大草原时，这样的自然就已经
开始消失了。如果用麦克基本的方法将自然定义为完全与人类隔离的话，
那么从游猎的亚洲人穿过白令海峡，开始围猎猛犸象那天起，北美洲就脱
离了自然状态。这些人的后代火烧草原，然后把玉米种子埋在土里，他们
在地上垒坟，不断打破人与自然的隔离状态，他们这样做要比入侵北美、
发明汽车、向空气中释放大量二氧化碳的白人早得多。

　　当然，麦克基本煞费苦心提出的这个纯洁无比的自然实际上是现代欧
洲人的发明。当欧洲人来到新大陆时，他们以为发现了一块完全与人类社

会相隔绝的自然——一块欧洲男人想象中的处女地。其实，这块土地只是与白人而非所有人类社会脱离、隔绝。欧洲人迫不及待地想要结束这种隔离状态，占有这块土地。

让我们再看看那块叫做希马隆国家草场的地方。远在农业部进行草原恢复工作，种植小麦的农民犁掉草皮、种上庄稼之前很久，这里的自然就已经开始接触人类社会了。的确，与白人相比，早期土著社会人口数量要少得多，技术也有限得多。据人类学家杰罗德·列维计算，白人入侵前南部大平原上生活着大约一万土著人。也就是说，当时的人口密度大约是每30平方英里一个人，几乎小于生存在那里的任何一种动物。[7]印第安人的智力并不比我们差，但他们只有少量工具，而且都是石头和木头做的。他们可以猎到一些野牛，但是却不足以使野牛数量明显下降。当他们最终被欧洲侵略者赶走时，留下来的只有一些被猎杀的野牛的尸骨。然而，根据麦克基本的逻辑，当他们在这里生活，从土地上索取微不足道的生活所需时，就已经宣告了"自然的终结"。

说到这里，我们会感到大惑不解，即使是在毫无遮掩、富于启示的大平原上，自然的本质和秩序也显得如此复杂、模糊，令人迷茫。我们不得不得出这样一个结论：尽管在那些非人类创造和操纵的景观中明显地存在着种种模式、过程、事件和生命，但不论在哪里，我们都无法给自然下一个简单明了的定义。我们必须承认，这些东西的存在并不是我们的功劳；它们不是人类文化的产品。麦克基本所罗列的"自然过程"——阳光、风、生长衰亡——在今天的西部跟创世之初一样活跃。今天这里生长的野牛草同样是自然的一部分，尽管该草的种子是十九世纪四十年代用麻袋运到这里，用福特拖拉机播进土壤中的。叉角羚的归来在一定程度上归功于人类，但是它们仍是靠那比人类更久远的进化本能自己跑来的。在许多其他方面，

245

自然仍没有被人类征服，甚至可以说很少处于人类的控制之下。所以，我们不得不承认，自然是一个相当复杂、顽强、精巧的东西，远非我们的语言和研究所能说清道明。我们难以定义的东西，当然不能完全征服。

乘飞机从三万英尺的高空俯瞰，希马隆草场似乎完全处于人类僵硬的掌控之中。草场的边界与国家土地测量网，也即由市镇分割线构成的几何网完全吻合，该测量网曾经从阿巴拉契亚山向太平洋沿岸延伸，是西进运动的先导。让我们从更高处，从月球上俯视同一地点，这时所有的人为界线都消失了，云层、辽阔的土地和海洋似乎控制着一切。让我们往下降，回到地面，徒步前进。这时，一条响尾蛇看起来比人更像这里的主人。我们真的完全控制了昆虫界、杂草，控制了地球引力以及土壤中的细菌了吗？其实，我们在大平原的所作所为主要是对许多动植物的分布施加了一种虽然强大却十分有限的影响，这就是我们所标榜的征服自然。如果取消这种影响，让动植物自由生长，一百年后，在大部分乡村地区将很难看到白人的任何痕迹。

再看第二个问题。迄今为止，我们对自然的控制到底有多牢固？这种状态能持续多久？还记得希马隆草场上那些拓荒者的农庄遗址吗？那些在土壤中腐烂的屋顶、地板、门窗讲述着繁荣期的雄心壮志。大平原上也有一些幽灵农庄。干旱、错误决策、技能的缺乏和过度的贪婪一次又一次将一个个农庄变成了鬼屋。希马隆草场所属的莫顿县单单在肮脏的三十年代就流失了47%的居民。尽管自那以后美国人口翻了一番，那些幽灵农场却没有复活。事实上，每年都有越来越多的幽灵农场在西部农业区出现。

三十年代以来，大平原南部农业的发展主要靠深井灌溉，靠从全球最大的地下淡水源奥格拉拉蓄水层抽水；此外还获得联邦政府的农作物补贴和旱灾救济。再过三十年，西堪萨斯的大部分水源储备将枯竭；堪萨斯水利厅预计，到 2020 年，灌溉面积将下降 75%。[8] 随着这一天的逼近，幽灵农场的数量必将快速增加。我们越来越清楚地看到，三十年代的大崩溃绝不是一个反常现象。在 98 度经线以西全美最干旱的土地上从事如此大范围的作物种植已经成为一个不能无限期延续下去的技术奇迹。认识到了这一点，我们就应当反思征服自然在西部到底意味着什么。过去，征服的本质在于通过发展农业提高土地生产力，农民被视为战斗在最前线的英雄。然而，现代作物种植在该地区面临着萎缩和失败，我们所期待的胜利今在何方？现在胜利比任何时候都渺茫。

　　西部也散布着成百上千的鬼城。其中有的曾是面向农民的商品销售点，有的专门从事采矿业。像那些幽灵农庄一样，这些鬼城也没有逃脱自然的手掌，它们需要太多的雨水、铜矿、木材或原油。我清楚记得，1962 年我曾与一伙大学生朋友沿科罗拉多州中部的日内瓦河徒步旅行。我们一直走到了大陆分水岭附近的河流源头，属于森林线以上的永冻雪区。令我们惊讶的是，我们在那里发现了一座完整的废弃的采矿镇，叫做泰波兰，有木屋、坑道、办公室，几乎还像本世纪初鼎盛时一样完好无损。在其中的一个木屋里，当时矿工的生活场景像凝固的化石一样展现在我们眼前——旧《周六晚间邮报》、放大镜、几箱半满的燕麦片、一台燃煤火炉、铺着毛毯的床铺，另外还有一些锻造工具，门前是一条冰冷的小河。我们在这里住了几天，风餐露宿，这个满载历史的小小博物馆和周围壮丽的景色一样令我们着迷。三年后，我们故地重游，发现豪猪已经进入小屋，啃食着残存的历史。又过了一两年，该镇的一部分被一些猎鹿者在一次狂欢中烧为平地。在泰波兰这个地方，到底谁是最终的胜利者——是自然还是人类？

　　环境史学家不得不给出一个与弗雷德里克·特纳相反的结论：我们美国人并没有"一步步"战胜自然。特纳的说法暗示着一种持续不断的上升过程，终点是文明。而真实的历史却是循环式的——繁荣与衰落，胜利与失败，不论人类还是自然都不曾完全控制对方。只是在有限的时段内，比如说几十年或一二百年，并且是按照特定的标准，才可能发现上升或者下降的直线式轨迹。迄今为止，整个西进运动史完全是从一种极为片面的角度写的，企图让人们相信故事以史诗般的胜利结束了——但真正的历史并没有结束，而且永远不会结束。随着故事的继续发展，我们将看到越来越多的悲剧和失败。

现代历史发展中的确有一种毋庸置疑的直线式进步，那就是人类改造自然的规模不断增加。从第一辆大篷车咯咯吱吱踏上西进之旅开始，技术和社会的复杂程度就大幅度增加。人类不再以个人或家庭为单位来对抗环境，而是组成了公司和政府机构。毫无疑问，团结就是力量，通过集体联合，我们可以做我们的先辈想都不敢想的事情，如露天开采蒙大拿的煤矿，运到阿肯色，再用煤发电，为小石城提供生活用电。新的能源依赖大型交通和通讯设备，对早期开拓者来说简直就是天方夜谭。新能源所产生的环境后果是巨大的，但普通人作为个人很难看到这些后果并去承担其中的责任，这些似乎与我们不相干。过去大平原上的基奥瓦人和阿拉巴霍人需要面对自己所造成的死亡，而我们对自己的生活方式所带来的死亡、枯竭和毁灭则越来越漠然。具有讽刺意味的是，我们与自然关系的日渐复杂化和冷漠化反而产生了一种全面胜利的幻觉。我们陷入了一种对自身力量的绝对和天真的自信之中。

对史学家来说，这种自信是很不合适的。我们对自然的大范围干涉与我们失败的规模相应。问题已经不只是一些零散的幽灵农场和鬼城这么简单，恐怕我们正在成为一个幽灵文明。还记得前面提到的西部现代农业对大规模水利工程的依赖吗？一个严重依赖同心圆喷灌，依赖胡佛大坝、佩克堡大坝、大古力水坝和数千英里长的水泥渠和运河的文明，其未来将是什么样的呢？蓄水层终有一天会干涸，水库会积满淤泥，形成一条条人造瀑布。运河会破裂，杂草会从裂缝中长出。与我们一样，人类历史上每一个大型灌溉社会都建立在永不衰落的信念之上，但最终一个个均以失败告终。无所不能的自信总是与现实相脱离。

　　我想强调的是，历史是循环式发展的。征服是最古老的循环之一，可以追溯到苏美尔和美索不达米亚文明。站在大平原上，我们就会明白这个道理。我们必须承认，在这里，人类所取得的最可靠的结果便是诸法无常。

　　关于所谓征服自然的第三个问题与征服者本身有关：征服真的只是一个单向的，向被征服者施加压力的过程呢，还是征服者自己也被改变了呢？特纳也承认，任何征服都包含着适应过程：在局势扭转之前，荒野掌控着拓荒者。其实这算不上什么新发现，史学家研究诺曼人在入侵英格兰、击败盎格鲁－撒克逊人的同时自身如何被改变。他们指出，今天英国人所说的语言并非诺曼法语，而是各种语言碰撞混合的结果。同样，在征服西部自然的过程中，白人征服者最终也吸收了当地人和当地环境的语言和表达方式。

　　围栏的使用就是一个例子。要控制这片土地，没有围栏不行。词源学告诉我们，围栏的最初目的是"防卫"，也就是保护农作物不受动物破坏。防卫性围栏的历史可以追溯到农业出现之时；印第安人建围栏以阻止猎物践踏他们的玉米和豆子地。到了现代欧洲人那里，围栏则也成了一种进攻性的技术——用来宣告自己的土地所有权，防止他人占领。不管是防护性的还是进攻性的，围栏既是文化的产物，也是自然的一部分。在英国，围栏可以是一条杂草丛生的水沟，或者是一排当地植物长成的树篱。在早期的新英格兰，一般则用石墙。有句老谚语说得好，买一亩地耕种，买另一亩堆放拣出来的石头；如果把石头堆成墙，就有了两亩庄稼地。[9]大平原上的俄裔和德裔农民发现，可以开挖地下的石灰岩岩脉来做围墙——他们称之为"石桩"。其他人引入长满了刺的桑橙树，用来做树篱保护农田，结果是他们的后代为了从草原上清除这种讨厌的植物，弄得伤痕累累。这些各式各样的围栏是否构成了一种单向的征服？所有这些围栏都完全是文化的产物吗？显然不是。因为每一种围栏都打着当地环境的烙印。

1931年，沃尔特·普雷斯科特·韦伯用大平原上围栏的发展来证明生物物理环境如何迫使外来白人适应当地的环境。现在，我的许多同事认为韦伯教授的观点已经过时，它过于简单，"环境决定论"气味过浓，连我也不得不勉强同意。但韦伯的一些正确见解现代史学家应铭刻在心。农业的西进是一个征服与适应**并存**的过程。为了证明这一点，韦伯讲述了发明铁丝网的故事，他将铁丝网称为"草原和大平原的孩子"——一个脾气暴躁、长相丑恶，却又忠实于大平原的孩子。虽然仍有争议，但铁丝网的发明者显然是伊利诺伊州迪卡布镇的农民夫妇露辛达与约瑟夫·格利登。1873年，夫妻俩急需保护格利登太太的花园不受猪的骚扰。他们在厨房和后院用咖啡机和磨石做工具，发现将两根铁丝用一排倒钩拧在一起，可以阻止猪的入侵。到1880年时，他们已把这个发明卖给了沃什波尔和莫伯的制造公司，该公司以每年8 000万磅的速度生产这种铁丝网。韦伯写道，"铁丝网的发明标志着土地价值的革命，它为农业定居者彻底打开了通向美国最有价值的农业用地——肥沃的大草原的大门。"[10]很快，铁丝网遍布西部每个角落。不同类型的铁丝网竞相进入市场，它最终被作为标志西部历史的文物放在展览室或者储存在当地历史博物馆里。学者们发表了著作和论文，争相讨论各种铁丝网的优缺点，包括埃尔伍德丝带、懒惰板、伯尼尔四尖网（邪恶网）、领结网、布拉德顿倒钩、装饰展网（改良网），以及冠军网或锯齿网（显眼网）。[11] 学者告诉我们，铁丝网是美国扩张的先锋工具之一；或者正如不止一个小镇展览馆所宣称的，"铁丝网为我们赢得了西部"。

与马萨诸塞的石墙和弗吉尼亚的篱笆不同，铁丝网无疑是工业资本主义的产物，依赖于能生产廉价钢铁的酸性转炉炼钢法、复杂的铁丝制造装备、能进行大规模生产的巨型工厂，还有能将产品运往西南部堪萨斯等地的重型火车。这些东西似乎与"自然"无关。但是别急，西部自然的**一种东西**与铁丝网有关，并使其成为可能。这个东西就是干旱。农民之所以购买沃什波尔和莫伯的铁丝网，或多或少是出于无奈，因为他们缺乏做围栏的木材，而缺乏木材的原因是因为他们生活在干旱、半干旱地区。可见，征服的技术手段与自然环境的约束分不开。说实话，如果格利登夫妇发明的不是铁丝网，而是一种可以把猪赶跑的激光枪，而且如果农民能够得到这种技术，他们也会欣然接受，环境并非只允许一种解决方法。但韦伯仍然是对的，铁丝网确实是人类适应自然的结果，它的使用使得西部农业明显不同于东部。

我不想跟麦克基本唱反调，说我们已被自然征服。我只想说，自然以一种非常现实的方式**影响**了我们的生活——气候、土壤、水、地貌、生态系统、光和色、动物，这些东西已经渗透到我们的技术、衣着、建筑和景观设计之中。水坝是这种影响的证明，只不过我们反而以为它是征服自然的工具，西部马鞍也一样。我们固然生活在被全球市场控制的世界中——以马内利·沃勒斯坦（Immanuel Wallerstein）称之为世界经济体系，但也存在一个令人惊讶的事实，那就是地方性或区域性物质文化往往能够抵抗征服性的、同一化的经济势力的冲击而生存下来，就像立陶宛文化经受住了几十年的苏联统治一样。还有，尽管工业资本主义走的是同一化的道路，它仍需要不时地去适应当地条件。比如说，不会有人到密苏拉去兜售棉花压捆机，或者去曼哈顿推销干草叉。环境影响的另一些方式是非物质性的，包括法律、艺术、诗歌以及社会习惯，这些都使西部的生活体验不同于其他地方。

换句话说，适应环境才是一种更为真实的，比权力、强行征服更为持久的过程。我们想控制自然，但又必须服从之。这两个方面都应得到环境史学家的关注。要做到这一点，他必须克服许多盲目性，必须克服对适应环境的现实的抵抗心理。为什么人们会拒绝接受这一现实呢？因为它与美国文化中一种根深蒂固的思想相对立：即认为个人不受或者不应当受到任何约束，不论这种约束来自基因、气候、细菌、自己的发明、政府、各种权力机构还是命运。任何对个人权利的约束都会被视为邪恶的枷锁。在美国这片自力更生的土地上，这种毫不妥协的个人主义传统极其强大，在这种思想的影响下，即使那些认为西部拓殖基本上是团队合作的集体性历史事件的学者，他们对环境塑造了美国人的观点也不以为然。连一些环境史学家也是如此，在他们的笔下，自然似乎成了人类手中随意摆弄的玻璃泥。

前面曾经提到，如果不彻底清除源于十八世纪甚至更早时期的一些欧洲思想的影响，我们就不能完全克服人类自以为是的错误。目前我们至少可以试着使西部少受这些旧的传统思想的束缚。我们可以试着把西部史作为一段并非完美的适应过程，而不只是一个征服和文化入侵的故事来讲述。

一个人只要在大平原上稍加停留，研究并思考这里所发生的一切，他怎么会认识不到，正如梭罗所说，西部史是努力满足"土地的期望"的历史呢？首先，他必须承认，环境史是大平原的基础。其次，他应看到，环境史所讲述的是文化与自然之间互惠互动的故事，而不是单纯的文化取代自然。

　　对环境的适应多在无意识之中不自觉地进行，而且往往是间接发生，　252
形成一张自然、技术、民众心理织成的错综复杂的网；但同时也有目的明确、
有计划的环境适应。有时，人们也会去主动了解他们所处的生态环境，并
且对如何调整自己的文化形成明确的想法。如果我们关注这些适应自然的
思想，我们也许就不会将最早的探险家只作为征服的开启者，而是在某种
程度上也将他们视为适应西部的先锋。在适应西部的历史中，最有名的人
物要算约翰·韦斯利·鲍威尔了，但还有很多其他类似人物，形形色色的
科学家，其中许多是从事地质学、生物学、地理学、农学、人类学及文化
生态学研究的。西部适应环境的技术的传统也值得大书特书，除了与希马
隆草场上进行的生态恢复相似的活动外，还有风车、太阳能，以及可持续
生态农业方面的观念。有时，走在适应自然前沿的是建筑师，有时是视觉
艺术家和作家。近来很流行把所有的人类创作活动如绘画、建筑、小说创作、
摄影等都视为人类强加在自然之上的东西，一种对周围无序世界进行的"构
建"和"设计"。一些评论家认为，不论是图片还是真实的景观都应被视为
人类的安排。然而，在我们的西部前辈中，有人并不认为他们是在"构建
现实"。如果我们把他们的所有作品、设计和创作都视为权力和征服的表现
而加以摒弃，我们就会严重曲解他们的本意。艺术不需要用消灭自然的方
式来宣告人类的存在。

　　除了发掘那些强调环境适应的艺术和思想传统外，我们还需要关注那
些抱着扎根西部的想法来到这片土地、最终定居下来的普通人的生活，看
看他们是怎样在这里安居乐业的。他们的故事不是发生在那些被成千上万
人遗弃的幽灵农庄，也不是发生在许多西部史学家居住的大都市。华莱士·斯
泰格纳说："如果我们要寻找具有典型西部特征的城镇，就必须绕过到处蔓
延的城市，到那些远离州际高速公路、没有主线航班、没有大公司分厂的

偏远地区去。最典型的西部城镇应该是流动性与稳定性相平衡的地方，空旷的地理条件限制了它们的发展。这是扎根者扎根的地方，也可以说是他们无法摆脱的地方；这是适应过程最发达的地方。"[12] 然而，这些地方的历史很少有人讲述，也许是因为我们这些史学家忙于为人类的胡作非为唱赞歌，不屑于此。

许多住在斯泰格纳所说的穷乡僻壤的居民最初也是来寻找财富和机会的，结果却发现了一些更宝贵的东西。他们的自我认识发生了改变，他们成了草原人或山地人，成了怀俄明的甜水湾人或加利福尼亚的莫哈维沙漠人。当人们开始把自己奉献给一个地方时，他们的思想会变得比以前更加复杂、矛盾，更加难以捉摸，更会学习。他们可能还会坚持从事一些游荡者从事的疯狂的冒险活动；但他们会努力克制自己，培养与土地的联系。其实，与北美其他地方一样，这两种人西部都有，只是我们从来没有给那些扎根者和关怀者以应得的尊重。

我不敢说一部揭示人类适应环境的历史要比以前写的关于征服或征服的努力的历史更加真实，因为任何熟悉大起大落的大平原开发史的人都会马上提出反驳。但是，我们确实需要一部比过去写得更好的西部史，如果没有别的原因，至少是为了把我们从忧郁和过度的悲观中解救出来。我们需要新的英雄，需要赞美自然的强大恢复能力，需要一种新的西部使命感——这些都意味着我们需要一种新的历史，一部以努力适应自然为主线，视成功的适应为壮举的历史。

今天的西部已高度城市化，从人口分布情况来看，西部实际上是美国城市化程度最高的地区。尽管如此，与半个或一个世纪以前生活在农场上的西部人相比，今天的西部人对自然的重要性以及自然在我们生活中的作用有了更多的认识。这是一种全球现象。尽管今天的人们似乎囚禁在城市的蚕茧之中，但他们开始意识到，树叶离不开树枝，而树枝又属于庞大的绿色之树体。所以说，我们这个时代最惊人的发现之一，便是人们开始承认，不论在哪里，他们都靠自然为生。这种不断增强的环境意识使我不得不得出结论，即我们当中的许多人并不怎么感到自己强大无比。我们紧张、恐惧，并不像征服者。如果我们真的是一个征服了自然的物种，为什么我们对自己所取得的成就感到如此不安呢？

　　大平原给予我们的经验教训可以说既清楚又复杂。这教训就是：放弃旧的对原始的、未受干扰的、伊甸园式的荒野的幻想，人类照样可以生存。毕竟，这种幻想从来都不符合我们所看到的真实的自然。但我们永远也不能将自然完全转化为人工制品，我们不能脱离自然而存在。尽管我们精明无比，但仍然需要一个独立的、自行运作的、有弹力的生物物理世界来维系我们的生存。如果自然真的终结了，人类也将结束。然而自然没有终结，我们也没有。

注　释

第一章　超越农业神话

*Originally, this essay was given as the opening address to the conference "Trails: Toward a New Western History," Santa Fe, New Mexico, September 1989, and has been published in the collection, *Trails: Toward a New Western History*, edited by Patricia Nelson Limerick, Charles Rankin, and Clyde A. Milner III (Lawrence: Univ. Press of Kansas, 1991).

1.　Josiah Gregg, *The Commerce of the Prairies* (Lincoln: Univ. of Nebraska Press, 1926), 31.

2.　Paul Horgan, *Josiah Gregg and His Vision of the Early West* (New York: Farrar, Straus, Giroux, 1972), esp. 119.

3.　Ian Frazier, *Great Plains* (New York: Farrar, Straus, Giroux, 1989), 1, 209-10, 214.

4.　Robert G. Athearn, *The Mythic West in Twentieth-Century America* (Lawrence: Univ. Press of Kansas, 1986), 273.

5.　Henry Nash Smith, *Virgin Land: The American West as Symbol and Myth* (Cambridge: Harvard Univ. Press, 1950), 187.

6.　Smith, *Virgin Land*, 187.

7.　Ibid., 251.

8.　Richard Hofstader, *The Progressive Historians: Turner, Beard, Parrington* (New York: Alfred A. Knopf, 1968), 103-4.

9.　Ibid., 106.

10. As one of my predecessors at the University of Kansas, George Anderson, once put it, the history of the West was about growth in "banks, rails, and mails." See his essay of that title in *The Frontier Challenge: Responses to the Trans-Mississippi West*, ed. John G. Clark (Lawrence: Univ. Press of Kansas, 1971) , 275-307.

11. Gerald D. Nash, *The American West Transformed: The Impact of the Second World War* (Bloomington: Indiana Univ. Press, 1985) , 215-16.

第二章 新西部, 真西部

* This essay was first published in the *Western Historical Quarterly*, April 1987.

1. Howard Lamar, ed., *The Reader's Encyclopedia of the American West* (New York, 1977) , 710-12.

2. Frederick Merk, *History of the Westward Movement* (New York, 1978) , 616-17,

3. Ray Allen Billington, *Westward Expansion: A History of the American Frontier*, 4th ed. (New York, 1974) , 29, 648.

256 4. Turner to Merle Curti, cit., Wilbur Jacobs, "Frederick Jackson Turner," in *Turner, Bolton, and Webb: Three Historians of the American Frontier* (Seattle, 1965) , 8.

5. Ibid., 9. I am aware that Turner also contributed much to our thinking about sections and regions in American history. On this subject, see Michael C. Steiner, "The Significance of Turner's Sectional Thesis," *Western Historical Quarterly*10 (Oct. 1979) , 437-66. Turner did not, however, see "the West" as a cohesive whole, fixed in place. He divided the country into eight regions: New England, the Middle States, the Southeast, the Southwest, the Middle West, the Great Plains, the Mountain States, and the Pacific Coast. (Turner, "Sections and Nation," *Yale Review*12 (Oct. 1922) , 2.

6. Walter Prescott Webb, "The American West: Perpetual Mirage," *Harper's Magazine*, 214 (May 1957) , 25. See also James Malin, "Webb and Reglonalism," in *History and Ecology: Studies of the Grassland*, ed. Robert Swierenga (Lincoln, 1984), 85-104.

7. Powell used Charles Shott's "Rain Chart of the United States" to delineate the Arid

Region. Shott's twenty-inch isohyet actually corresponds to the 100th meridian only in Texas and the Indian Territory (Oklahoma) ; then it veers slightly eastward to include all of the Dakotas and the northwestern corner of Minnesota. The western edge of the region excludes all of northern California, the Sierra Nevada, and western Oregon and Washington—following roughly the 120th meridian north of Reno. The whole embraced almost half of the United States outside Alaska. See J. W. Powell, *Report on the Lands of the Arid Region*, 45th Cong., 2nd sess., House Executive Document 73 (Washington, D.C., 1878) , see map included.

8. *Historians and the American West*, ed. Michael Malone (Lincoln, 1983) , 2.

9. Felix Frankfurter, cit., in Merrill Jensen, ed., *Regionalism in America* (Madison, 1951) , xvi. An excellent recent essay on regionalism, with ample bibliography, is Richard Maxwell Brown's"The New Regionalism in America, 1970-1981." in William G. Robbins, Robert J. Frank, and Richard E. Ross., eds., *Regionalism and the Pacific Northwest* (Corvallis, 1983) , 37-96.

10. Earl Pomeroy, "Toward a Reorientation of Western History: Continuity and Environment," *Mississippi Valley Historical Review* 41 (March 1955) , 581-82. Pomeroy also rejected the claim that their environment made westerners more radical than other Americans, a point he wins hands down.

11. See Earl Pomeroy, *The Territories and the United States* (New Haven, 1966) .

12. The most thoughtful student of the relation between ethnicity and region has been Frederick C. Luebke. See his"Ethnic Minority Groups in the American West," in Malone, *Historians and the American West*, 387-413; and also his "Regionalism and the Great Plains: Problems of Concept and Method," *Western Historical Quarterly* 15 (Jan. 1984) , 19-38.

13. William G. Robbins, "The 'Plundered Province' Thesis and the Recent Historiography of the American West," *Pacific Historical Review* 55 (Nov. 1986) , 577-97.

14. The phrase "mode of production" has its origins in Marxist scholarship, where it refers to both technology ("forces") and social or class relations. See, among other works, Barry Hindess and Paul Q. Hirst, *Pre-capitalist Modes of Production* (London,

1975) , 9-12; James F. Becker, Marxian Political Economy: An Outline (Cambridge, 1977) , 35; Aidan Foster-Carter, "The Modes of Production Controversy," *New Left Review* 107 (Jan.-Feb. 1978) , 47-78. Here I use the phrase more loosely, and with revision, to indicate, first, a set of techniques adapted for the exploitation of particular environments and, second, a resulting social organization.

15. The origins of the western cattle industry have recently been traced to the Old South by geographer Terry Jordan in *Trails to Texas: Southern Roots of Western Cattle Ranching* (Lincoln, 1981) . Whatever its source, the pastoral mode became, for ecological and economic reasons, ultimately rooted in the West.

16. Gilbert Fite has reviewed some of the major titles on this subject in Malone, *Historians and the American West*, 221-24 and 230-33. What is so far missing from any of the literature on American pastoralism is any awareness that this mode has expressions all over the world, has been well studied by anthropologists, and needs some comparative and cross-disciplinary work by historians. See, for example, Walter Goldschmidt, "A General Model for Pastoral Social Systems," *Pastoral Production and Society* (Cambridge, 1979) , 15-27; Brian Spooner, *The Cultural Ecology of Pastoral Nomads*, Addison-Weslcy Module in Anthropology No. 45 (Reading, Mass., 1973) ; Z, A, Konczacki, *The Economics of Pastoralism*: *A Case Study of Sub-Saharan Africa* (London, 1978) ; and the classic study by E. E. Evans-Pritchard, *The Nuer, A Description of the Modes of Livelihood and Political Institutions of a Nilotie People* (Oxford, 1940) .

17. Notable exceptions to this observation include such works as Norris Hundley, *Water and the West: The Colorado River Compact and the Politics of Water in the American West* (Berkeley, 1975) ; Lawrence Lee, *Reclaiming the American West*: *An Historiography and Guide* (Santa Barbara, 1980) ; William Kahrl, *Water and Power: The Conflict Over Los Angeles'Water Supply in the Owens Valley* (Berkeley, 1982) ; Donald J. Pisani, *From the Family Farm to Agribusiness: The Irrigation Crusade in California, 1850-1930* (Berkeley, 1984) ; and Robert G. Dunbar, *Forging New Rights in Western Waters* (Lincoln, 1983) .

18. See, for example, Emil Haury, *The Hohokam, Desert Farmers and Craftsmen: Excavations at Snaketown,* 1964-1965 (Tucson, 1976) ; and, for even more ancient examples, Karl Wittfogel, *Oriental Despotism: A Comparative Study of Total Power* (New Haven, 1957) ; Anne Bailey and Josep Llobera, eds., *The Asiatic Mode of Production* (London, 1981) ; Julian Steward, ed., *Irrigation Civilizations* (Washington, D.C., 1955) .

19. U.S. Department of Commerce, *1978 Census of Agriculture. Vol. 4, Irrigation* (Washington, D~C., 1982) , 30; Council for Agricultural Science and Technology, *Water Use in Agriculture: Now and For the Future,* Report No. 95 (Sept. 1982) , 13.

20. Frederick Jackson Turner, "Contributions of the West to American Democracy," and "Pioneer Ideals," reprinted in his collected essays, *The Frontier in American History* (New York, 1920) , 258-59, 278-79.

21. My own book, *Rivers of Empire: Water, Aridity, and the Growth of the American West* (New York, 1985) , is an attempt to reinterpret the West as a modern hydraulic society. I discuss Steinbeck's California on pp. 213-33.

22. Webb, "The American West," 28. See also Gerald Nash, *The American West in the Twentieth Century: A Short History of an Urban Oasis* (Englewood Cliffs, 1973) , 5; and Earl Pomeroy, *The Pacific Slope: A History of California, Oregon, Washington, Idaho, Utah, and Nevada* (New York, 1965) .

23. For the larger dimensions of this idea see William Leiss, *The Domination of Nature* (New York, 1972) ; and Michael Zimmerman, "Marx and Heidegger on the Technological Domination of Nature," *Philosophy Today* 23 (1979) , 99-112.

24. It might be argued that, even in the global technological society, there are and always will be regional differences-that in its triumph over nature, technology still bears the imprint of what it has conquered. But for most people the experience of living in advanced technological systems is that they lose any sense of regional uniqueness.

25. Webb, "The American West," 29, 31.

26. José Ortega y Gasser, "Arid Plains, and Arid Men," in *Invertebrate Spain,* trans. Mildred Adams (New York, 1937) , 158-65.

27. Clifford Geertz, *The Interpretation of Cultures: Selected Essays* (New York, 1977), chap. 15; and Emmanuel Le Roy Ladurie, *The Peasants of Languedoc*, trans. John Day (Urbana, 1974) .

258

第三章 牛仔生态学

*An early version of this essay was given as a paper at the American Historical Association annual meeting, San Francisco, December 1989; and a revised version was delivered as the annual Charles L. Wood Lecture in Agricultural History, Texas Tech University, Lubbock, February 1991.

1. The textbooks surveyed were these: *A History of the United States,* by Stephan Thernstrom, 2nd ed. (New York: Harcourt Brace Jovanovich, 1984) —1/2 page out of a total of 764 pages; *A People and a Nation: A History of the United States*, by Mary Beth Norton, David M. Katzman, Paul D. Escott, Howard P. Chudacoff, Thomas G. Patterson, and William M. Turtle, Jr., 3rd ed. (Boston: Houghton Mifflin, 1990) —2 1/2 pages out of 1, 025; *The National Experience: A History of the United States*, by John M, Blum, William S. McFeely, Edmund S. Morgan, Arthur M. Schlesinger, Jr., Kenneth M. Stampp, and C. Vann Woodward, 6th ed. (New York: Harcourt Brace Jovanovich, 1985) —3 pages out of 983; *The Shaping of the American Past,* by Robert Kelley, 4th ed. (Englewood Cliffs, N.J.: Prentice Hall, 1986) —2 pages out of 872; *The United States*, by Winthrop D. Jordan, Leon F. Litwack, Richard Hofstadter. William Miller, and Daniel Aaron, 6th ed. (Englewood Cliffs, N.J.: Prentice Hall, 1987) -2 pages out of 874; *These United States: The Question of Our Past*, by Irwin Unger (Englewood Cliffs, N.J.: Prentice-Hall, 1986) —3 1/2 pages out of 856. Even these few pages are counted generously, and in many cases they tell more about urban stockyards than life on the range.

2. Daniel Boorstin, *The Americans: The Democratic Experience* (New York: Vintage, 1973) , 3-41.

3. Don D. Walker, *Clio's Cowboys: Studies in the Historiography of the Cattle Trade*

(Lincoln: Univ. of Nebraska Press, 1981) , 131-47. The son-in-of-law of Karl Marx, Edward Aveling, traveled to the United States with his wife Eleanor, and, despite not getting beyond Chicago, concluded: "Out in the fabled West the life of the 'free' cowboy is as much that of a slave as is the life of his Eastern brother, the Massachusetts mill-hand. And the slave-owner is in both cases the same—the capitalist." (*Aveling, An American Journey* (New York: John W. Lovell, 1887) , 155.) For a discussion of the comparative freedom and well-being of ranch hands in Latin America, see Carlos M. Rama, "The Passing of the Afro-Uruguayans from Caste Society into Class Society," in *Race and Class in Latin America*, Magnus Morner, ed. (New York: Columbia Univ. Press, 1970) , 28-50; and Richard W. Slatta, *Cowboys of the Americas* (New Haven: Yale Univ. Press, 1990) , 93-97.

4. Walter Prescott Webb, "The American West: A Perpetual Mirage," *Harper's Magazine* 214 (May 1957) : 25-31.

5. Brian Spooner, *The Cultural Ecology of Pastoral Nomads*, Module in Anthropology, No. 45 (Reading, Mass.: Addison-Wesley, 1973) . The last category is unique in that the reindeer have always been a semi-wild species and their herders began as hunter-gatherers, not agriculturists. On the Scandinavian Lapps, see Tim Ingold, *Hunters, Pastoralists, and Ranchers: Reindeer Economics and Their Transformations* (Cambridge: Cambridge Univ. Press, 1980) . In the other cases the key differentiating factor is average precipitation: camel pastoralism occurs in areas with less than eight inches of rainfall, while cattle pastoralism requires two or three times that amount.

6. See A. Endre Nyerges, "Pastoralists, Flocks and Vegetation: Processes of Co-Adaptation," in *Desertification and Development: Dryland Ecology in Social Perspective*, Brian Spooner and Haracharan Singh Mann, eds. (New York: Academic, 1982) , 217-47. Writing in defense of the environmental impact of a modern African pastoral people are Kaj Arhern, "Two Sides of Development: Maasai Pastoralism and Wildlife Conservation in Ngorongoro, Tanzania," *Ethnos* 49 (March 1984): 186-210; and Katherine M. Homewood and W. A. Rodgers, "Pastoralism and Conservation," *Human Ecology* 12, No. 4 (1984) : 431-41. The latter argue that

Maasai have lived for 2000 years in their homeland without destroying either the vegetation or the competing wild herbivores. For an account of the disintegration of this culture under European invasion, see Alan H. Jacobs, "Maasai Pastoralism in Historical Perspective," in *Pastoralism in Tropical Africa*, Theodore Monod, ed, (London: Oxford, 1975) , 406~25. The destructive impact of the state, the market economy, and competing agriculturists are major themes in John G. Galaty and Philip Carl Salzman, eds., *Change and Development in Nomadic and Pastoral Societies* (Leiden: E. J. BrUl, 1981) .

259

7. Lois Beck, "Herd Owners and Hired Shepherds: The Qashga'i of Iron," *Ethnology* 19 (July 1980) : 327-51. See also Theodore Monod, "Introduction," *Pasto ralism in Tropical Africa*, 1-83. On the relation of mobility to independence, see Walter Goldschmidt, "Independence as an Element in Pastoral Social Systems," *Anthropological Quarterly* 44 (July 1971) : 132-42, which examines works on African and Middle Eastern cultures. Goldschmidt qualifies his generalization by insisting that pastoralists also have a strong sense of the group; their tribal identities are compatible with independent action.

8. Robert K. Burns, Jr., "The Circum-Alpine Culture Area: A Preliminary View," *Anthropological Quarterly* 36 (July 1963) : 130-55.

9. A good introduction to the Andean pastoral life is Shozo Masuda, Izumi Shimada, and Craig Morris, eds., *Andean Ecology and Civilizations: An Interdisciplinary Perspective on Andean Ecological Complementarity* (Tokyo: Univ. of Tokyo Press, 1965) . See also Steven Webster, "Native Pastoralism in the South Andes," *Ethnology* 12 (April 1973) : 115-33.

10. The so-called "tragedy of the commons," in which self-maximizing individuals overgraze a communally managed pasture, never seems to have occurred in this case or, for that matter, in European communal agriculture generally. A good discussion of the matter is Susan Jane Buck Cox, "No Tragedy on the Commons," *Environmental Ethics* 7 (Spring 1985) : 49-61. The source of the myth is Garrett Hardin, "The Tragedy of the Commons," *Science* 162 (1968) : 1243-48. Under the title *Managing*

the Commons (San Francisco; W. Hi Freeman, 1977), Hardin and John Baden have edited a set of essays claiming—inconsistently, I believe—that the best way to prevent such tragedies is to turn to a more individualistic, free-market approach, except in the area of human fertility, which must be under a strict regime of laws and regulations.

11. Robert McC. Netting, *Balancing on an Alp: Ecological Change and Continuity in a Swiss Mountain Community* (Cambridge: Cambridge Univ. Press, 1981), 69. A parallel study, though less satisfactory in its treatment of the problem of regulation, is Sandra Ott, *The Circle of the Mountains: A Basque Shepherding Community* (Oxford: Clarendon, 1981). See also Pier Paolo Viazzo, *Upland Communities: Environment, Population and Social Structure in the Alps since the Sixteenth Century* (Cambridge: Cambridge Univ. Press, 1989), which focuses on demography.

12. Siegfried Giedion refers to this final, fatal step as "the mechanization of death." See his discussion of the meat packing industry in *Mechanization Takes Command* (New York: Norton, 1969), 209-46.

13. For a comparison of American and Argentinian ranching in their world trade patterns see Arnold Strickon, "The Euro-American Ranching Complex," in *Man, Culture, and Animals: The Role of Animals in Human Ecological Adjustments*, Anthony Leeds and Andrew P. Vayda, eds. (Washington: American Association for the Advancement of Science, 1965).

14. Granville Stuart, *Forty Years on the frontier*, Paul Phillips, ed. (Cleveland: Arthur H. Clark, 1925), vol., pp. 187-88.

15. The classic account of the episode remains Ernest Staples Osgood, *The Day of the Cattleman* (Minneapolis: Univ. of Minnesota Press, 1929), chap. 7. In the seventeen western states cattle numbers increased from 7.9 million in 1870 to 21.6 million in 1886. After a sharp fall in the late 1880s, these numbers climbed back, until they abruptly fell again in the 1930s—when the federal government had to buy and slaughter one-sixth of the entire herd to keep graziers solvent and to protect pastures from overstocking.

16. A concise, earnest statement of this argument can be found in Gary D. Libecap, *Locking up the Range: Federal Land Controls and Grazing*, Pacific Institute for Public Policy Research (Cambridge, Mass.: Ballinger, 1961). Unfortunately, it is almost all neoclassical economic theory, with little historical research to root it in reality.

260   17. Among the many writings on this subject a good introduction is provided by John G. Francis, "Environmental Values, Intergovernmental Policies, and the Sagebrush Rebellion," in *Western Public Lands: The Management of Natural Resources in a Time of Declining Federalism*, John G. Francis and Richard Ganzel, eds. (Totowa, N.J.: Rowman & Allenheld, 1984), 29-45. In addition to Nevada, Wyoming, Utah, and Arizona passed some form of "sagebrush legislation."

18. Act of June 28, 1934, ch 865, 48 Stat. 1269, popularly known as the Taylor Grazing Act. It appears generally as 43 USCS, Section 315 *et sequitur*.

19. The Federal Land Policy and Management Act of 1976 instructed the Bureau of Land Management to take more strenuous measures to assure the long-term productivity of the public rangeland under its supervision. In 1978, the Public Rangelands Improvement Act went further to restore the deteriorated range by appropriating $365 million over the next twenty years for improved management. These laws meant that many ranchers had to cut their herd and flock sizes substantially—and the "Sagebrush Rebellion" was born. Under the subsequent administration of President Ronald Reagan the BLM gave up a great deal of its new power to the local advisory councils comprised of rancher lessees.

20. The literature on the public grazing lands is large; I have found the following titles to be the most useful overviews: Wesley Calef, *Private Grazing on Public Lands: Studies of the Local Management of the Taylor Grazing Act* (Chicago: Univ. of Chicago Press, 1960); Marion Clawson, *The Bureau of Land Management* (New York: Praeger, 1971); Philip O. Fox, *Politics and Grass* (Seattle: Univ. of Washington Press, 1960); Paul W. Gates, *History of Public Land Law Development* (Washington, D.C.: Public Land Law Review Commission, 1968); and William J. Voight, *Public Grazing Lands* (New Brunswick, N.J.: Rutgers Univ. Press, 1976).

21. The best work of this sort we have is James A. Young and B. Abbott Sparks, *Cattle in the Cold Desert* (Logan: Utah State Univ. Press, 1985) . The first author is a range scientist, the second is an amateur historian. The best parts of the book are those dealing with the changing ecology of the sagebrush and bunchgrass lands of the Great Basin, while the social and economic history is full of old clichés. Near the end of the book, they briefly raise the question of whether private ownership of the entire range might have resulted in better vegetation conditions, but the book is inconclusive on that matter (see p. 233) .

22. Robin W. Doughty, *Wildlife and Man in Texas: Environmental Change and Conservation* (College Station: Texas A & M Univ. Press) , 154.

23. Tom McHugh, *The Time of the Buffalo* (Lincoln: Univ. of Nebraska Press, 1972), 16-17; Ernest Thompson Seton, *Life Histories of Northern Animals* (New York: Charles Scribner's Sons, 1989) , vol. I, p. 292.

24. U.S. Forest Service, *An Assessment of the Forest and Range Land Situation in the United States*, Forest Resource Report No. 22, Oct. 1981, p. 168. Pronghorns are down to 2% to 3% of their original levels and the bison, of course, are down to a minuscule remnant; among big game, however, blacktailed and mule deer, numbering 3.6 million, are at approximately 100% of their level in pre-Columbian times.

25. Albert M. Day and Almer P. Nelson, "Wild Life Conservation and Control in Wyoming under the Leadership of the United States Biological Survey," pamphlet (Washington: Government Printing Office, 1928?) , 1-32. The most thorough overview of predator policy is provided by Thomas R. Dunlap, *Saving America's Wildlife* (Princeton: Princeton Univ. Press, 1988) , 47-61, 111-41.

26. The report was published as *The Western Range*, Senate Document 199, 74th Congress, 2d Session, Serial Number 10005 (Washington: Government Printing Office, 1936) , a document that is 620 pages long.

27. In western range agronomy an animal unit indicates one cow, horse, or mule, or five sheep, goats, or swine.

28. Richard E. McArdle et al., "The White Man's Toll," *The Western Range*, pp.

261   81-116. Two types, the salt-desert shrub and the sagebrush-grass, were the worst depleted, with 45.6% and 36.8% of their acres respectively in a state of extreme depletion. The short grass range, so important to the cattle industry, was somewhat better off, with only 13.1% in the extreme category.

29. Ibid., 3.

30. Ibid., 7, 29-31, 484. For a defense of private stewardship see *If and When It Rains: The Stockman's View of the Range Question* (Denver: American National Livestock Association, 1938) . Much of this document consists of individual rancher's experiences with changing range conditions—the folk's "wisdom" contradicting the professional's "mythology." As the title indicates, the cattlemen blamed dry weather for any range deterioration.

31. Thadis W. Box, "The American Rangelands: Their Conditions and Policy Implications for Management," in *Rangeland Policies for the Future: Proceedings of a Symposium* (Washington: Government Printing Office, 1979) , 17.

32. U.S. Forest Service, *Assessment of the Forest and Range Land Situation*, 158-63.

33. Edward Abbey, "Free Speech: The Cowboy and His Cow," in *One Life at a Time, Please* (New York: Henry Holt, 1988) , 15. Abbey called for a hunting season on range cattle. For other critical views see Richard N. Mack, "Invaders at Home on the Range," *Natural History* 93 (Feb, 1984) : 40-47; David Sheridan, "Western Rangelands: Overgrazed and Undermanaged," *Environment* 23 (May 1981) : 14-20, 37-39; *High Country News* 22 (12 March 1990) , entire issue; and Comptroller General of the U.S., "Public Lands Continue to Deteriorate," Report to the Congress, 5 July 1977.

34. U.S. Forest Service, *Assessment of the Forest and Range Land Situation*, 160. Box's view gets support from the most comprehensive recent survey I know of the ecological history ôf the range: Farrel A. Branson, *Vegetation Changes on Western Rangeionds*, Range Monograph No. 2 (Denver: Society for Range Management, 1985) . Branson traces area by area, species by species, the ecological changes that have taken place since the white man appeared in the West; he concludes (p.

67) that "there was a drastic deterioration of ranges late in the last century and continuing into this century followed by some impressive improvements, especially in western rangelands in recent years."

35. Michael W. Loring and John P. Workman, "The Relationship between Land Ownership and Range Condition in Rich Country, Utah," *Journal of Range Management* 40 (July 1987) : 290 93.

36. Abbey, "Free Speech," 13.

第四章　加州的水利社会

* This essay was first published in *Agricultural History* 56, July 1982.

1. The Steinbeck book was published by Viking Press in New York, April 1939, and became one of the year's best-sellers. McWilliams brought out his book, with the subtitle *The Story of Migratory Farm Labor in California*, a few months later (Boston: Little, Brown) . For their reception, see McWilliams's "A Man, a Place, and a Time," *American West* 7 (May 1970) : 4-8, 38-40, 62-64.

2. See, for instance, the two most recent general accounts: Cletus Daniel, *Bitter Harvest: A History of California Farmworkers*, 1870-1914 (Ithaca, N.Y.: Cornell Univ. Press, 1981) ; and Lawrence J. Jelinek, *Harvest Empire: A History of California Agriculture* (San Francisco: Boyd and Fraser, 1980) .

3. *Factories in the Field* (Santa Barbara: Peregrine Smith, 1971) , 7, 48-49, 324-25.

4. Although he did not discuss the impact of California growers on the land, Steinbeck did make much of the theme in his chapters on Oklahoma and the Dust Bowl— especially chap. 11, *The Grapes of Wrath*.

5. Steward, "Introduction: The Irrigation Civilizations, a Symposium on Method and Result in Cross-Cultural Regularities," *Irrigation Civilizations: A Comparative Study* (Washington: Pan-American Union, 1953) , esp. 1-5; Wittfogel, *Orientation Despotism: A Comparative Study of Total Power* (New Haven: Yale Univ. Press, 1957) . See also Marvin Harris, *Cannibals and Kings: The Origins of Cultures* (New York:

262   Random House, 1977) , chap. 13; William Mitchell, "The Hydraulic Hypothesis: A Reappraisal," *Current Anthropology* 14 (Dec. 1973) : 532-34; and Theodore Downing and McGuire Gibson, eds., *Irrigation's Impact on Society* (Tucson: Univ. of Arizona Press, 1974) . Arthur Maass and Raymond Anderson reject the Wittfogel thesis for California, though mainly on the basis of a narrow, distorted reading of it, *And the Desert Shall Rejoice* (Cambridge: MIT Press, 1978) , 366-67.

6. Semiramis was the Greek name for Sammuramat, who ruled for five years during the minority of her son, Adad-Nirari III. See George Roux, *Ancient Iraq* (London: Allen & Unwin, 1964) , 250.

7. My own thinking about the role of this idea in modern times owes much to William Leiss, *The Domination of Nature* (Boston: Beacon Press, 1974) , and Max Horkheimer, *The Eclipse of Reason* (New York: Oxford Univ. Press, 1947) , esp. chap. 3.

8. Michael G. Robinson, *Water for the West: The Bureau of Reclamation*, 1902-1977 (Chicago: Public Works Historical Society, 1979) , 108.

9. Philip L. Fradkin, *A River No More: The Colorado River and the West* (New York: Knopf, 1981) , 16.

10. An excellent guide to the literature is Lawrence B. Lee's *Reclaiming the American West: An Historiography and Guide* (Santa Barbara: ABC-Clio, 1980) .

11. Powell, *Report on the Lands of the Arid Region of the United States*, Wallace Stegner, ed. (Cambridge, Mass.: Harvard Univ. Press, 1962) .

12. Smythe, *The Conquest of Arid America*, Lawrence B. Lee, ed. (Seattle: Univ. of Washington Press, 1969) , 43.

13. Muir, *The Mountains of California* (1894; Garden City, N.Y.: Anchor, 1961), chaps.11 and 16.

14. S. T, Harding, *Water in California* (Palo Alto, Calif.: N.P. Publications, 1960), 2-6, 79-80. Far more elaborate works were constructed by Indians at Chaco Canyon and near present-day Phoenix—see Emil Haury, *The Hohokam, Desert Farmers and Craftsmen* (Tucson: Univ. of Arizona Press, 1976) .

15. U.S. Congress, House, *Report of the Board of Commissioners on the Irrigation of the San Joaquin, Tulare, and Sacramento Valleys of the State of California*, H. Ex. Doc. 290 (Washington: GPO, 1874) , 25.

16. *Agricultural Lands and Waters in the San Joaquin and Tulare Valleys* (San Francisco: A. L. Bancroft, 1873) , 4-7. After 1875 this canal was taken over by the Miller and Lux cattle empire.

17. *Irrigation in California-The San Joaquin and Tulare Plains* (Sacramento: Record Steambook and Job Printing House, 1873) , 4.

18. Walton Bean, *California: An Interpretive History* (New York: McGraw-Hill, lg68) , 271.

19. Smythe, *Conquest of Arid America*, 160.

20. No one argued this point more persistently than Elwood Mead; see, for instance, his *Irrigation Institutions* (New York: Macmillan, 1910) , 23, 187.

21. E.J. Wickson, *Rural California* (NewYork: Macmillan, 1923) , 386-89. Frank Adams, *Irrigation Districts in California* (Sacramento: California State Printing Office, 1929) , gives a comprehensive history of each district. There were other forms of local water organization, for example, the mutual company, that are not discussed here.

22. Quoted in M. L. Requa and H. T. Cory, *The California Irrigation Farm Problem* (Washington: n.p., 1919) , 165, 174. The early history of Imperial Valley is told in Robert G. Schonfield, "The Early Development of California's Imperial Valley," *Southern California Quarterly*50 (Sept. 1968) : 279-307; and ibid. (Dec. 1968) : 395-426. The appointing of a State Engineer to oversee district financing and construction plans and to act as a liaison with New York bond markets was another inroad into local autonomy.

23. Bean, *California*, 275; Wickson, *Rural California*, 292-303. Although agricultural 263 cooperatives existed in other states, they were nowhere more successful than in California.

24. R.E. Hodges and E. J. Wickson, *Farming in California* (San Francisco: Californians

Inc., 1928) , 39-40. For a gloomier view, see Prank Swett, "Report of the Section on Agriculture," *Transactions of the Commonwealth Club of California*20 (24 Nov. 1925) : 345-51.

25. On labor market rationalization and control, see Daniel, *Bitter Harvest*, 101-2.

26. Frank Adams, David Morgan, and Walter Packard, "Economic Report on San Joaquin Valley Areas Being Considered for Water Supply Relief under Proposed California State Water Plan," Berkeley, California, 12 Nov. 1930, typescript, National Archives, Record Group 115, pp. 5-11. Underground water irrigation has its own unique history, though not qualifying in decisive ways the interpretation offered here.

27. Young, "Address on Central Valley Project before 19th Annual Convention of Northern California Chapter of Associated General Contractors," 18 Dec. 1937, NA, RG 115, p. 3.

28. The standard account is Robert de Roos, *The Thirsty Land: The Story of the Central Valley Project* (Palo Alto, Calif.: Stanford Univ. Press, 1948) .

29. A good short, though partisan, introduction to this issue is Paul Taylor's "160-Acre Law," in *California Water*, David Seckler, ed. (Berkeley: Univ. of California Press, 1971) , 251-62. See also Clayton Koppes, "Public Water, Private Land: Origins of the Acreage Limitation Controversy, 1933-1953," *Pacific Historical Review* 47 (Nov. 1978) : 607-36.

30. The role of business needs in shaping federal reclamation is discussed by Lawrence B. Lee, "Environmental Implications of Governmental Reclamation in California," in *Agriculture in the Development of the Far West*, James Shideler, ed. (Washington: Agricultural History Society, 1975) , 224. See also Grant McConnell, *Private Power and American Democracy* (New York: Knopf, 1966) , chap. 7.

31. Thorkild Jacobsen and Robert Adams, "Salt and Silt in Ancient Mesopotamian Agriculture," *Science* 128 (21 Nov. 1958) : 1254-58.

32. For examples of recent environmental problems, consult: J. E. Poland and G. H. Davis, "Land Subsidence Due to Withdrawal of Fluids," *Reviews in Engineering*

*Geology*2 (1969) : 187-269; Charles R. Goldman, "Biological Implications of Reduced Freshwater Flows on the San Francisco-Delta Systems," in Seckler, *California Water*, 109-24; and Myron B. Holburt and Vernon E. Valentine, "Present and Future Salinity of the Colorado River," *Journal of Hydraulic Division, Proceedings of the American Society of Civil Engineers* 98 (March 1972): 503-20.

33. (New York: Harcourt Brace Jovanovich, 1967) , 207.

第五章　胡佛大坝：试论"控制自然"

*This essay is a revised version of one published with the same title in *The Social and Environmental Effects of Large Dams*.Vol. 2 *Case Studies*, Edward Goldsmith and Nicholas Hildyard, eds. (Camelford, Cornwall, U.K.: Wadebridge Ecological Center, 1986) .

1. *The Education of Henry Adams* (Boston: Houghton Mifflin, Sentry edition, 1918), 344, 380.

2. Wallace Stegner, *Beyond the Hundredth Meridian: John Wesley Powell and the Second Opening of the West* (Boston: Houghton Mifflin, 1954) , part 1; and Norris Hundley, *Water and the West*: *The Colorado River Compact and the Polities of Water in the American West* (Berkeley: Univ. of California Press, 1975) , chap. 7.

3. John Wesley Powell, "Institutions for the Arid Lands," *Century Magazine*40 (May1890) : 16.

4. For the geological history of the river, see: E. Blackwelder, "Origin of the Colorado River," *Bulletin of the Geological Society of America* 36 (1934) : 551-66; Henry James, "The Salient Geographical Factors of the Colorado River and Basin," *Annals* 135 (Jan. 1928) : 97-101; Clarence Dutton, *Tertiary History of the Grand Canyon District*, U.S. Geological Survey Monograph No. 2 (Washington: Government Printing Office, 1882) .

5. William Kahrl, *Water and Power*: *The Conflict over Los Angeles'Water Supply in the Owens Valley* (Berkeley: Univ. of California Press, 1982) , 156-57; Remi Nadeu, *The*

Water Seekers (Garden City, N.Y.: Doubleday, 1950) .

264 6.   Robert Schonfield, "The Early Development of California's Imperial Valley," *Southern
          California Quarterly* 50 (Sept. 1968) : 297 307; (Dec.) : 395-426; Helen Hosmer, "Triumph
          and Failure in the Imperial Valley," *The Grand Colorado*, T. H. Watkins, ed. (Pale Alto:
          American West Publishing, 1969) , 205-21.

     7.   Harold Bell Wright, *The Winning of Barbara Worth* (1911; New York: Grosset &
          Dunlap, 1966) , 145.

     8.   Arthur Powell Davis, quoted in Norris Hundley, "The Polities of Reclamation:
          California, the Federal Government and the Origins of the Boulder Canyon Act—A
          Second Look," *California Historical Quarterly* 52 (Winter 1973) : 297.

     9.   Francis Crowe, quoted in T. H. Watkins, "Making an Empire to Order," *The Grand
          Colorado*, 172-73. See also Paul Kleinsorge, *The Boulder Canyon Project* (Stanford:
          Stanford Univ. Press, 1941) , 185-230; Frank Waters, *The Colorado* (New York:
          Holt, Rinehart and Winston, 1946) , 337-51; Imre Sutton, "Geographical Aspects of
          Construction Planning: Hoover Dam Revisited," *Journal of the West* 7 (July 1968) :
          301-44.

    10.   The story of building the project is well told in Joseph E, Stevens, *Hoover Dam: An
          American Adventure* (Norman: Univ. of Oklahoma Press, 1988) . The Six Companies
          were comprised of the Utah Construction Company, Morrison-Knudsen (Crowe's
          employer, headquartered in Boise, Idaho) , the J. F. Shea Company and Pacific
          Bridge (both of Portland, Oregon) , MacDonald & Kahn of San Francisco, and a
          group known as Bechtel-Kaiser-Warren Brothers. Despite many difficulties with
          the workers they hired, the Six Companies completed the project in a little over two
          years, almost one month ahead of schedule, and made gross earnings of over $50
          million. (Stevens, p. 252.)

    11.   For a general discussion of Horkheimer's critical philosophy, see Martin Jay, *The
          Dialectical Imagination* (Boston: Little, Brown, 1973) .

    12.   Max Horkheimer, *The Eclipse of Reason* (New York: Plenum, 1974) , 93.

    13.   Paul Barnett, *Imperial Valley: The Land of Sun and Subsidies* (Davis, Calif.:

California Institute of Rural Studies, 1978) , 30. See also Ernest Leonard, "The Imperial Irrigation District: Agency Behavior in a Political Environment," Ph.D. thesis, Claremont Graduate School, 1972.

14. William Warne, *The Bureau of Reclamation* (New York: Praeger, 1973) , 207, 229-33.

15. Michael Straus, *Why Not Survive?* (New York: Simon and Schuster, 1955) , 78.

16. J. Kip Finch, "Some Modern Wonders Named," *Civil Engineering* 25 (Nov. 1955): 33, 40.

17. Max Horkheimer and Theodor W. Adorno, *Dialectic of Enlightenment*, John Cummin, trans. (New York: Herder and Herder, 1972) , ix.

18. Stevens, *Hoover Dam*, 266-67.

19. Myron Holburt and Vernon Valentine, "Present and Future Salinity of Colorado River," *Journal of Hydraulic Division, Proceedings of the American Society of Civil Engineers* 98 (March 1972) : 505-7; Wesley Steiner, statement in *Salinity Control Measures on the Colorado River*, Hearings before Subcommittee on Water and Power Resources, Committee on Interior and Insular Affairs, U.S. Senate, 93 Cong., 2d sess. (Washington: Government Printing Office, 1974). Also see the international symposium on Colorado River salinity in *Natural Resources Journal* 15 (Jan.1975); and Ralph Johnson, "Our Salty Rivers: Legal and Institutional Approaches to Salinity Management," *Land and Water Law Review* 13, No. 2 (1978) : 441-64.

20. A good discussion of this issue may be found in Philip Fradkin, *A River No More: The Colorado River and the West* (New York: Alfred A. Knopf, 1981) , 291-316. See also Norris Hundley, *Dividing the Waters* (Berkeley: Univ. of California Press, 1966) ; and Herbert Brownell and Samuel Eaton, "The Colorado River Salinity Problem with Mexico," *American Journal of International Law* 69 (April 1975) ; 255-71.

21. Holburt and Valentine, "Present and Future Salinity," 515.

22. Vernon Valentine, "Impacts of Colorado River Salinity," *Journal of Irrigation and* 265 *Drainage Division, Proceedings of American Society of Civil Engineers* 100 (Dec. 1974) : 500-502.

23. Colorado River Board of California, *Need for Controlling Salinity of the Colorado River* (Sacramento: California Office of State Printing, 1970) , 68-69, 78.

24. This conclusion is strongly suggested by Thorkild Jacobsen and Robert Adams, "Salt and Silt in Ancient Mesopotamian Agriculture," *Science* 128 (21 Nov. 1958) : 1254-58.

第六章　自由与匮乏：西部的困境

*This essay was first given as the opening plenary address to the conference on "The Wyoming Vision: Images of Self and Place," sponsored by the Wyoming Association for the Advancement of the Humanities, Cody and Powell, Wyoming, April 1987.

1. Owen Wister, *The Virginian* (New York: Grosset & Dunlap, 1904) , 502-3.

2. *The Journals of Lewis and Clark*, Bernard De Voto, ed. (Boston: Houghton Mifflin, 1953) , 14.

3. A. B. Guthrie, Jr., *The Big Sky* (New York: Time-Life, 1947) , 8.

4. John (Fire) Lame Deer and Richard Erdoes, *Lame Deer, Seeker of Visions* (New York: Washington Square Press, 1972) , 265.

5. Henry David Thoreau, "Walking" 〔 1862 〕, *Excursions*, Leo Marx, ed. (New York: Corinth, 1962) , 176.

6. The experiences of both men are recounted in G. Edward White, *The Eastern Establishment and the Western Experience: The West of Frederic Remington, Theodore Roosevelt, and Owen Wister* (New Haven: Yale Univ. Press, 1968) , chaps. 3, 4, 6.

7. Karl Marx, *The Grundrisse*, ed. and trans, by David McLellan (New York: Harper Torchbooks, 1971) , 94.

8. Frank W. Blackmar, "The Mastery of the Desert," *North American Review* 182 (May1906) : 688.

第七章　草原上的愚蠢之举：大平原上的农业资本主义

*This essay was originally published in the *Great Plains Quarterly* 6, Spring 1986.

1. Quoted in David A. Dary, *The Buffalo Book* (New York: Avon, 1974) , 4.

2. This sentence is a paraphrase of Lewis Mumford, *The Power of the Pentagon* (New York: Harcourt, Brace, Jovanovich, Harvest ed., 1970) , 399. For a discussion of the new ecological history, see my article, "Nature as Natural History: An Essay on Theory and Method," *Pacific Historical Review* 53 (Feb. 1984) : 1-19.

3. Both of Webb's major works, *The Great Plains* (Boston: Ginn, 1931) and *The Great Frontier* (Boston: Houghton Mifflin, 1952) , are landmark studies in the environmental impact on culture.

4. Malin, "Ecology and History," *Scientific Monthly* 70 (May 1950) : 295-98.

5. A useful discussion of this problem is in John Bennett's *The Ecological Transition: Cultural Anthropology and Human Adaptation* (New York: Pergamon, 1976) , esp. 162 67, 209-42.

6. Malin, "Dust Storms: Part One, 1850-1860," *Kansas Historical Quarterly* 14 (May 1946) : 129-44.

7. Edwin Kessler, Dorothy Alexander, and Joseph Rarick, "Duststorms from the U.S. High Plains in Late Winter 1977—Search for Cause and Implications," *Proceedings of the Oklahoma Academy of Science* 58 (1978) : 116-28.

8. Malin, "Dust Storms: Part Three, 1881-1890," *Kansas Historical Quarterly* 14 (Nov.1946) : 391-413.

9. Ibid. The distinction between pioneering and entrepreneurialism is commonly obscured in American historical writing as it is in popular mythology; indeed, they are often conflated, especially in the West, producing a "cowboy capitalism." Malin's writing is replete with the confusion.

10. See Hays, *Conservation and the Gospel of Efficiency: The Progressive Conservation Movement*, 1890-1920 (Cambridge: Harvard Univ. Press, 1959) .

11. See, for example, Vance Johnson, *Heaven's Tableland: The Dust Bowl Story* (New　266

York; Farrar, Straus, 1947) , chap. 12.

12. A. B. Genung, "Agriculture in the World War Period," in U.S. Department of
Agriculture, *Farmers in a Changing World* (Washington, 1940) , 280-84; Lloyd
Jorgenson, "Agricultural Expansion into the Semiarid Lands of the West North
Central States during the First World War," *Agricultural History* 23 (Jan. 1949) : 30-
40; Kansas City Star, 19 April 1935.

13. Johnson, *Heaven's Tableland,* 136-37; *Topeka Capital,* 3 Aug. 1926; *Panhandle
Herald* (Guymon, Okla.) , 13 Dec. 1928. See also Garry Nail, "Specialization and
Expansion: Panhandle Farming in the 1920's," *Panhandle-Plains Historical Review*
47 (1974) : 66-67. The largest operator of all on the Plains was located in Montana:
see Hiram Dache, "Thomas B. Campbell—The Plower of the Plains," *Agricultural
History* 51 (Jan. 1977) : 78~91. Campbell's ambition was to be a "manufacturer of
wheat" ; he farmed, with House of Morgan backing, over 100, 000 acres, most of it
on Indian reservations.

14. Leslie Hewes, in *The Suitcase-Farming Frontier: A Study in the Historical
Geography of the Central Great Plains* (Lincoln: Univ. of Nebraska Press, 1973),
gives a thorough accounting of this phenomenon, and one strongly supportive of its
entrepreneurial characteristics.

15. H. B. Urban, transcribed interview, 15 June 1974, Panhandle-Plains Historical
Museum, Canyon, Texas; *The Dust Bowl*, U.S. Department of Agriculture, Editorial
Reference Series No. 7 (Washington, D.C., 1940) , 44; Clifford Hope, "Kansas in
the1930's," *Kansas Historical Quarterly* 36 (Spring 1970) , 2-3; Johnson, Heaven's
Tableland, 146.

16. A number of excellent studies of popular understanding of the Plains have been
published by geographers and historians; see, for example, Brian Blouet and Merlin
Lawson, eds., *Images of the Plains: The Role of Human Nature in Settlement* (Lincoln,
Univ. of Nebraska Press, 1975) .

17. Entrepreneurialism is essential to all forms of agricultural capitalism, whether it
be potato farming in Maine or rice growing in California. But the strength of this

drive may, of course, vary from time to time and place to place. Not all of American agriculture has been so unstable or risk-taking as that of the semiarid plains.

18. Frederick Luebke, "Ethnic Group Settlement on the Great Plains," *Western Historical Quarterly* 8 (Oct. 1977) : 405-30.

19. One thinks, for example, of the Swedish immigrant Alexandra Bergson in Willa Cather's *O Pioneers*! (Boston: Houghton Mifflin, 1913) . Though eager to acquire more and more property, Bergson responds to the land with a powerful love and yearning. "It seemed beautiful to her," writes Cather, "rich and strong and glorious. Her eyes drank in the breadth of it, until her tears blinded her" (p. 65) .

20. A provocative discussion of this set of ideas is C. B. Macpherson's *The Political Theory of Possessive Individualism: Hobbes to Locke* (Oxford: Oxford Univ. Press, 1962) .

21. This figure includes, in addition to ecological restoration efforts, all programs of farm price supports, rural relief, and public works expenditures.

22. Great Plains Committee, *The Future of the Great Plains*, U.S. House Document 144, 75th Congress (Washington, D.C., 1937) , 63-67.

23. Malin, *The Grassland of North America: Prolegomena to Its History* (Lawrence, Kansas: privately published, 1956) , 335.

24. As John Borchert has written, the flurry of federal soil and water conservation programs since the thirties has "encouraged a widespread belief that, though there will be future droughts, there need be no future dust bowl." See "The Dust Bowl in the 1970s" *Annals of the Association of American Geographers* 61 (March 1971) : 19.

25. *Time* (27 June 1983) : 27.

267

第八章　黑山：圣地还是凡土？

1. The French gave them the name Sioux, meaning "enemies," but their own names for themselves were Nakota (eastern) , Dakota (middle region) , and Lakota (western),

all referring to "allies."

2. My account of the occupation is based on extensive newspaper coverage in the *Argus Leader* (Sioux Falls, S.D.) , the state's largest newspaper, during the years 1981 to 1988.

3. The best account of the Wounded Knee confrontation, and valuable background for this entire essay, is Peter Matthiessen's controversial book, *In the Spirit of Crazy Horse* (New York: Viking, 1983) . The former governor of South Dakota, William Janklow, who felt himself libeled by the book, particularly by its allegation that he had raped an Indian girl while serving as tribal legal counsel, sued Matthiessen and forced the publisher to withdraw the book. Eventually the suit was dropped and the book reissued. Another, more hostile account of the armed confrontation is Clyde D. Dollar, "The Second Tragedy at Wounded Knee," *American West* 10 (Sept. 1975), 4-11, 58-61. The standard account of the first tragedy is Robert M. Utley, *The Last Days of the Sioux Nation* (New Haven: Yale Univ. Press, 1963) .

4. I have gone through the back files of the Alliance's newspaper, *Black Hills Paha Sapa Report.* Also useful have been: Peter Matthiessen, *Indian Country* (New York: Viking, 1984) , chap. 7; Rex Weyler, *Blood of the Land: The Government and Corporate War against the American Indian Movement* (New York: Everest House, 1982) , chap. 1; and William Greider, "The Heart of Everything That Is," *Rolling Stone,* 7 May 1987. pp. 37-38, 40, 60, 62, 64.

5. *Black Hills Paha Sapa Report*, 3 (March/April 1982) : 2.

6. Russell Means, "Fighting Words for the Future of the Earth," *Mother Jones* 5 (Dec.1989) : 30, 31.

7. There are altogether about 80, 000 Sioux, and they live in eight tribes located on the same number of reservations: Oglala (Pine Ridge) , Rosebud, Standing Rock, Santee, Cheyenne River, Fort Peck, Lower Brule, Crow Creek. After Pine Ridge, which counts about 20, 000 inhabitants, the largest reservations in South Dakota are Rosebud, with a population of about 12, 000, and Standing Rock, 8, 400.

8. Department of Commerce, 1980 *Census of Population*, Vol. 1, Part 43; vol. 2, Part 2 (Washington: Government Printing Office, 1982) . For a vivid description of current

conditions at Pine Ridge, see Bella Stumbo, "A World Apart: Russell Means and Dennis Banks back at Wounded Knee," *Los Angeles Times Magazine* (15 June 1986): 10-21.

9. *Black Hills Paha Sapa Report* 3 (March/April 1982) , 8.

10. For a provocative discussion of the relationship of the Lakota to the land today, the land of the reservation, and their ethos of place, see Frank Pommersheim, "The Reservation as Place: A South Dakota Essay," *South Dakota Law Review* 34 (1989) : 246-70.

11. See the *Argus Leader*, 18 Jan. 1987, for these state political reactions. Also South Dakota Legislative Research Council, "An Analysis of 'the Bradley Bill' Proposing to Return the Black Hills to the Great Sioux Nation," Issue Memorandum 87-4, 14 May 1987, which was unfriendly to the bill.

12. James Monroe, "First Annual Message," *The Writings of James Monroe*, Stanislaus Murray Hamilton, ed. (New York: G. P. Putnam's Sons, 1902) , vol. 6, p. 40.

13. For the treaty's text see *U.S. Statutes at Large*, vol. 15, pp. 635-40. A useful compilation of this and other documents is Don C. Clowser's *Dakota Indian Treaties: From Nomad to Reservation* (Deadwood, S.D.: privately published, 1974) .

14. Larry J. Zimmerman, *Peoples of prehistoric South Dakota* (Lincoln: Univ. of Nebraska Press, 1985) , 127-30; and Wesley R. Hurt, *Dakota Sioux Indians* (New York: Garland, 1974) , a report prepared originally for the Indian Claims Commission.

15. See Donald Jackson, *Custer's Gold: The United States Cavalry Expedition of 1874* (New 268 Haven: Yale Univ. Press, 1966) . According to this author, Custer's expedition was "a treaty violation in spirit if not in fact" (p. 120) , Also. James Calhoun, *With Custer in '74: James Calhoun's Diary of the Black Hills Expedition*, Lawrence A. Frost, ed. (Provo, Utah: Brigham Young Univ. Press, 1979) ; and Richard Slotkin, " '...& Then the Mare Will Go!' An 1875 Black Hills Scheme by Custer, Holladay, and Buford," *Journal of the West* 15 (July 1976) : 60-77. Environmental change in the Black Hills from the time of Custer's expedition to the present is the theme of Donald R. Progulske's *Yellow Ore, Yellow Hair, Yellow Pine,* Bull. 616, Agricultural Experiment Station, South Dakota State University, Brookings, July 1974. Frogulske and his photographer Richard H. Sewell

compare the scene today with pictures taken by William H. Illingworth on the expedition; and they find a dramatic increase in pine forest cover since 1874, due mainly to the suppression of fire.

16. Annie B. Tallent, *The Black Hills; or, the Last Hunting Ground of the Dakotahs* (St. Louis: Nixon-Jones, 1988) , 3.

17. The most complete account of the mining rush is Watson Parker, *Gold in the Black Hills* (Norman: Univ. of Oklahoma Press, 1966) . Another useful popular account, with good illustrations, is Paul Friggens, *Gold & Grass: The Black Hills Story* (Boulder, Colo.: Pruett Publishing, 1983) , part 1. See also Watson Parker, "The Majors and the Miners: The Role of the U.S. Army in the Black Hills Gold Rush," *Journal of the West* 11 (Jan. 1972) : 99-113; and "Booming the Black Hills," *South Dakota History* 11 (Winter 1980) : 35-52; and Howard Robert Lamar, *Dakota Territory, 1861-1889: A Study of Frontier Politics* (New Haven: Yale Univ. Press, 1956) , 148-76.

18. Less than ten years earlier the federal government had paid Russia only $7.5 million for the much larger, if less accessible, territory of Alaska. And only seventy years before President Thomas Jefferson had bought France's claim to the whole Louisiana Purchase, which included the Black Hills and all the rest of the Sioux reservation, for only $14 million.

19. *Report of the Commission Appointed to Treat with the Sioux Indians for the Relinquishment of the Black Hills* (Washington; Government Printing Office, 19875), 6-9. A detailed account of the Commission appears in James C. Olson, *Red Cloud and the Sioux Problem* (Lincoln: Univ. of Nebraska Press, 1965) , 201-13. See also George Hyde, *A Sioux Chronicle* (Norman: Univ. of Oklahoma Press, 1956) , chap. 4.

20. Report of the Sioux Commission, *Eighth Annual Report of the Board of Indian Commissioners for the Year* 1876 (Washington: Government Printing Office, 1877) , appendix A, pp. 11-19.

21. For the debates over the legislation and final passage see 44th Congress, 2d sess., *Congressional Record*, vol. V, part II (Washington: Government Printing Office,

1977) , 1055-58, 1615-17, 2028.

22. The Treaty of Laramie (1868) was the last one made with any Indian nation.

23. See Morton Horwitz, *The Transformation of American Law* (Cambridge, Mass.: Harvard Univ. Press, 1977) . 34-40.

24. See the decision in *Cases Decided in the United States Court of Claims*, vol. 20 (Washington: Government Printing Office, 1980) , 442-90. Two of the seven judges dissented.

25. *United States v. Sioux Nation of Indians* (488 U.S. 371) , in *Supreme Court Reporter* (St. Paul, Minn.: West Publishing, 1982) , vol. 100A, pp. 2716-52. In support of his traditionalist view of western history, Rehnquist cited a booklet, *Soldier and Brave*, written by Ray Allen Billington and published by the National Park Service in 1963, and a textbook, *The Oxford History of the American People*, written by Samuel Eliot Morison, both authors supposedly showing that there were deep "cultural differences" between Indians and whites, " which made conflict and brutal warfare inevitable." Morison, as quoted by Rehnquist in his opinion, described the Plains Indians as a people who "lived only for the day, recognized no rights of property, robbed or killed anyone if they thought they could get away with it, inflicted cruelty without a qualm, and endured torture without flinching." That this was a racist 269 characterization, no more true of Indians than of whites, and that in any case the general moral behavior of the Indians was not on trial, did not occur to the Justice, who ended his dissent with the Biblical injunction, "Judge not, that ye be not judged." His fellows on the bench, however, failed to see any analogy between Jesus's defense of a prostitute from a mob intent on stoning her and Rehnquist's defense of white manifest destiny.

26. Bruce A. Ackerman, *Private Property and the Constitution* (New Haven: Yale Univ. Press, 1977) , 113-16. More conservative discussions of the abuse of eminent domain doctrine are Richard A. Epstein, *Takings: Private Property and the Power of Eminent Domain* (Cambridge, Mass.: Harvard Univ. Press, 1985) ; and Ellen Frankel Paul, *Property Rights and Eminent Domain* (New Brunswick, N.J.: Transaction, 1987) .

27. Quoted in Ronald Goodman and Stanley Red Bird, "Lakota Star Knowledge and the Black Hills," in *Sioux Nation Black Hills Act, Hearing before the Select Committee on Indian Affairs, U.S. Senate, 99th Congress, 2d session* (Washington: Government Printing Office, 1986), 215.

28. An example of this analogizing is an editorial by Tim Giago in the Lakota Gazette, "Oglala Sioux and a Fight for Mecca," reprinted in his *Notes from Indian Country,* vol. I (Pierre, S.D.: State Publishing, 1984), 278 80. Giago writes: "Unable to comprehend the religious significance of the Black Hills to the Lakota people, the court seems to have decided to duck the issue by ignoring the First Amendment violation with silence."

29. The best of these are represented in William K. Powers, *Oglala Religion* (Lincoln: Univ. of Nebraska Press, 1977), and *Sacred Language: The Nature of Supernatural Discourse in Lakota* (Norman: Univ. of Oklahoma Press, 1986); and Raymond J. DeMallie and Douglas R. Parks, eds., *Sioux Indian Religion: Tradition and Innovation* (Norman: Univ. of Oklahoma Press, 1987). A still useful older study is Martha Warren Beckwith, "Mythology of the Oglala Dakota," *Journal of American Folklore* 43 (Oct.-Dec. 1930) : 339-442. See also Ake Hulkrantz, *The Religion of the American Indian*, Monica Setterwall, trans. (Berkeley: Univ. of California press, 1967).

30. Mircea Eliade, *The Sacred and the Profane: The Nature of Religion*, Willard R. Trask, trans. (New York: Harcourt, Brace, 1959), 26.

31. Vine Deloria, Jr., a Lakota and a lawyer, argues that Christians have lost any sense of the sacred in nature; their religion is grounded in time and history rather than in nature and the land. (*God Is Red* (New York: Grosset & Dunlap, 1973), esp. chap. 8.) I think he oversimplifies the Christian view. On the other hand, he shows us the potential for inconsistency among Indians when he writes, "While traditional Indians speak of a reverence for the earth, Indian reservations continue to pile up junk cars and beer cans at an alarming rate" (p. 260).

32. Ibid., 79-80.

33. On the Dawes Act and its effects in South Dakota, see Jerome A. Greene, "The Sioux Land Commission of 1889: Prelude to Wounded Knee," *South Dakota History* 1 (Winter1970) , 41-72.

34. A transcript of the meeting, simply entitled "Report of the Proceedings Held at Pine Ridge Agency," is on deposit at the South Dakota State Historical Society in Pierre.

35. James R. Walker, *Lakota Belief and Ritual*, Raymond J. DeMallie and Elaine A. Jahner, eds. (Lincoln: Univ. of Nebraska Press, 1980) . See especially pages 50-54, 69, 101-2, 115, 147-74, where the concept of the holy is discussed.

36. *Black Elk Speaks: Being the Life Story of a Holy Man of the Oglala Sioux*, as told through John G. Neihardt (Flaming Arrow) (Lincoln: Univ. of Nebraska Press, 1961) , chap.3, "The Great Vision." For the return visit to Harney see *The Sixth Grandfather: Black Elk's Teachings Given to John G. Neihardt*, Raymond J. DeMallie, ed. (Lincoln: Univ. of Nebraska Press, 1984) , 47-48.

37. *Black Elk Speaks*, 43 fn.

38. *The Sixth Grandfather*, 307-14. Another, fuller version of the story appears in James LaPointe's *Legends of the Lakota* (San Francisco: Indian Historian Press, 1976) , 270 17-19. LaPointe's book is the most complete compilation of stories connected to the Black Hills and seems to have been prepared, in part, to support the Indian claim to the region.

39. A good overview of this subject is provided by Imre Sutton, "Incident or Event? Land Restoration in the Claims Process," in *Irredeemable America: The Indians' Estate and Land Claims*, Imre Sutton, ed. (Albuquerque: Univ. of New Mexico Press, 1985) , 211-32. On the Paiute's case see Richard W. Stoffle and Henry F. Dobyns, eds., *Nuvagantu: Nevada Indians Comment on the Intermountain Power Project*, Cultural Resource Monograph 7 (Reno: Bureau of Land Management, 1983). Nuvaganto is the white man's Charleston Peak, and considered a holy place for the Paiutes.

40. Laurie Ensworth, "Native American Free Exercise Rights to the Use of Public Lands," *Boston University Law Review* 63 (1983) : 141-79.

41. Charlotte Black Elk, *Sioux Nation Black Hills Act*, 66.

42. Chief Standing Bear, *Land of the Spotted Eagle* (Boston: Houghton Mifflin, 1933) , 43-44. "Of all our domain," he writes, "we loved, perhaps, the Black Hills the most ... [But] to the white man everything was valueless except the gold in the hills" (p. 44) .

43. Two older Lakota men who have been leaders in declaring the Black Hills sacred are Frank Fools Crow and John (Fire) Lame Deer. On the former see Thomas E. Mails, *Fools Crow* (Garden City, N.Y.: Doubleday, 1979) , chap. 20, which has many references to the Hills and to his testimony in Congress. For the latter see *Lame Deer, Seeker of Visions*, as told to Richard Erdoes (New York: Simon and Schuster, 1972) , chap. 5, in which Lame Deer visits Mount Rushmore, sits on Theodore Roosevelt's head, and vents his anger at the prospect. Note that both of these books appeared in the decade of the 1970s, which I mark as the period when the "sacred Hills" theme first became prominent. See too the photo essay by Tom Charging Eagle and Ron Zeilinger, *Black Hills: Sacred Hills* (Chamberlain, S.D.: Tipi Press, 1987) . In contrast to these claims, not one of the scholars, some of them Indian, some white, in the collection of essays, *Sioux Indian Religion: Tradition and Innovation*, Raymond J. DeMallie and Douglas R. Parks, eds. (Norman: Univ. of Oklaboma, 1987) , refers to the Black Hills as sacred land; in fact the Hills are mentioned only once, in connection with a 1980 reservation rally.

44. The idea that the earth is the great mother-goddess for Indians has had a similar history. According to Sam Gill the idea is really one suggested to Indians by whites, who themselves tended to look on the New World as a female figure, dark and Indian; the Indians took over the idea and made it a main theme in their religion.

By the mid 1970s and after, Native Americans' consciousness of their Indian identity was well developed. They had begun to see that their distinctiveness, their very identity as Indians, provides an alternative to the materialistic and ecologically unconscionable ways that distinguish for them Americans of European descent. Indians thus took up the theme of Mother Earth as retaliator, and saw that her exaction of retribution would surely not be directed toward them, so long as they nurtured their "Indian" identity.

See Gill, *Mother Earth: An American Story* (Chicago: Univ. of Chicago Press, 1987), 138.

45. The parallels between the sacralization of the Black Hills and the conversion to the Ghost Dance religion, centered on the messianic prophet Wovoka, which swept the Lakota in 1890, is striking. As James Mooney wrote in the aftermath of that movement: "When the race lies crushed and groaning beneath an alien yoke, how natural is the dream of a redeemer, an Arthur, who shall return from exile or awake from some long sleep to drive out the usurper and win back for his people what they have lost." James Mooney, *The Ghost-Dance Religion and the Sioux Outbreak of* 1890 [1896], abridged by Anthony F. C. Wallace (Chicago: Univ. of Chicago Press, 1965), 1. See also Anthony F. C. Wallace. "Revitalization Movements," *American Anthropologist* 58 (1956) : 264-81. The main difference is　271 that today no messianic figure has emerged to give the revitalized religion any form or leadership; the Black Hills themselves serve as the only redeemer.

46. Originally this right covered all minerals, but in 1920 the fossil fuels were excluded, leaving only the hard-rock minerals, like gold, lead, copper, or uranium, under its wide-open provisions. Under the Mineral Leasing Act of 1920 the Secretary of the Interior leases oil, gas, and coal underlying the public lands through a system of competitive bids. A good discussion of the laws appears in Carl J. Meyer and George A. Riley, *Public Domain, Private Dominion: A History of Public Mineral Policy in America* San Francisco: Sierra Club 1985, chap. 2.

第九章　阿拉斯加：爆发了的地下世界

1. *Alaska Regional Profiles: Arctic Region,* coordinated and prepared by Lidia L. Selkregg (Juneau: State of Alaska, 1975) ; and John J. Koranda, "The North Slope: Its Physiography, Fauna, and Its Flora," *Alaska Geographical* (Spring 1973) , complete issue.

2. F. C. Schrader, *A Reconnaissance in Northern Alaska in 1901* (Washington: Government Printing Office, 1904), 13. For the account of their travels and advice on such undertakings see Schrader's introduction, pp. 11-17, and Peters's short addendum, pp. 18-24.

3. Morgan B. Sherwood, *Exploration of Alaska*, 1865-1900 (New Haven: Yale Univ. Press, 1965), 187.

4. Schrader, *A Reconnaissance in Northern Alaska*, 98-114.

5. Frank A. Golder, "Mining in Alaska before 1867," *Washington Historical Quarterly* 7 (July 1916) : 233-38; R H. Saunders, "The Minerals Industry in Alaska," in *Mineral and Water Resources of Alaska*, U.S. Geological Survey (Washington: Government Printing Office, 1964), 13-18; William H. Dall, *Alaska and Its Resources* (1870; New York: Arno Press, 1970), 473-74; William Healey Dall, "Report on Coal and Lignite of Alaska," in 17*th Annual Report of the Geological Survey*, 1895-96, Part I (Washington: Government Printing Office, 1896); Henry Gannett, "General Geography," *Harriman Alaska Series, Vol. II: History, Geography, Resources* (Washington: Smithsonian Institution, 1910), 275.

6. Ernest de K. Leffingwell, *The Canning River Region [,] Northern Alaska*, U.S. Geological Survey Professional Paper 109 (Washington: Government Printing Office, 1919), 178-79. Leffingwell found petroleum seeping from mounds of earth at Cape Simpson, southeast of Point Barrow in what is now the National Petroleum Reserve and at Angun Point, not far from his Flaxman Island camp; and he identified the Sadlerochit formation, a gray sandstone, in which much oil would one day be found. Meanwhile, his partner Mikkelson returned home by sled and steamer, then sat down to write the account of their explorations, which was published in 1909 as *Conquering the Arctic*. Lose your ship and call it conquest! That ship had a wonderfully peripatetic history: a two-masted schooner named after the partners' benefactor, the Dutchess of Bedford, she had been cobbled together in Yokohama out of the semi-tropical timbers of a wrecked Japanese war vessel, timbers that now provided shelter from the Beaufort Sea's icy winds.

7. Michael Williams, *Americans and Their Forests* (New York: Cambridge Univ. Press, 1989) , 332-37; Edward W Parker, "Coal," in *Mineral Resources of the United States*, 1900 (Washington: Government Printing Office, 1901) , 278-81; Parker, "Coal," *Mineral Resources of the United States*, 1904 (Washington: Government Printing Office, 1905) , 401-5, 438. A good account of America's transition to a high-energy society is John G. Clark, *Energy and the Federal Government: Fossil Fuel Policies*, 1900-1946 (Urbana: Univ. of Illinois Press, 1987) . esp. chap. 2. See also Martin V. Melosi, *Coping with Abundance: Energy and Environment in Industrial America* (Philadelphia: Temple Univ. Press, 1985) .

8. Walter L. Fisher, *Alaskan Coal Problems*, Bureau of Mines Bulletin 63 (Washington: Government Printing Office, 1912) . On the Kennecott copper mining complex   272 I have profited from the chance to read William Cronon's excellent unpublished manuscript, "Kennecott Journey: The Paths Out of Town."

9. Robert F. Spencer, *The North Alaskan Eskimo: A Study in Ecology and Society*, Bureau of American Ethnology Bulletin 171 (Washington: Government Printing Office, 1959) , 132-39; Nicholas J. Gubser, *The Nunamiut Eskimos: Hunters of Caribou* (New Haven: Yale Univ. Press. 1965) , 107, 240.

10. Spencer, *The North Alaskan Eskimo*, 139-45. The most thorough account of this people's engagement with their environment is Richard K. Nelson's *Hunters of the Northern Ice* (Chicago: Univ. of Chicago Press, 1969) . See also Barbara Leibhardt, "Among the Bowheads: Legal and Cultural Change on Alaska's North Slope Coast to 1985," *Environmental Review* 10 (Winter 1986) : 277-301. Today, and farther east around Barter Island, the natives wait until the fall return of the bowhead to go whaling and they go out in boats; see Michael J. Jacobson and Cynthia Wentworth, *Kaktovik Subsistence: Land Use Values through Time in the Arctic National Wildlife Refuge Area* (Fairbanks: U.S. Fish and Wildlife Service, 1982) , 30.

11. Norman A. Chance, *The Eskimo of North Alaska* (New York: Holt, Rinehart and Winston, 1966) , 71-73. Also useful are several papers in David Damas, ed., *Handbook of North American Indians*, Vol. 5 (Washington: Smithsonian Institution, 1984) ,

especially those by Robert Spencer and Norman Chance; and Richard K. Nelson. Kathleen Nelson, and A. Ray Bane, *Tracks in the Wildland: A Portrayal of Koyukon and Nunamiut Subsistence* (Fairbanks: Univ. of Alaska Press, 1978).

12. An excellent summary of these contrasting patterns is provided by R. P. Sieferle, "The Energy System—A Basic Concept of Environmental History," in *The Silent Countdown: Essays in European Environmental History*, Peter Brimblecombe and Christian Pfister, eds. (Berlin and Heidelberg: Springer-Verlag, 1990), 9-20. See also W. B. Kemp, "The Flow of Energy In a Hunting Society," *Scientific American* 224 (1971): 55-65; R. A. Rappa. pert, "The Flow of Energy in an Agricultural Society," ibid., 116-33; Leslie A. White, "Energy and the Evolution of Culture," *American Anthropologist* 45 (1943): 335-56.

13. John Muir, *Travels in Alaska* (Boston: Houghton Mifflin, 1915); and *Cruise of the Corwin*, William F. Bade, ed. (Boston: Houghton Mifflin, 1917). See also William H. Goetzmann and Kay Sloan, *Looking Far North: The Harriman Expedition to Alaska, 1899* (New York: Viking, 1982); for a partial listing of the group, see pp. 207-10. The results of the expedition were collected by C. Hart Merriam in *Harriman Alaska Expedition*, 13 Vols. (New York: Doubleday, Page; and Washington: Smithsonian Institution, 1901-14). Roderick Nash, "Tourism, Parks and the Wilderness Idea in the History of Alaska," *Alaska in Perspective* IV, No. 1 (1981), 6-7. For an interesting discussion of the mythic Alaska created by tourists and residents, see Stephen Haycox, "Rediscovering Alaska: Ways of Thinking about Alaska History," *Pacifica* I (Sept. 1989): 101-28.

14. Olaus Murie Papers, 1920-1946, University of Alaska Archives, Fairbanks, Box 4, Manuscript reports. See also Gregory D. Kendrick, "An Environmental Spokesman: Olaus J. Murie and a Democratic Defense of Wilderness," *Annals of Wyoming* 50 (Fall 1978): 213-302. Murie moved to Moose, Wyoming, with his bride from Fairbanks, Margaret Gillette, and in 1946 resigned, in some disgust, from the BBS's successor, the Fish and Wildlife Service. But he returned to Alaska on a visit in 1956, when he got the idea of preserving the nine-million-acre wilderness that in 1960 became the

Arctic National Wildlife Range, the biggest refuge in North America. See Claus-M. Naske, "Creation of the Arctic National Wildlife Range," in *National Wildlife Refuges of Alaska: A Historical Perspective*, by David L. Spencer, Claus-M. Naske, and John Carnahan (Anchorage: Arctic Environmental Information and Data Center, 1979) , 97-116. The best study of evolving wildlife and hunting policies is Morgan Sherwood, *Big Game in Alaska: A History of Wildlife and People* (New Haven: Yale Univ. Press, 1981) .

15.　"Report on Alaska, Yukon-Tanana Rivers," Murie Papers, Box 4. Jean Potter, *The* 273 *Flying North* (New York: Macmillan, 1947) , 87. See also Stephen Haycox, "Early Aviation in Anchorage: Ambivalent Fascination with the Air Age," *Alaska History* 3 (Fall 1988) : 1-20.

16.　Robert Marshall, *Arctic Village* (New York: Literary Guild, 1933) , 18. Marshall's outdoor adventures are described in his book, *Alaska Wilderness*, 2d ed. (Berkeley: Univ. of California, 1970) . For a biographical account see James M. Glover, *A Wilderness Original: The Life of Bob Marshall* (Seattle: Mountaineers, 1986) .

17.　Marshall, *Arctic Village*, 132-37; Marshall, *Doonerak or Bust: A Letter to Friends about an Arctic Vacation* (n.p., 1938) , 3.

18.　Glover, *A Wilderness Original*, 172-82. See also Roderick Nash, *Wilderness and the American Mind*, 3d ed. (New Haven: Yale Univ. Press, 1982) , 200-208.

19.　Robert Marshall, "Comments on the Report on Alaska's Recreational Resources and Facilities," *Alaska-Its Resources and Development*, House Document 485. 75th Congress, 3d sess. (Washington: Government Printing Office, 1938) , 213.

20.　Claus-M. Naske and Herman Slotnik, Alaska: *A History of the 49th State*, 2d ed. (Norman: Univ. of Oklahoma Press, 1987) , 126-27, 133-35. On the highway see the scholarly collection edited by Kenneth Coates, *The Alaska Highway: Papers of the 40th Anniversary Symposium* (Vancouver: Univ. of British Columbia Press, 1985); a contemporary, more superficial account of the project is Don Menzies, *The Alaska Highway: A Saga of the North* (Edmonton: Stuart Douglas, 1943) .

21.　McPhee, *Coming into the Country* (New York: Farrar, Straus and Giroux, 1977) , 130.

22. One of state's leading environmentalists, and a former state wildlife official, Robert Weeden, has written about these threats in *Alaska, Promises to Keep* (*Boston: Houghton Mifflin*, 1978) .

23. H.R. Harriman, "Alaska's Fuel Resources," *Report of Proceedings of American Mining Congress, 12th Annual Session*, Goldfield, Nevada, Sept. 27-Oct. 2, 1909 (Denver: American Mining Congress, 1909) , 273-82; William Thornton Prosser, "Oil First in Solving Alaska's Fuel Problem," *Alaska-Yukon Magazine* 11 (April 1911) : 3-8.

24. Kristina O' Connor, "Historic and Projected Demand for Oil and Gas in Alaska: 1972-1995," Energy Report 3-77, Department of Natural Resources, Division of Minerals and Energy Management (Juneau: State of Alaska, 1977) , 4.

25. The borough study is summarized in Nell Davis, *Energy/Alaska* (Fairbanks: Univ. of Alaska Press, 1984) , 12-23. According to this author, Alaskans, representing such a small portion of the American population, consumed only one-quarter of one percent of the national energy total. The per capita rate in Alaska was the equivalent of nearly one hundred barrels of oil apiece, and transportation accounted for 43% of that total (pp. 19, 23) .

26. The most dismal side of modern-day Barrow is portrayed in Joe McGinniss, *Going to Extremes* (New York: Alfred A. Knopf, 1980) , chap. 6.

27. For a penetrating analysis of the modern cash invasion of the native peoples living in Canada's Mackenzie Valley, see Hugh Brody, "Industrial Impact in the Canadian North," *Polar Record* 18 (1977) : 333-39.

28. Jacobson and Wentworth, *Kaktovik Subsistence*, 26, 30. Norman Chance, *The Inupiat and Arctic Alaska: An Ethnography of Development* (Fort Worth: Holt, Rinehart, and Winston, 1990) , 217. Also, Samuel Z. Klausner and Edward F. Foulks, *Eskimo Capitalists: Oil, Politics, and Alcohol* (Totowa, N.J.: Allanheld, Osman, 1982) .

29. The most thorough account of the episode is James Penick, Jr., *Progressive Politics and Conservation: The Ballinger-Pinchot Affair* (Chicago: Univ. of Chicago Press, 1968) , which tends to blame it on Pinchot's "bid to perpetuate the system of the

previous administration"　—with himself as the architect of domestic conservation policy. I find that interpretation a little too cynical and unsympathetic. Other useful studies are Alpheus Thomas Mason, *Bureaucracy Convicts Itsef: The Ballinger-Pinchot Controversy of 1910* (New York: Viking, 1941) ; and Herman Slotnick, "The Ballinger-　274 Pinchot Affair in Alaska," *Journal of the West* 10 (April 1971) : 337-47. Distinctly unhelpful is Harold C. Ickes, *Not Guilty: An Official Inquiry into the Charges Made by Glavis and Pinchot against Richard A. Ballinger, Secretary of the Interior,* 1909-1911 (Washington: Government Printing Office, 1940) .

30. A leading scholar of Pinchot and his followers, Samuel Hays, offers a different interpretation: their key concern, he maintains, was not resource ownership but resource use. See his *Conservation and the Gospel of Efficiency: The Progressive Conservation Movement,* 1890-1920 (Cambridge, Mass.: Harvard Univ. Press, 1959), 262. I am compelled to disagree; while not rigid advocates of state ownership, and pragmatically aware of the limits of their ideals, the conservationists were definitely intent on expanding public ownership as the only sure guarantor of use.

31. Taft quoted in Pinchot, *Breaking New Ground,* 431.

32. Gifford Pinchot, *The Fight for Conservation* (1910; Seattle: Univ. of Washington Press, 1967) , 6-8. Thorstein Veblen, *The Engineers and the Price System* (New York: Viking, 1921) , 44.

33. Gifford Pinchot, "Who Shall Own Alaska?," *Saturday Evening Post* 184 (16 Dec. 1911) : 3-4, 50-52.

34. Carl J. Mayer and George A. Riley, *Public Domain, Private Dominion* (San Francisco: Sierra Club Books, 1985) , chap. 5; John Ise, *U.S. Oil Policy* (New Haven: Yale Univ. Press, 1926) ; Clark, *Energy and the Federal Government,* 154-55.

35. Burl Noggle, *Teapot Dome: Oil and Politics in the* 1920*s* (New York: Norton, 1962).

36. They drilled dozens of holes, the deepest down to 11, 800 feet, and came up with estimates of up to 100 million barrels of recoverable deposits. Naske and Slotnick, *Alaska,* 243-46. K. L. VonderAhe, "The Petroleum Industry in Alaska," in

Mineral and Water Resources of Alaska, U.S. Geological Survey, Report for Senate Committee on Interior and Insular Affairs, 88th Congress, 2d sess. (Washington: Government Printing Office. 1964) , 19-25, provides a detailed summary of oil activity in the 1950s and early 1960s.

37. The Kenai leasing story has finally been told by David Postman in an eight-part series,"Inside Deal: The Untold Story of Oil in Alaska,"*Anchorage Daily News*, 4-11 Feb. 1990.

38. Richard A. Cooley, *Alaska: A Challenge in Conservation* (Madison: Univ. of Wisconsin Press, 1967) , chap. 2. On native response to the oil prospects see Mary Clay Berry, *The Alaska Pipeline: The Politics of Oil and Native Land Claims* (Bloomington: Indiana Univ. Press, 1975) .

39. William D. Smith, "68 Sourdoughs Find Bonanza in Alaska Oil," *New York Times*, 23 July 1968. Ed Fortier, "The Driller's Mask Froze to His Face," *National Observer*, 12 Aug.1968. See also Charles S. Jones, *From the Rio Grande to the Arctic:The Story of the Richfield Oil Corporation* (Norman: Univ. of Oklahoma Press, 1972) , chap. 47. A British scholar, Peter Coates, has published *The Trans-Alaska Pipeline Controversy: Technology, Conservation, and the Frontier* (Bethlehem. Penn.: Lehigh Univ. Press, 1991) , which I read in draft form.

40. The first estimates of recoverable reserves ran between five and ten billion barrels, then eventually rose to twelve to fifteen barrels. British Petroleum ended up with slightly over a 50% equity interest in the field, ARCO about 20%.

41. DeGolyer and MacNaughton, *Twentieth Century Petroleum Statistics* (Dallas: DeGolyer and MacNaughton, 1988) , 63.

42. Joseph L. Fisher, "Alaska Oil in Historical Perspective," in *Change in Alaska: People, Petroleum, and Politics*, George W. Rogers, ed. (Seattle: Univ. of Alaska Press/Univ. of Washington Press, 1970) , 21.

43. The companies projected a clear profit of $12 to 15 billion from a $1.8 billion investment, including leases, drilling, and pipeline costs. Arthur M. Louis, "The Escalating War for Alaskan Oil," *Fortune* (June 1972) : 81.

44. The tax breaks went back a long way before Nixon. During the Kennedy and Johnson presidencies, for example, ARCO had paid not a single penny in federal income tax, though it had gained a net income of about $800 million.

45. Roger Revelle, Edward Wenk, Bostwick H. Ketchum, and Edward R. Corino, "Oceanic Oil Pollution," in *Man's Impact on Terrestrial and Oceanic Systems*, W. H. Matthews et al., eds. (Cambridge, Mass.: Massachusetts Institute of Technology, 1971) , 297-318. Noel Mostert, *Supership* (New York: Alfred Knopf, 1974) , 15-42; Wesley Marx, *Oilspill* (San Francisco: Sierra Club Books, 1971) . 　275

46. See Ruckelshaus's letter appended to the final draft, col. 6, pp. A41-44.For the Corps'critique see the *Congressional Record*, 117 (10 March 1971) , E1683-86. Congressman Les Aspin charged that the Pentagon had tried to suppress this embarrassing critique.

47. Senator Edmund S. Muskie opposed the pipeline, warning of "grave environmental damage to the lands the pipeline would traverse, the fishing resources of Prince William Sound and the waters of the Northern Pacific on which the oil would inevitably spill." *Congressional Record*, 117 (21 April 1971) , 11307-9. See also Richard W. Schoepf, *The Trans-Alaska Pipeline and the Environment: A Bibliography* (Washington: Department of Interior, 1974) .

48. Department of Interior, *Environmental Impact Statement: Proposed Trans-Alaska Pipeline* (Springfield, Va: National Technical Information Service, 1872) , vol. I, pp. 159- 62, 170-75; vol. IV, pp. 621-37.

49. *Congressional Record*, 117 (17 Dec. 1971) , E13863-69.

50. This case, *Wilderness Society,* et al.v. Secretary Morton, et al., was decided by the U.S. Circuit Court of Appeals for the District of Columbia on 9 February 1973, about eight months after Morton's decision to grant the right-of-way.

51. Edgar Wayburn, "A Conservationist's Concern about Arctic Development," in Rogers, *Change in Alaska*, 173, 177-78. Other representative expressions of environmental concern were George Laycock, "Kiss the North Slope Good-by," *Audubon* 72 (Sept. 1970) : 68; and Harvey Manning, *Cry Crisis: Rehearsal in*

Alaska (San Francisco: Friends of the Earth, 1974) .

52. Senate Report No. 93-207, *United States Code Congressional and Administrative News,* 93rd Congress, 1st session, 1973, vol. 2 (St. Paul: West Publishing, 1974) , 2427.

53. *New York Times*, 21 Sept. 1976, p. 1. As it turned out, Sohio built instead a pipeline across Panama, as the governor of California opposed the added hydrocarbon pollution that transshipping oil in Los Angeles would cause. See also Batelle Memorial Institute, *The West Coast Petroleum Supply and Demand System* (Richland, Wash.: Batelle Pacific North-west Laboratories, 1978) .

54. Charles J. Cichetti, *Alaskan Oil: Alternative Routes and Markets* (Baltimore: Resources for the Future/Johns Hopkins Univ. Press, 1972) , chap. 6.

55. A. R. Thompson, "Policy Choices in Petroleum Leasing Legislation: Canada-Alaska Comparisons," in Rogers, *Change in Alaska*, 72-78.

56. *House of Commons Debates*, Vol. 115, No. 95, 3rd session, 28th Parliament. 12 March 1971, pp. 4212, 4218-19.

57. Luther J. Carter, "Alaska Pipeline: Congress Deaf to Environmenta-lists," *Science* 181 (27 July 1973) : 326. Walter Mondale, statement in *Rights-of- Way Across Federal Lands: Transportation of Alaska's North Slope Oil*, Hearings before the Committee on Interior and Insular Affairs, U.S. Senate, 93rd Congress, 1st sess. (Washington: Government Printing Office, 1973) , Part V, pp. 33-34.

58. DeGolyer and MacNaughton, *Twentieth Century Petroleum Statistics*, 58-59.

59. Thomas R. Berger, *Northern Frontier, Northern Homeland: The Report of the Mackenzie Valley Pipeline Inquiry* (Ottawa: Minister of Supply and Services Canada, 1977) , vol. I, pp. vii-xxvii. See also John Livingston, *Arctic Oil* (Toronto: Canadian Broadcasting Corporation, 1981) .

60. R. C. Wilson to Governor William A. Egan, 20 March 1972, Alaska State Archives, Record Group 01, Series 81, Loc. No. 4942.

61. When the oil started flowing, the state raked in billions in royalties, enough to abolish the state income tax and grant every resident of six months or more a personal check of $800 to $1000. By the 1980s over 85% of the state budget came

276

from oil revenues.

62. State Senator Chancy Croft, "Five Billion Dollars, More or Less," talk to 23rd Science Congress. College, Alaska, 17 Aug. 1972, Alaska State Archives, RG 401, Box 1415, Croft Files, 1971 - 76; John E. Havelock, remarks to Joint Hearing of Senate Commerce Committee and Rouse State Affairs Committee, 10 March 1972, Alaska State Archives, Joint Pipeline Committee Records, 1971-72, Administrative File P-2, Box 4. Most state studies of the pipeline impact were enthusiastic, and focused exclusively on the economic benefits it would bring in the way of jobs and revenues, See, for example, Arlon R. Tussig, George W. Rogers, and Victor Fischer, *Alaska Pipeline Report* (Fairbanks: Institute of Social, Economic, and Government Research, Univ. of Alaska, 1971) , chap. 4. For an overview of the debate within the state see John S. Dryzek, *Conflict and Choice in Resource Management: The Case of Alaska* (Boulder, Colo.: Westview Press, 1983) .

63. For a discussion of this aborted effort see Joe La Rocca, "Will State's New Oil Laws Delay Pipeline?," *Alaska Journalism Review* 1 (Dec. 1972-Jan. 1973) , 1-9.

64. As Robert Engler has noted, "Wherever the [oil] industry has functioned, its concentrated economic power-the most massive of any industry in the world-has been forged into political power over the community. Law, the public bureaucracies, the political machinery, foreign policy, and public opinion have been harnessed for the private privileges and the immunity from public accountability of the international brotherhood of oil merchants. Formidable perimeters of defense manned by public relations specialists, lawyers, lobbyists, and obsequious politicians and editors keep the spotlight away from the penetrating powers of oil. Instead the focus is placed on the mystique of petroleum technology, corporate benevolence, and the possibility for an amenable public to be cut in on 'something for nothing.' " In Rogers, *Change in Alaska*, 14. See also Engler, *The Politics of Oil: A Study of Private Power and Democratic Decisions* (Chicago: Univ. of Chicago Press, 1961) . For another critical view see John Hanrahan and Peter Gruenstein, *Lost Frontier: The Marketing of Alaska* (New York: W. W. Norton, 1977) .

65. Technically, the key vote was on a motion to table a motion to reconsider the Jackson

bill. See the *Congressional Record*, 119 (17 July 1973), pp. 24316-17.

66. Stan Cohen, *The Great Alaska Pipeline* (Missoula: Pictorial Histories Publishing, 1988), is an admiring, heroicizing account of the construction phase. A somewhat better account is James P. Roscow, 800 *Miles to Valdez: The Building of the Alaska Pipeline* (Englewood Cliffs, N.J.: Prentice-Hall, 1977).

67. Alaska's oil revenues peaked much earlier, in 1979, and were in decline by 1981, as the price of oil began to go down from its high point of the OPEC oil-price revolution of the 1970s. According to Arlon Tussig, without that fortuitous revolution, Prudhoe Bay oil would have been nearly worthless. See Tussig, "Alaska's Petroleum-Based Economy," *Alaskan Resources Development: Issues of the 1980s*, Thomas A. Morehouse, ed. (Boulder: Westview Press, 1984), 58-59. But the 1990s saw another spurt upward, due to Middle East politics, one that might bring a temporary upturn in state revenues. But for the long term Prudhoe Bay must offer a rapidly diminishing source of financial hope.

68. Stewart L. Udall, *The Quiet Crisis* (New York: Avon Books, 1963), 193-94. See also T. H. Watkins, *Vanishing Arctic: Alaska's National Wildlife Refuge* (New York: Aperture/Wilderness Society, 1988), 65-80. Dianne Dumanoski, "The Last Great American Wilderness," *Boston Globe Magazine* (9 July 1989): 16, 39-48, 56-57. ARCO Alaska, "On Top of ANWR," pamphlet, August 1989.

69. Studies of these problems include: Lisa Speer and Sue Libenson, *Oil in the Arctic: The Environmental Record of Oil Development on Alaska's North Slope* (Washington: Natural Resources Defense Council, 1988); Edmund Schofield and Wayne L. Hamilton, "Probable Damage to Tundra Biota through Sulphur Dioxide Destruction of Lichens," *Biological Conservation* 2 (July 1970): 278-80; Ecosystems Impacts Resource Group, National Research Council, *Energy and the Fate of Ecosystems*, Supporting Paper No. 8 (Washington: National Academy Press, 1980). For a more general assessment of the ecological threat see F. R. Englehardt, ed., *Petroleum Effects in the Arctic Environment* (London: Elsevier Applied Sciences, 1985).

70. The most comprehensive account of the spill is Art Davison, *In the Wake of the*

277

Exxon Valdez: The Devastating Impact of the Alaska Oil Spill (San Francisco; Sierra Club Books, 1990) . I have drawn on Davison's work for many details, along with state and national newspapers, and the impressive document, *Spill: The Wreck of the Exxon Valdez: Final Report of the Alaska Oil Spill Commission* (Juneau: State of Alaska, 1990) , in five volumes. See also Page Spencer, *White Silk & Black Tar: A Journal of the Alaska Oil Spill* (Minneapolis: Bergamot Books, 1990) , and Brian O' Donohue, *Black Tides: The Alaska Oil Spill* (Anchorage: Alaska Natural History Association, 1989) .

71. Though the largest spill in American experience, this was not the largest in the world. The tanker Amoco Cadiz dumped 68 million gallons on the coast of Brittany in 1978, and the offshore well Ixtoc I in the Gulf of Mexico, when it blew out the following year, spewed out 140 million gallons of crude.

72. "Captain of Tanker Had Been Drinking, Blood Tests Show," *New York Times*, 31 March 1989.

73. "How the Oil Spilled and Spread: Delay and Confusion Off Alaska," *New York Times*, 16 April 1989.

74. Exxon tried to blame its failures on the government's slowness to allow the use of dispersants, and that charge has Davison' e qualified support; he suggests that the environmental damage done might have been lessened by anywhere from 9% to 50% had dispersants been available and had they been used immediately. Davison, p. 123.

75. *The Economist*, 19 May 1990, p. 100. For the effects on wildlife see Malcolm W. Browne, "In Once-Pristine Sound, Wildlife Reels under Oil's Impact," *New York Times*, 4 April 1989; *ibid.*, 9 April; *ibid.*, 25 April. See also Jenifer M. Baker, Robert B. Clark, and Paul F. Kingston, "Environmental Recovery in Prince William Sound and the Gulf of Alaska," Institute of Offshore Engineering, Heriot-Watt University, Edinburgh, Scotland, June 1990.

76. *Spill: The Wreck of the Exxon Valdez: Implications for Safe Marine Transportation*, Report of the Alaska Oil Spill Commission, Executive Summary, January 1990, foreword.

77. Elihu Palmer, *Principles of Nature* (1801) , quoted in *American Ideas*, Gerald N. Grob and Robert N. Beck, eds. (Glencoe, Ill.: Free Press, 1963) , vol. I, p. 140.

78. Both the Alaska Oil Spill Commission and the National Transportation Safety Board made this point, and Congress seemed, in 1990, ready to require double hulls in the future. For debate on this matter see the *New York Times*, 15 May 1989.

第十章　寻找归属的土地

*This essay was originally published, in a slightly different form, in *Centennial West: Essays on the Northern Tier States*, edited by William L. Lang (Seattle: University of Washington Press, 1991) .

1. The concept owes much to political economist Harold Innis. See, for example, his *The Fur Trade in Canada: An Introduction to Canadian Economic History* (New Haven, Conn.: Yale Univ. Press, 1930) ; and *The Cod Fisheries: The History of an International Economy* (New Haven, Conn.: Yale Univ. Press, 1946) . A good recent introduction is L. D. McCann, "Heartland and Hinterland: A Framework for Regional Analysis," in *Heartland and Hinterland: A Geography of Canada*, L, D. McCann, ed. (Scarborough, Ontario: Prentice-Hall Canada, 1982) , 2-35. See also J. M. S. Careless, "Frontierism, Metropolitanism, and Canadian History," *Canadian Historical Review* 39 (March 1954) : 1-21.

2. Robin Fisher, "Duff and George Go West: A Tale of Two Frontiers," *Canadian Historical Review* 68 (Dec. 1987) : 501-28; David H. Breen, "The Turner Thesis and the Canadian West: A Closer Look at the Ranching Frontier," in *Essays on Western History*, Lewis H. Thomas, ed. (Edmonton: Univ. of Alberta Press, 1976) ; Doug Owram, *Promise of Eden: The Canadian Expansionist Movement and the Idea of the West*, 1856-1900 (Toronto: Univ. of Toronto Press, 1980) .

3. J. S. Holliday, *The World Rushed In: The California Gold Rush Experience* (New York: Simon and Schuster, 1981) , 167.

4. G. M. Tobin, "Landscape, Region, and the Writing of History: Walter Prescott Webb

in the 1920s," *American Studies International* 16 (Summer 1978) : 10.

5. I have made this point in terms of federal development of water resources in my book, *Rivers of Empire: Water, Aridity, and the Growth of the American West* (New York: Pantheon, 1985) . Gerald D. Nash argues that it was military investment during World War II that was decisive; see his *The American West Transformed: The Impact of the Second World War* (Bloomington: Indiana Univ. Press, 1985) , chap. 2.

6. William Robbins, "The 'Plundered Province' Thesis and the Recent Historiography of the American West," *Pacific Historical Review* 55 (Nov. 1986) : 577-98.

7. See Chapter 2.

8. Patricia Nelson Limerick, *The Legacy of Conquest: The Unbroken Past of the American West* (New York: W. W. Norton, 1987) , 35-36.

9. Henry Nash Smith, *Virgin Land The American West as Symbol and Myth* (Cambridge, Mass.: Harvard Univ. Press, 1950) .

10. Louis Hartz, *The Liberal Tradition in America* (New York: Harcourt, Brace & World, 1955) , esp. chaps. 1 and 8. The latter chapter describes the evolution of liberal thought during the past Civil War years, when the main influx of settlers came to the West and began to form its institutions and define its cultural norms.

11. John McPhee, *Rising from the Plains* (New York: Farrar, Straus, Giroux, 1986) , 104.

12. Wallace Stegner, "Coda: Wilderness Letter," in *The Sound of Mountain Water* (Lincoln: Univ. of Nebraska Press, 1980) , 147-48.

第十一章　没有秘密的土地

*This essay was originally presented in the President's Lectures Series, University of Montana, Missoula, April 1990.

1. Bill McKibben, *The End of Nature* (New York: Random House, 1989) , 58.

2. Francis Fukuyama, "The End of History," *The National Interest*, No. 16 (Summer1989): 3-18.

3. Willa Cather, "Nebraska: The End of the First Cycle," *The Nation* 117 (5 Sept.

1923) :238.

4. The story of the national grasslands can be found in R. Douglas Hurt, "The National Grasslands: Origin and Development in the Dust Bowl," *Agricultural History* 59 (April 1985) : 246-59; "National Grasslands Established," *Journal of Forestry* 58 (Aug. 1960) : 679; and H. H. Wooten, *The Land Utilization Program, 1934 to 1964*, U.S. Department of Agriculture, Agricultural Economic Report No. 88 (Washington: Government Printing Office, n.d.) .

5. Frederick Jackson Turner, "The Significance of the Frontier in American History," *Frontier and Section: Selected Essays of FJT* (Englewood Cliffs: Prentice-Hall, 1961) , 39.

6. McKibben, *The End of Nature*, 64.

7. Jerrold E, Levy, "Ecology of the South Plains," *Patterns of Land Utilization and Other Papers: Symposium,* Viola E. Garfield, ed., Proceedings of the American Ethnological Society (Seattle: Univ. of Washington Press, 1961) , 18-23. Levy calculates that, from at least 1836 to the reservation period, there were 1800 Kiowa and Kiowa-Apaches, 3500 Cheyennes, and 2500 Arapahoes, along with smaller numbers of Comanches, Wichitas, and Tonkawas. He adds: "Even using the minimum buffalo population, the maximum human population, the maximum consumption, and assuming the most wasteful butchering techniques, and the slaughter of females exclusively, the effect upon the herds was probably minimal" (p.22) . However, recent historians and anthropologists have argued that we have much understated the devastating impact of European diseases on North America's aboriginal populations, and if so, that fact might cause us to revise Levy's numbers upwards for the pre-1836 populations.

279 8. Kansas Water Office, *Ogallala Aquifer Study in Kansas: Summary* (Topeka: Kansas Water Office, 1982) , 3.

9. Rowland C. Robinson, "New England Fences," *Scribner's Monthly* (Feb. 1880): 502-11.

10. Walter Prescott Webb, *The Great Plains* (Boston: Ginn and Company, 1931) , 317.

11. Henry D. and Frances T. McCallum, *The Wire That Fenced the West* (Norman: Univ. of Oklahoma Press, 1965) , chap. 19.

12. Wallace Stegner, *The American West as Living Space* (Ann Arbor: Univ. of Michigan Press, 1987) , 25.

动植物译名对照表

动 物

antelope 羚羊	falcon 隼
arctic fox 北极狐	ferret 鼬
badger 獾	fisher 鱼獭
bald eagle 秃鹰	fur seal 海狗
beaver 河狸	gold eagle 金鹰
bighorn sheep 盘羊	grayling 茴鱼
bison, buffalo 野牛	grizzly bear 灰熊
blackbird 画眉	ground squirrel 地松鼠
blackfooted ferret 黑足鼬	grouse 松鸡
bobcat 美洲山猫	heath hen 黑琴鸡
bobwhite 山齿鹑	heron 苍鹭
bowhead whale 露脊鲸	herring 鲱鱼
brant 黑雁	jack rabbit 长耳大野兔
caribou 北美驯鹿	jaguar 美洲豹
civet cat 麝猫	king crab 蜘蛛蟹
cormorant 鸬鹚	longhorn 长角牛
cougar 美洲狮	loon 潜鸟
coyote 郊狼	lynx 山猫
crane 鹤	marten 貂鼠
crawfish 龙虾	mink 鼬
eider 绒鸭	moose 麋鹿
elephant seal 海豹	mountain lion 美洲狮
elk 驼鹿	mullet 鲻鱼
Eurasian deer 欧亚驯鹿	musk ox 麝牛
	muskrat 麝鼠

opossum 负鼠

otter 水獭

pocket gopher 囊鼠

polar bear 北极熊

porcupine 豪猪

porpoise 海豚

prairie chicken 草原松鸡

prairie dog 草原犬鼠

pronghorn antelope 叉角羚

ptarmigan 雷鸟

raccoon 浣熊

salmon 大麻哈鱼，鲑

scaled quail 花斑鹤鹑

sea lion 海狮

sea otter 海獭

seal 海豹

Sitka deer 北美鹿

skunk 臭鼬

trout 鳟鱼

walrus 海象

weasel 鼬鼠

wolverine 狼獾

植物

alder 桤木

aspen 白杨

birch 桦树

buffalo grass 野牛草

bunchgrass 丛生禾草

chaparral 沙巴拉灌木

cheatgrass 雀麦草

cotton grass 羊胡子草

cottonwood 三角叶杨

forb 非禾本草本植物

grama grass 格兰马草

galleta 碎石草

greasewood 黑肉叶刺茎藜

Indian grass 垂穗黄草

juniper 刺柏

mesquite 豆科灌木，牧豆

osage orange tree 桑橙树

ponderosa pine 北美黄松

fir 冷杉

prickly pear 仙人果

rhubarb 野大黄

Russian thistle 俄国蓟

sagebrush 艾草

sideoats grama grass 侧穗格兰马草

spruce 云杉

sweetgrass 香草

taro 芋头

tundra 苔原

western wheat grass 西麦草

winterfat 肥优若藜

索　引

（数字为原版书页码，在本书中为边码）

A

Abbey，Edward 爱德华·艾比，49

Abundance 富饶，82，86-91，227-28，235

Accommodation，and identity 适应（顺应）及归属感（认同，身份特征），236-37

Ackerman，Bruce 布鲁斯·艾克曼，134

Adams，Andy 安迪·亚当斯，28

Adams，Henry 亨利·亚当斯，65-66，68，71，74

Adaptation，and conquest 适应及征服，248-53

Adorno，Theodor 西奥多·阿多诺，73-74

Against the Cloud (Lakota Indian) 斗云（拉科塔印第安人），143-44

Age of Reason 理性时代，221-22

Agnew，Spiro 斯皮罗·阿格纽，188，207

Agrarian myth 农业神话，6-7，9，13-15

Agribusiness 农业企业，见 Agriculture 农业条

Agriculture 农业：in Alaska 阿拉斯加的～，182-83；in California 加州的～，29，283；and conquest ～与征服，246；and environmental concerns ～与环境关注，98-105；European models for 欧洲～模式，182-83；and fencing ～与围栏，249-50；and the Great Plains ～与大平原，98-105；and the hydraulic society ～与水利社会，29，56-63，69，70，72，76；and the international markets ～与国际市场，99；and labor ～与劳工，72；and suitcase farmers ～与皮包农民，99-100

Agriculture，U.S. Department of 美国农业部，46，49，241

Alaska 阿拉斯加：agriculture in ～的农业，182-83；benefits/uses of ～的益处／用途，

171；coal in ~的煤炭，157-60，173，176-79，181，183-84；energy sources/use in ~的能源及其利用，161，163-64，173-74，175-76；environmental concerns in ~的环境关注，179，192-95，197-200，207，210-11，212-24；explorations/ studies of ~的探险／研究，155-57，158-59，164-70，176，184；fishing in ~的渔业，157，162，211，217，219；and the fossil-fuel economy ~的化石燃料经济，164，174，175-76；fur trade in ~的皮毛贸易，157；geography of ~的地理，154，186；gold in ~的黄金，155，157；hunting in ~的狩猎，166-167，174-75，211；Indians in ~的印第安人，160，166；indigenous peoples of ~的土著人，160-166，177，175，187，223-24；industrialization of ~的工业化，160，168-70，171-72，209-10；land aid package for 联邦给~的土地馈赠计划，187；land ownership/management in ~的土地所有权管理，182-83，212；leasing land in ~的土地租借，183-85，186，187-88，189，210，219；oil spills in ~的石油泄漏，194-96，212-24；population of ~的人口，171，173；public land in ~的公共土地，公地，176-79，183-85，186，187-88，189，210，219；railroads in ~的铁路，160，183；as a recreation area ~作为休闲地，172；Russians in ~的俄国人，157；and the Spit and Argue gang ~与"唾骂争论帮"，185-86；statehood for 设州，186-87；and technology ~与技术，169-70，174-75；tourism in ~的旅游业，165，219；wilderness in ~的荒野，168-70，198，210-11；wildlife in ~的野生动物，154-55，158，161-62，185，210，211，217-18

Alaska Coal Leasing Act (1914) 阿拉斯加煤炭出租法，183

Alaska Native Claims Settlement Act (1971) 阿拉斯加土著人土地安置法，187

Alaska Railroad 阿拉斯加铁路，160

Alaska Oil Spill Commission 阿拉斯加石油泄漏委员会，219

Alaska pipeline 阿拉斯加管道：and Canada ~与加拿大，196-97，198，199，200，201-5，208；cost of the ~的成本，208；court decisions concerns 司法裁决事宜，197；and environmental concerns ~与环境关注，192-95，197，198-200，201-5，207，210；and fishing ~与捕鱼，197，198；legislation concerning the 相关立法，198-200，206-8；and nationalism ~与民族主义，205；and oil spills ~与石油泄漏，207-8；route of the ~线路，196-209；and technology ~与技术，221；and

282

wildlife ~ 与野生动物，197

Alaska Pipeline Commission Act (1972) 阿拉斯加管道委员会法案，206

Alaska Public Interest Coalition 阿拉斯加公众利益联盟，198

Alaska Syndicate 阿拉斯加财团，177-78，183

All-American Canal 全美运河，70

Allison (William B.) commission （威廉 B）埃里森使团，123-26，128，143，146

Alyeska Pipeline Service Company 阿里耶斯卡管道服务公司，190-91，194，195，
    208，215-16，219

Amerada Hess Corporation 亚美拉达·赫斯公司，190-91

American Civil Liberties Union 美国公民自由联盟，111

American Forestry Association 美国林业协会，234

American Horse (Lakota Indian) 美国马（拉科塔印第安人），144

American Indian Movement (AIM) 美国印第安运动，108，109，113

"The American West: Perpetual Mirage" (Webb) "美国西部：永远的海市蜃楼"（韦
    伯），23-24

The American West Transformed: The Impact of the Second World War (Nash) 《美国西
    部的转变：二战的影响》（纳什），10-11

Anderson，Harold 哈罗德·安德森，169-70

Anderson，John 约翰·安德森，200

Anthropology 人类学，231

Arapaho Indians 阿拉帕霍印第安人，121，128，248

Arctic haze 北极雾霭，211

Arctic National Wildlife Refuge 北极国家野生动物保护地，158，210，211-12，219

Arctic Village (Marshall) 《北极村》（马歇尔），168

Arid regions 干旱区：and conquest ~ 与征服，250；and the definition of the West ~ 与
    西部定义，23-24，82；and the Western Paradox ~ 与西部困境，84-85，88-92

Arizona 亚利桑那，29，76，148，234

Armstrong，William 威廉·阿姆斯特朗，104

Army Air Service 陆军航空部，167

Artists 艺术家，252

Aspin，Les 勒斯·阿斯宾，196

Athearn，Robert 罗伯特·阿瑟恩，6

Atlantic-Richfield (ARCO) 大西洋 - 里奇菲尔德，187，188-89，190-91

Atomic/nuclear weapons 原子 / 核武器，4，11，148

Atwood，Robert 罗伯特·阿特伍德，186

B

Bacon，Francis 弗兰西斯·培根，241-42

Bad Wound (Lakota Indian) 坏伤口（拉科塔印第安人），144

Balancing on an Alp (Netting) 《阿尔卑斯山上的平衡》（奈丁），39-40

Bald Eagle (Lakota Indian) 秃鹰（拉科塔印第安人），119

Ballinger，Richard 理查德·鲍灵格尔，178-79，180

Banks，Dennis 丹尼斯·班克斯，108

Barbed wire 带刺铁丝、铁丝网，249-50

Bartlett，E. L. (Bob) （鲍勃）巴特莱特，186

Bayh，Birch 伯奇·拜，200，207

Bear Butte 熊峰，150

Bentsen，Lloyd 劳埃德·本森，207

Berger，Thomas R. 托马斯·伯格，204-5

Biden，Joseph 约瑟夫·拜登，207

Big Horn Valley (Wyo.) 巨角谷（怀俄明），46

The Big Sky (Guthrie) 《大天空》（格斯里），83-84

Billington，Ray Allen 雷·艾伦·比灵顿，8，21-22

Biography 自传，252-53

Black Canyon 黑色峡谷 . 见 Hoover Dam 胡佛大坝

Black Elk，Charlotte 夏洛特·黑驼鹿，148-49

Black Elk (Lakota Indian) 黑驼鹿（拉科塔印第安人），145-47，149，150

Black Elk Speaks (Neihardt) 《黑驼鹿如是说》（内哈特），145

Black Hills 黑山：commercialization of the ~ 的商业化，106-7；and the environmental concerns ~ 与环境关注，109-10；gold in the ~ 的金子，122-23，124，125，127；minerals in the ~ 的矿产，110，112，115，122-23，124，125，127，143，152；as a wilderness ~ 作为荒野，115；and wildlife ~ 与野生动物，114-15

Black Hills Alliance 黑山联盟，109-10，117

Black Hills aquifer 黑山地下蓄水层，110

Black Hills International Survival Gathering 黑山国际生存大会，111

Black Hills National Forest 黑山国家森林，108，114-15

Black Hills 黑山 —ownership of the：and the Act of 1877 ~ 的所有权：及 1877 年法案，128-129，143；and the Allison commission ~ 与埃里森使团，123-26，128，143，146；as the basic question between Indians and whites ~ 作为印第安人与白人间的根本问题，107-8；and the Bradley proposal ~ 与布莱德利建议，114-15，116，117，135，136，148；and capitalism ~ 与资本主义，111；and the citizenship issue ~ 与公民身份问题，132-34；and Custer's expedition ~ 与卡斯特探险，121-22，127；and the Dawes Act (1887) ~ 与道威斯法案，143；and hunting rights ~ 与狩猎权，120；and the Indian Claims Commission ~ 与印第安人索赔委员会，113-14，130-32，133；and the Lakota refusal to sell the Black Hills ~ 与拉科塔人拒绝出售黑山，113-14，126-27，132-33；and land management ~ 与土地管理，115，152；legal issues in determining the 相关法律问题，117-36；and the Manypenny commission ~ 与曼尼潘尼使团，126-29；and multicultural aspects of ownership ~ 与所有权的多文化性，117-36；and the price/value of the Black Hills ~ 与黑山的价格/价值，113-14，115，124-26，129-33，143-44；and racism ~ 与种族主义，108，110-11，116；and the sacredness of the Black Hills ~ 与黑山的神圣性，136-52；and South Dakotans' attitudes about the Black Hills ~ 与南达科他人对黑山的态度，115-16；and the Supreme Court decisions ~ 与最高法院判决，132；and taking issues ~ 与反对意见，113-14，128-29，130-35，143；and the Treaty of 1868 ~ 与 1868 年条约，108，119-21，123，125，126，128，129，143；and Wounded Knee ~ 与伍德尼，108，109，113；and the Yellow Thunder camp ~ 与"黄色雷霆"营地，108-9，110，

283

111-13，117，151，152

Black Hills Steering Committee 黑山指导委员会，114，151

Blackmun，Harry 哈利·布莱克曼，132

Blacks 黑人，4，12，61

Black Wolf Squadron 黑狼中队，167

Blue Mesa Dam 蓝石山大坝，70

Boorstin，Daniel 丹尼尔·布尔斯丁，34-35

Boulder Canyon Act (1928) 巨石峡法案（1928），67

Box，Thaddis 萨德斯·鲍克斯，49，50

Bradley (Bill) proposal（比尔）布莱德利的提议，114-15，116，117，135，136，148

Breaking New Ground (Pinchot)《开拓新土地》（平肖），180

Brennan，John R. 约翰·R. 布伦南，143

British Petroleum 英国石油，187-88，190-91，199，200-201，216

Broome，Harvey 哈维·布鲁姆，169-70

Brown，Dee 迪·布朗，11

Bud Antle，Inc. 安特尔·巴德公司，72

Buffalo 野牛，41，45-46，242，245

Buffalo National Grassland 野牛国家草场，115

Bureau of Biological Survey 生物调查局，46，165-67

Bureau of Indian Affairs 印第安事务局，112，113，114，129

Bureau of Land Management 土地管理局，15，44，50，116，152，186，192

Bureau of Reclamation 垦务局，15，56，65，69-70，72-73，76，77

Bury My Heart at Wounded Knee (Brown)《心埋伍德尼》（布朗），11

Byrd，Harry 哈利·伯德，207

Byrd，Robert 罗伯特·伯德，207

C

California 加利福尼亚，29，31，53-63，183，184，229，234

California Aqueduct 加利福尼亚水渠，70

Canada 加拿大: and the Alaska pipeline ~ 与阿拉斯加管道，196-97，198，199，
    200，201-5，208；environmental concerns in ~ 的环境关注，201-5，210；
    fishing in ~ 的捕鱼活动，197，198；nationalism in ~ 的民族主义，205；and
    the Northern Tier ~ 与北部地带，226-27；wildlife in ~ 的野生动物，197

Capitalism 资本主义: and the Black Hills ~ 与黑山，111；and conquest ~ 与征服，
    250，251；and the end of history ~ 与历史的终结，239；and the environment ~ 与
    环境，13-15，29-30，40；and the hydraulic society ~ 与水利社会，29-30，58-
    59；and identity ~ 与归属感，229，230；and ranching history ~ 与牧业史，
    40；and revisionist history ~ 与修正史学，13-15；and the Western Paradox ~ 与
    西部困境，86-92

Carter (Jimmy) administration （吉米）卡特当局，132

Cather, Willa 维拉·凯瑟，102，240

Cattle drovers 赶牛去市场的人，牛贩子，35

Central Valley (Calif.) （加州）中央谷地，29，58，62

Chamber of Commerce 商会，9-10

Chance, Norman 诺曼·钱斯，162，163，175

Cherokee Indians 彻罗基印第安人，148

Cheyenne Indians 沙伊安印第安人，121，128

Chinese labor 中国劳工，61

Chrétien, Jean 让·克雷蒂安，202

Church, Frank 弗兰克·彻奇，207

Cicchetti, Charles 查尔斯·西切提，201

Cimarron National Grassland 希马隆国家草场，240-41，244-46，252

Citizenship issue (Black Hills issues) 公民身份问题（黑山问题），132-34

Civil War 内战，234

Clark, William 威廉·克拉克，83

Class conflict 阶级冲突，54

Cleveland, Grover 格罗夫·克利夫兰，114-15

Coal 煤炭: in Alaska 阿拉斯加的 ~，157-60，173，176-79，181，183-84；in the

Black Hills 黑山的 ~，110；and leasing land ~ 与土地出租，183-84；and the withdrawal of public land ~ 与收回公地，185

Coast Guard 海岸警卫队，195，223

Colorado 科罗拉多，29，46，75，98-99，104

Colorado River Basin Salinity Control Act (1974) 科罗拉多河流域盐分控制法案，76

Colorado River Board of California 加州科罗拉多河委员会，76

Colorado River 科罗拉多河. 见 Hoover Dam 胡佛大坝

The Commerce of the Prairies (Gregg)《大草原贸易》（格雷格），3

Communal ownership 公有制，39-40，41-42，46，234

Community，sense of 社区感受，乡情，90-91，102

Conquest 征服：and adaptation ~ 与适应，248-53；and agriculture ~ 与农业，246，249-50；and capitalism ~ 与资本主义，250，251；and the conque-ror ~ 与征服者，248-51；cycles of ~ 的循环，248；and dams/irrigation ~ 与水坝／灌溉，248，250；and the domination of nature ~ 与控制自然，241-54；and freedom ~ 与自由，242，251；and the frontier society ~ 与边疆社会，3-4，242-44；and ghost towns/civilizations ~ 与鬼城／文明，246-48；and growth ~ 与增长，243；and identity ~ 与归属感，231；and indigenous peoples ~ 与土著人，242，245，248-49；and power ~ 与权力，247-48；and progress ~ 与进步，247-48；and technology ~ 与技术，241-43，249，250，252；and the Western Paradox ~ 与西　　284 部困境，87-89；and wildlife ~ 与野生动物，245

Conservation，definition of 自然保护定义，180

Consumers 消费者，81，221

Copper 铜，160

Corporations，competency/credibility of 企业能力／信誉，181，182，210-12

Cowboy myth 牛仔神话：and the cowboy as an institution ~ 与作为体制的牛仔，41；and a cowboy proletariat ~ 与牛仔无产阶级，36；fiction about the 有关该题材的小说，79-81；as a new figure in long tradition 老传统，新形象，40-41；and pastoralism ~ 与畜牧业，37-40，51-52；prevalence of the ~ 的流行，34；and property rights ~ 与财产权，36-37；and revisionist history ~ 与修正史学，51-

52；and the West as a region ~与作为区域的西部，28-29

Cranston，Alan 艾伦·克兰斯顿，207

Crawford Dam 克劳渡大坝，70

Crazy Horse (Lakota Indian) 疯马（拉科塔印第安人），4，126

Croft，Chancy 钱斯·克罗夫特，205-6

Crowe，Francis 弗兰西斯·克劳，70

Crow Indians 克劳印第安人，121

Crystal Dam 水晶大坝，70

Cunningham，Clarence 克莱伦斯·卡宁汉姆，176-79，185

Custer，George 乔治·卡斯特，121-22，126，127

D

Daley，Richard 理查德·戴利，188

Dall，William 威廉·道尔，158

Dams，and conquest 大坝与征服，248，250

Daschle，Tom 汤姆·达切尔，109

Davis，Arthur Powell 阿瑟·鲍威尔·戴维斯，69-70

Dawes Act (1887) 道威斯法案，143

Democracy 民主，43，57，59

Depression 萧条，61，103，168

Descartes，René 勒内·笛卡尔，241-42

De Voto，Bernard 伯纳德·德沃特，228-29

Dobie，J. Frank 弗兰克·J. 多比，93-94

Dole，Robert 罗伯特·多尔，207

Domination 控制：and the Hoover Dam ~与胡佛大坝，64-78；and the hydraulic society ~与水利社会，55-63，246；and identity ~与归属感，236-37；and power ~与权力，73，74-75；and technology ~与技术，87-89；as temporary/lasting 暂时的/持久的~，246-54；and the Western Paradox ~与西部困境，87-89

Dominici，Pete 皮特·多米尼西，207

Doughty，Robin 罗宾·道蒂，45

Dust Bowl 沙尘暴，沙暴，46，94-105，241

E

Eastland，James 詹姆斯·伊斯特兰，207

Economic growth thesis，and revisionist history 经济增长命题与修正史学，8-11，12，13-15

Economics (discipline) 经济学（学科），222-23

Economy 经济：fossil-fuel 化石燃料 ~，164，174，175-79；global 全球 ~，99，250-51；laissez-faire 自由放任 ~，51，222-23；market-place 市场 ~，58-59；and regional history ~ 与区域史，26-27

The Education of Henry Adams (Adams)《亨利·亚当斯的教育》（亚当斯），65-66

Egan，William 威廉·伊根，186，187，206

Eielsen，Carl Ben 卡尔·本·埃尔森，167

Eisenhower (Dwight D.) administration，and Alaska（德怀特·D）艾森豪威尔当局与阿拉斯加，185

EIS (Environmental Impact Statement) 环境影响声明，191-96，197

Election of 1968 1968 年大选，188

Eliade，Mircea 默西亚·伊利亚德，138，139，141，142

Elk Hills reserve 驼鹿山保护地，184

Eminent domain，and the Black Hills（政府对私有财产的）征用权与黑山，113-14，130-35，143，152

The End of Nature (McKibben)《自然的终结》（麦克基本），238-39

Entrepreneurs 企业家：characteristics of, on the Great Plains 大平原上的 ~ 的特点，101-3；and the cowboy myth ~ 与牛仔神话，34-35；and economic individualism ~ 与经济个人主义，102；and the Great Plains ~ 与大平原，101-5；and the hydraulic society ~ 与水利社会，54，57-62；and ranching history ~ 与牧业史，40-52；and risk ~ 与风险，102-3；and the Western Paradox ~ 与西部困境，86-92

Environmental concerns 环境关注：and agriculture ~ 与农业，98-105；in Alaska 阿

拉斯加的 ~，179，192-95，197-200，207，210-11，212-24；and the Alaska pipeline ~ 与阿拉斯加管道，192-95，197，198-200，201-5，207，210；and the Black Hills ~ 与黑山，109-10；and Canada ~ 与加拿大，201-5，210；and capitalism ~ 与资本主义，13-15；carelessness in dealing with 对待环境问题的疏忽大意，220-24；and distancing from nature ~ 与自然隔离，221-22，244；and EISs ~ 与环境影响声明，191-96，197；and the frontier society ~ 与边疆社会，97-98；government role in 政府角色，14，46-50，97-98，182，211-12；and the Great Plains ~ 与大平原，97-105；legislation about 相关立法，191-92；and pastoralism ~ 与畜牧业，37-39；and pollution ~ 与污染，181，211；and the privatization of public land ~ 与公共土地的私有化，42-44；and the Progressives ~ 与进步党成员，97-98；and ranching history ~ 与牧业史，42-50；and regulation ~ 与规范、限制，223-24；and revisionist history ~ 与修正史学，13-15；and sacred lands ~ 与神圣土地，150-51；and self-image ~ 与自我形象，221-24；and technology ~ 与技术，99-100，220-24

Environmental Defense Fund 环境防卫基金，191-92

Environmental history 环境史，238-40，251-52

Environmental Impact Statement 环境影响声明．见 EIS

Environmental Protection Agency 环境保护局，211

Erdoes，Richard 理查德·厄多斯，84，85

Ervin，Sam 山姆·欧文，207

Eskimos 爱斯基摩人．见 Inupiat people 伊努皮亚特人

Ethnic history 族裔史，231-32

285   Ethnicity 族裔．见 Indigenous peoples/ethnicity 土著人 / 族裔

Exxon Corporation 埃克森公司，110，187，212-29，220，221

Exxon Valdez oil spill 埃克森 - 瓦尔迪兹石油泄漏，212-19，221，223

F

Factories in the Field (McWilliams)《田野工厂》（麦克威廉斯，53-54）

Fairbanks North Star Borough 费尔班克斯北极星区，173-73

Fall，Albert 艾尔波特·福尔，184

Fast Bear (Lakota Indian) 快熊（拉科塔印第安人），124

Fencing 围栏，249-50

Fiction，about the West 关于西部的小说，79-81，236，237，343

Fifth Amendment 宪法第五修正案，130

Filipino labor 菲律宾劳工，61

Finch，J. Kip 吉普·J.芬奇，73

Fisher，Joseph 约瑟夫·费歇尔，189

Fishing 捕鱼，157，162，196，197，198，211，217，219

Flaming Gorge Dam 火焰峡大坝，70

Fools Crow，Frank 弗兰克·傻子·克劳，108

Forest and Rangeland Resources Planning Act (1974) 森林与牧场资源规划法案，49

Forest Service，U.S. 美国林业局：and the Black Hills ~ 与黑山，109，112，114，116，152；and environmental concerns ~ 与环境关注，46-49；and government competency ~ 与政府能力，182；and the Great Plains ~ 与大平原，241；leasing of land by the ~ 的土地出租，241；and ranching history ~ 与牧业史，44，46-49，50

Fossil-fuel economy 化石燃料经济，164，174，175-79

Fossil fuel 化石燃料．见 Coal 煤炭；Fossil-fuel economy 化石燃料经济；Oil 石油

Fourth of July celebrations 独立日庆祝活动，227-28

Frankfurter，Felix 菲利克斯·法兰克福特，25，27

Frazier，Ian 伊恩·弗雷泽，4-5

Freedom 自由：and abundance ~ 与富饶，79-92；and conquest ~ 与征服，242，251；and the frontier society ~ 与边疆社会，4，8；and the Great Plains ~ 与大平原，102；and identity ~ 与归属感，233-34；and oil ~ 与石油，224；and ownership ~ 与所有权，233-34；and ranching history ~ 与牧业史，36，44；and technology ~ 与技术，79-92，221；and the Western Para-dox ~ 与西部困境，79-92

Friedlander，Isaac 艾萨克·弗里德兰德尔，59

Friends of the Earth "地球之友"，111，191-92

Frontier society 边疆社会，4，8，97-98，100，103，242-44

Frontier thesis 边疆命题，边疆理论. 见 Turner thesis 特纳命题，特纳理论

Fruit Growers' Exchange "果农交易会"，60

Frying Pan-Arkansas Dam 煎锅阿肯色大坝，70

Fukuyama Francis 弗兰西斯·福山，239

The Future of the Great Plains (Gray) 《大平原的未来》（格雷），103

G

Gall (Lakota Indian) 伤痕（拉科塔印第安人），126

Gannett，Henry 亨利·加内特，157，158

Garden myth 花园神话. 见 Agrarian myth 农业神话

Gates of the Arctic National Park and Preserve

    北极门国家公园与保护地，170

Geertz，Clifford 克利福德·吉尔兹，33

General Land Office 土地总署，178-79

Geography，and identity 地理与归属感，235

Geological Survey，U.S. 美国地质勘察局，155 Ghost civilizations 幽灵文明，248

Ghost Dance movement 招魂舞运动，145

Ghost farms 幽灵农场，246

Ghost towns 鬼城，247

Glacier National Park 冰川国家公园，4

Glavis，Louis 路易斯·格拉维斯，179

Glen Canyon Dam 格伦峡谷大坝，70-71

Glidden，Lucinda and Joseph 露辛达与约瑟夫·格利登夫妇，249-50

Global economy 全球经济，99，250-51

Global warming 全球气候变暖，212，238

Gold 金子，122-23，124，125，127，155，157，235

Goldwater，Barry 巴利·戈德华特，207

Goodnight，Charles 查尔斯·古德奈特，35

Government 政府：competency of ~ 的能力，182，212；and environmental concerns ~ 与环境关注，14，46-50，97-98，182，211-12；and the Great Plains ~ 与大平原，102-3，104；and the hydraulic society ~ 与水利社会，30-31，56-63；and identity ~ 与归属感，229；Indians as wards of the ~ 监护下的印第安人，129-30；and the oil industry ~ 与石油业，190-91；and regional history ~ 与区域史，25-26；and technology ~ 与技术，221

Grand Valley (Colo.) 大峡谷（科罗拉多），75

Grant (Ulysses S.) administration 格兰特·尤利西斯当局，126，127，128

The Grapes of Wrath (Steinbeck)《愤怒的葡萄》（斯坦贝克），31，53-54，57

Gravel，Mike 麦克·格拉威尔，198-99，207

Gray，Lewis Cecil 刘易斯·塞西尔·格雷，103

Great Basin 大盆地，46

Great Plains 大平原：and agriculture ~ 与农业，98-105；and the Cimarron National Grassland ~ 与希马隆国家草场，240-41，244-46，252；economic individualism on the ~ 上的经济个人主义，102；and entrepreneurs ~ 与企业家，101-5；and environmental concerns ~ 与环境关注，97-1-5；fencing of the ~ 的围栏，249-50；and the government ~ 与政府，102-3，104；and the Great Plow-up ~ 与大翻耕，98-99，100-101；and the hydraulic society ~ 与水利社会，30；and identity ~ 与归属感，228；and Indians ~ 与印第安人，240，248；and the international market ~ 与国际市场，99；leasing of land on the ~ 上的土地出租，241；and the Progressives ~ 进步党成员，97-98；and the secrets of nature ~ 与自然的秘密，240-41，244-46，248；spiritual power of the ~ 的精神力量，102；and wildlife ~ 与野生动物，240，241

Great Plains (Frazier)《大平原》（弗雷泽），4-5

Great Plow-up 大翻耕，98-99，100-101

Great Valley (Calif.) 大峡谷（加州），59

Greenpeace 绿色和平，111

Gregg，Josiah 乔赛亚·格雷格，3-4

Grey，Zane 泽恩·格雷，343

286

Growth 增长，31，229，243

Gruening，Ernest 欧内斯特·格鲁宁，185

Guggenheim family 古根海姆家族，160，177

Gulf Corporation 海湾公司，110

Guthrie，A. B.，Jr.A.B. 小格斯里，83-84

H

Haggin，James 詹姆斯·哈根，59

Hanson，J. B.J.B. 汉森，119

Harding (Warren G.) administration（华伦 G）哈定当局，160，184

Harney Peak 哈尼峰，146-47，150

Harriman (E. H.) expedition 哈里曼考察，157，164-65

Hartz，Louis 路易斯·哈兹，233

Hatfield，Mark 马克·哈特菲尔德，207

Hathaway，William 威廉·哈萨威，207

Havelock，John 约翰·哈夫洛克，206

Hawaii 夏威夷，20

Hays，Samuel 塞缪尔·海斯，97-98

Hazelwood，Joseph J. 约瑟夫·J.海兹伍德，213-15，218

Headgate Rock Diversion Dam 前门石分水大坝，70

Hearst，George 乔治·赫斯特，123

Das Heilige (Otto)《神圣》（奥托），138

Helms，Jesse 杰西·赫尔姆斯，207

Hickel，Walter 沃尔特·希克尔，186，187，191-92

Hill，James J. 小詹姆斯 J. 希尔，225，226，229

Hinterland 内陆，后方，225-26

Hispanics 讲西班牙语的人，12，26，61，72

Historians and the American West (Malone)《史学家与美国西部》（马龙），24

History 历史：as cultural analysis 作为文化分析的 ~，17；cycles of ~ 的循环，

248；end of ~ 的终结 239-40；ethnic 族裔 ~，131-32；and identity ~ 与归属感，230-37；inner cultural 内在文化 ~，230-37；local 地方 ~，230，252-53；objectivity/subjectivity of ~ 的客观性／主观性，16-17；plantation 种植园 ~，34；regional 区域 ~，8，19-28，230-37；and the responsibility of historians 史学家的责任，244

A History of the Westward Movement (Merk)《西进运动史》（默克），20-21

Hofstadter，Richard 理查德·霍夫斯塔特，7-8，10

Hohokam Indians 霍霍坎印第安人，29

Homestake Mining Company 霍姆斯泰克矿业公司，135

Homesteading 按宅地法定居，42

Hoover，Herbert 赫伯特·胡佛，43

Hoover Dam 胡佛大坝：and agriculture ~ 与农业，69，70，72，75-77；benefits of ~ 的益处，71-72；and the Bureau of Reclamation ~ 与垦务局，69-70；and the domination of nature ~ 与控制自然，64-78；and irrigation ~ 与灌溉，69，75-77；majestic nature of ~ 的雄伟，64-65，77；political lessons of ~ 的政治教训，73-74；and power ~ 与权力，71-72，73-75；and progress ~ 与进步，73-74；and salinity buildup ~ 与盐分累积，75-77；and the Six Companies ~ 与六大公司，70；as a symbol of modernity ~ 作为现代象征，65-66；and technology ~ 与技术，65-78；tourism at ~ 的旅游业，65

Horgan，Paul 保罗·霍根，4

Horkheimer，Max 麦克斯·霍克海默，71，73-74

Howard，Joseph Kinsey 约瑟夫·金赛·霍华德，228-29

Howard，W. C. 霍华德，157

Human omnipotence 无所不在的人类，93-105，222，239

Humble Oil Corporation 汉贝尔石油公司，187，190-91

Humphrey，Hubert 休伯特·汉弗莱，207

Hunting 狩猎，46，120，166-67，174-75，211

Hydraulic society 水利社会：and agriculture ~ 与农业，56-63，69，70，72，76；in ancient history 古代的 ~，55，58，62-63；in California 加州的 ~，53-63；

and capitalism/market-place economy ~ 与资本主义 / 市场经济, 29-30, 58-59; and class conflict ~ 与阶级冲突, 54; and conquest ~ 与征服, 248, 250; and democracy ~ 与民主, 57, 59; and a diversion plateau ~ 与引水极限, 57-62; and domination ~ 与控制, 55-63, 246; and entreprene-urs ~ 与企业家, 54, 57-62; and the government ~ 与政府, 30-31, 56-62; and growth ~ 与增长, 31; and identity ~ 与归属感, 230; and indigenous peoples ~ 与土著人, 29; and the infrastructure trap ~ 与基础设施陷阱, 57-63; and irrigation districts ~ 与灌溉区, 59-60; and labor ~ 与劳工, 55, 61; and marketing cooperatives ~ 与销售合作社, 60-61; and migrants ~ 与移民, 31, 53-55, 61; multicultural aspects of the ~ 的多元文化角度, 61; origins of the ~ 的起源, 29; and pastoralism ~ 与畜牧业, 230; politics in the ~ 中的政治, 60-61; and power/hierarchy ~ 与权力 / 等级制, 31, 57-63; processes in the development of a ~ 的发展过程, 57-62; professionalism in the ~ 的专业化, 60; and revisionist history ~ 与修正史学, 30-31; and rural proletariat ~ 与乡村无产阶级, 54; significance of the ~ 的重要性, 31-32; and technology ~ 与技术, 29-30, 32; and the West as a region ~ 与作为区域的西部, 28, 29-30

I

Idaho 爱达荷, 225, 229, 234

Identity 归属感, 认同, 身份特征: and abundance ~ 与富饶, 227-28, 235; and capitalism ~ 与资本主义, 229, 230; and conquest ~ 与征服, 231; continuing search for ~ 的不断探寻, 229; and domination ~ 与控制, 236-37; and ecology ~ 与生态学, 230; and economic growth issues ~ 与经济增长问题, 229; and ethnic history ~ 与族裔史, 231-32; and fiction ~ 与小说, 236, 237; and Fourth of July celebrations ~ 与独立日庆祝活动, 227-28; and freedom ~ 与自由, 233-34; and geography ~ 与地理, 235; government role in search for ~ 寻找归属感过程中政府的角色, 229; and the Great Plains ~ 与大平原, 228; and history ~ 与历史, 230-37; and humility/accommodation ~ 与谦卑 / 顺应, 236-37; and the hydraulic society ~ 与水利社会 230; and Indians ~ 与印第安人, 231; and

287

inner cultural history ~与内在文化史，230-37；and land ~与土地，233-37；and license plates ~与汽车牌照，235-36；and materialism ~与物质主义，230-31；and minorities ~与少数民族，231；multicultural aspects of ~与多元文化视角，231-32；and naming ~与命名，227；and nationalism ~与民族主义，227-28，229；and ownership ~与所有权，233-34；and pastoralism ~与畜牧业，230；and populism ~与平民主义，228-29；and power ~与权力 229；process of forging an ~的塑造过程，230；and racism ~与种族主义，231；and regional history ~与区域史，230-37；search for a regional 寻找区域~，231-32；and the West as a colony ~与作为殖民地的西部

Imitation/innovation，and regional history 模仿/创新与区域史，25-26

Imperial Dam 帝国大坝，70，76

Imperial Irrigation District 帝国灌溉区，76

Imperial Valley (Calif.) 帝国谷（加州），60，69，72，76

Indian Claims Commission 印第安财产索赔委员会，113-14，130-32，133，147

Indian Freedom of Religion Act (1978) 印第安宗教自由法案 (1978)，108

Indians 印第安人：in Alaska 阿拉斯加的~，160，166；and conquest ~与征服，248，249；and the Great Plains ~与大平原，240，248；and identity ~与归属感，231；and inner cultural history ~与内在文化史，231；and nature ~与自然，244，245，248；and regional history ~与区域史，26；restoration of lands to 将土地归还给~，147-8；and revisionist history ~与修正史学，4，12；as victims ~作为受害者，110

Indigenous peoples/ethnicity 土著人/族裔文化：and Alaska ~与阿拉斯加，160-66，171，174-75；and conquest ~与征服，242，245，248-49；and the hydraulic society ~与水利社会，29，61；and regional history ~与区域史，26；and revisionist history ~与修正史学，4，12-13

Individualism 个人主义，28，79-92

Industrialization，and Alaska 工业化与阿拉斯加，168-70，171-72，209-10

Infrastructure trap 基础设施陷阱，57-63

Inner cultural history 内在文化史，230-37

Inouye，Daniel 丹尼尔·伊努耶，207

Intellectuals 知识分子，17

Interior，U.S. Department of the 美国内务部，177-79，185，186，192，210

International market 国际市场，99，250-51

Inupiat people 伊努皮亚特人，160-66，174-75，223-24

Iran 伊朗，38

Iraq 伊拉克，63

Ironshell (Lakota Indian) 铁壳（拉科塔印第安人），119

Irrigation 灌溉：and conquest ～与征服，246，248，250；and Hoover Dam ～与胡佛
    大坝，69，75-77；and identity ～与归属感，230；and importance of ～与重要
    性，54-55；and irrigation districts ～与灌溉区，59-60；and revisionist history ～与
    修正史学，15；and salinity buildup ～与盐分累积，75-77；and the Western
    Paradox ～与西部困境，88；and the West as a region ～与作为区域的西部，28

J

Jackson，Henry M 亨利·M. 杰克逊，198-200，201，207，208

Jacobson，Michael 麦克尔·杰克布森，175

Janklow，William 威廉·简克罗，115-16

Japan 日本，190，197，200

Japanese-Americans 日本裔美国人，12，61

Jefferson，Thomas 托马斯·杰斐逊，83

Jewell Cave National Monument 宝石洞国家纪念地，115

Joes Valley Dam 乔斯谷大坝，70

Joint Pipeline Impact Commission 管道影响联合委员会，205-6

Jones，W. Alton 埃尔顿·W. 琼斯，185

K

Kansas 堪萨斯，98-99，100，246

Kansas Historical Quarterly《堪萨斯历史季刊》，95

Kenai National Moose Range 科奈国家驼鹿场

Kennecott mines 科奈科特矿，160

Kennedy，Teddy 泰迪·肯尼迪，207

Kerr-McGee Oil Corporation 科-麦基石油公司，110，184-85

Kessler，Edward 爱德华·凯斯勒，96

Kiowa Indians 基奥瓦印第安人，121，248

L

Labor 劳工：and agriculture ~与农业，72；and the cowboy myth ~与牛仔神话，35-
　　36；Hispanic ~与西班牙裔的，72；and the hydraulic society ~与水利社会，
　　55，61；multicultural 多元文化的 ~，35-36，61

Ladurie，Emmanuel Le Roy 以马内利·勒·罗伊·拉杜利，33

Laguna Dam 拉古纳大坝，70

Laissez-faire commons 自由放任的公地，41-42，46

Laissez-faire economics 自由放任经济学，51，222-23

Lake Mead 米德湖．见 Hoover Dam 胡佛大坝

Lakota Indians 拉科塔印第安人：aid to the 给 ~的救济，120-21，125-26，127，129-
　　30，131-32，143；bison robe of the ~的野牛皮衣，149-50；culture of the ~的文化，
　　111-12，114，120-21，148-49，151-53；oral history of the ~的口述史，148-
　　49；origins of the ~的起源，121；poverty of the ~的贫困，112-13，116，125-
　　26，127，143，144；and religion ~与宗教，136-52；and the reservation ~与保
　　留地，112-13，114，115，116，119-20，126，128，129，131；as a symbol for
　　other Indians ~作为其他印第安人的象征，107-8；as wards of the government
　　~作为受政府监护的人，129-30

Lamar，Howard 霍华德·拉马尔，26

Lame Deer，*Seeker of Visions* (Erdoes)《瘸鹿：追寻神圣景象的人》（厄多斯），84

Land ownership/management 土地所有权/管理：in Alaska 阿拉斯加的 ~，182-83；
　　and the Black Hills ~与黑山，115，152；communal 公有的 ~，39-40，41-
　　42，46；and environmental concerns ~与环境关注，46-50，211-12；and the

oil industry ~ 与石油业，211-12；and pastoralism ~ 与畜牧业，39-40，44-45；Pinchot's views of 平肖的 ~ 观点，180-82

Land of the Spotted Eagle (Standing Bear) 《斑鹰的土地》（立熊），149

Land Utilization Division (U.S.D.A.) 土地利用司（美国农业部），241

288   Laramie Treaty (1868) 拉勒米条约（1868），108，119-20，123，125，126，128，129，143

Las Vegas，Nevada 内华达州拉斯维加斯，68

Lawrence，A. G.. 劳伦斯，125

Leasing land 土地出租：in Alaska 阿拉斯加的 ~，183-85，186，187-88，189，210，219，and coal ~ 与煤炭，183-84；and the Great Plains ~ 与大平原，241；legislation concerning 相关立法，183-85；and oil ~ 与石油，184-85，186，187-88，189，210，219

Leffingwell，Ernest 厄内斯特·莱芬威尔，158，159，164

The Legacy of Conquest (Limerick) 《征服的遗产》（利默里克），231

Lemon Dam 柠檬大坝，70

Leopold，Aldo 奥尔多·利奥波德，169-70

Levy，Jerrold 杰罗德·列维，245

Lewis，Meriwether 麦里维泽·刘易斯，83

License plates 汽车牌照，235-36

Limerick，Patricia Nelson 帕特里夏·纳尔逊·利默里克，231，232

Little Bear (Lakota Indian) 小熊（拉科塔印第安人），124，143

Little Wolf (Lakota Indian) 小狼（拉科塔印第安人），124

Livestock associations 各种牲畜饲养协会，15

Local history 地方史，230，252-53

Locke，John 约翰·洛克，233，234，241-42

Lockean imperative 洛克法则，233，234

The Log of a Cowboy (Adams) 《牛仔日记》（亚当斯），28

Loring，Michael 迈克尔·罗琳，50

Log Angeles，California 加州洛杉矶

Love，David 戴维·洛夫，236

Lumber industry 木材业，183

M

McCoy，Joseph 约瑟夫·麦卡伊，35

Macdonald，Donald 唐纳德·麦克唐纳，203

McHugh，Tom 汤姆·麦克休，46

MacKay，Douglas 道格拉斯·麦克基，185

MacKaye，Benton 本顿·麦克基，169-70

McKibben，Bill 比尔·麦克基本，238-39，241，244，245，250

McNalley，Chester 切斯特·麦克纳里，186

McPhee，John 约翰·麦克菲，172，236

McWilliams，Carey 凯里·麦克威廉斯，53-55

Maladaption 不适应，94-105

Malin，James 詹姆斯·马林，94，95，96-97，98，102，103，104

Malone，Michael 迈克尔·马龙，24

Man Afraid of His Horse (Lakota Indian) 惧马男子（拉科塔印第安人），119

Mandan Indians 曼丹印第安人，121

Manypenny commission 曼尼潘尼使团，126-29

Marketing cooperatives 销售合作社，60-61

Market-place economy 市场经济，58-59

Marshall，Bob 鲍勃·马歇尔，168-70

Marshall，John 约翰·马歇尔，129

Martin，E. W. 马丁，143

Marx，Karl 卡尔·马克思，54，86-87，241-42

Materialism，and identity 物质主义与归属感，230-31

Means，Bill 比尔·米恩斯，108

Means，Russell 罗素·米恩斯，108，109，110，111

Means，Ted 泰德·米恩斯，109

Meeks Cabin Dam 米克斯小屋大坝，70

Melcher，John 约翰·麦尔切尔，198-99，207

Merk，Frederick 弗雷德里克·默克，20-21，27

Mexicans. 墨西哥人，见 Hispanics 讲西班牙语的人

Mexico 墨西哥，75-76

Mickelson，George 乔治·麦克逊，115-16

Migrants 移民，31，53-55，61

Mikkelsen，Einar 埃纳尔·麦克逊，158

Military-industrial complex 军工集合体，11

Miller，Henry 亨利·米勒，59

Mineral Leasing Act (1920)；矿产出租法，184，197

Minerals 矿产：in Alaska 阿拉斯加的～，155，157-60，183；in the Black Hills 黑山
的～，110，112，115，122-23，124，127，143，152；and the privatization of
public lands ～与公地的私有化，43；and ranching history ～与牧业史，43

Mining，and public land 采矿与公地，176-79

Mining Law (1872) 采矿法，152，184

Minorities 少数民族，11-13，17，133-35，231

Mitchell，Billy 比利·米歇尔，167

Mobil Oil Corporation 莫贝尔石油公司，110，190-91

Mondale，Walter 沃尔特·蒙代尔，200，201，207

Monroe，James 詹姆斯·门罗，118

Montana 蒙大拿，29，41，104，129，225，234

Montana Stockgrowers Association 蒙大拿家畜饲养者协会，104

Morelos Dam 莫尔勒斯大坝，70

Morgan，J. P. J. P. 摩根，177

Mormons 摩门教徒，29

Morrow Point Dam 莫罗角大坝，70

Morton，Rogers 罗杰斯·莫顿，192，197

Mountain pastoralism 高山放牧，39-40

Mount Rushmore 拉什莫尔山，114

Muir，John 约翰·缪尔，14-15，58，164-65

Mulholland，William 威廉·莫霍兰德，69

Mumford，Lewis 刘易斯·芒福德，63

Murie，Adolph 阿道夫·穆里，166

Murie，Olaus 欧拉斯·穆里，165-67

Muskie，Edmund 埃德蒙·马斯基，207

Mutually Assured Destruction 两败俱伤，4-5

Myths，and revisionist history 神话与修正史学，5-16

N

Naming，and identity 命名与归属感，227

Nash，Gerald 杰拉德·纳什，9，10-11，12

Nash，Roderick 罗德里克·纳什，165

National Environmental Protection Act (1969) 国家环境保护法，191-92，198，207

National Grazing Service 国家放牧局，44

Nationalism 民族主义，8，205，227-28，229

National Livestock Association 全国牲畜业协会，43

National Wool Growers Association 全国羊毛生产者协会，43

Nature 自然：carelessness in dealing with 对待 ~ 的疏忽大意，220-24；definition of　289
　　~ 的定义，244，245；dependency on 依赖 ~，253-54；distancing from 与 ~ 的
　　分离，221-22，244；end of ~ 的终结，238-40，241，244，245；and Indians
　　~ 与印第安人，244，245，248；recuperation of ~ 的恢复，103，217-18；and
　　regional history ~ 与区域史，25；secrets of ~ 的秘密，238-54；and the Western
　　Paradox ~ 与西部困境，79-92；and the West as a region ~ 与作为区域的西部，
　　27-28

Navajo Dam 纳瓦霍大坝，70

Navajo Indians 纳瓦霍印第安人，148

Nebraska 内布拉斯加，98-99

Neihardt, John G. 约翰·G. 内哈特, 145-47

Nelson, E. W. E. W. 纳尔逊, 166

Netting, Robert 罗伯特·奈丁, 39-40

Nevada 内华达, 43, 148

New Deal "新政", 62, 102, 229

Newell, Frederick 弗雷德里克·纽沃尔, 60

New Mexico 新墨西哥, 96, 147

New York Times《纽约时报》, 188, 200-201

Nez Perce Fishing Rights Committee 内兹佩尔塞人渔权委员会, 111

Nicodemus, Kansas 堪萨斯州尼克得莫斯, 4

Nixon (Richard M.) administration（理查德）尼克松当局: and Indian lands ~ 与印第安土地, 147; and the oil industry ~ 与石油业, 188, 191, 192, 196, 197, 198, 200, 202, 203, 207

Nomadic pastoralism 游动畜牧业, 37-39

Nomadism, transhumance. 见 Transhumance nomadism 季节性游牧活动

Norris, Frank 弗兰克·诺里斯, 46-47

North American Review《北美评论》, 88

North Dakota 北达科他州, 128, 225

Northern Tier 北部地带, 北线: as a borderland ~ 作为边界地带, 226-27; definition of ~ 的定义, 225; as a hinterland ~ 作为内陆地带, 225-26; and railroads ~ 与铁路, 225; and the region ~ 与区域, 226-37

North Slope Borough 北坡区, 174

Nunamiut people 努纳米特人, 161-62

Nunn, Sam 萨姆·纳恩, 207

O

Ogallala aquifer 奥格拉拉地下蓄水层, 246

Ohio Oil Company 俄亥俄石油公司, 184-85

Oil, Alaska 阿拉斯加石油: benefits of ~ 的益处, 172-73; discoveries/explorations of ~ 的发现／勘探，158，172-73，184-89；and environmental concerns ~ 与环境关注，197-98，210-11，212-24；and the Exxon Valdez oil spill ~ 与埃克森·瓦尔迪兹石油泄漏，212-19，221，223；and fishing ~ 与捕鱼，211，217，219；and hunting ~ 与狩猎，211；industrial structure needed for ~ 所需工业结构，209-10；and leasing land ~ 与土地出租，184-85，186，187-88，189，210，219；and the nation's interest ~ 与美国利益，203，208-9，218-20；and pollution ~ 与污染，181，211；regulation of ~ 的规范，限制，206；and the Spit and Argue gang ~ 与"唾骂争论帮"，185-86；and statehood ~ 与设州，186-87；transporting of ~ 的运输，189-209；and wilderness areas ~ 与荒野区，198，210-11，219；and wildlife ~ 与野生动物，185，210，211，217-18

Oil industry 石油业：and environmental concerns ~ 与环境关注，197-98；and freedom ~ 与自由，224；and land management ~ 与土地管理，211-12；and the nation's interest ~ 与美国利益，199-200，218-20；and the Nixon administration ~ 与尼克松当局，188，191，192，196，197，198，200，202，203，207；and pollution ~ 与污染，211；and power ~ 与权力，189，198；regulation of the ~ 与规范，223；and technology ~ 与技术，188；and wilderness areas ~ 与荒野区，198

Oil Spills 石油泄漏：and the Alaska pipeline ~ 与阿拉斯加管道，207-08；and EISs ~ 与环境评价声明，194-96；and the Exxon Valdez ~ 与埃克森·瓦尔迪兹号，212-19，221；and fishing ~ 与捕鱼，196；and self-destruction ~ 与自我毁灭，212-24；and technology ~ 与技术，219-20；and tourism ~ 与旅游业，219；and wildlife ~ 与野生动物，217-18

Oklahoma 俄克拉荷马，96，98-99

Ortega y Gasset, José 何塞·奥特加·盖斯特，33

Otto, Rudolph 鲁道夫·奥托，138

Owens Valley (Calif.) 欧文斯河谷（加州），31，68

Ownership 所有制：communal 公有制，39-40，41-42，46，234；and freedom ~ 与自由，233-34；and identity ~ 与归属感，233-37；multicultural aspects of ~ 的多元文化视角，117-36

P

Pacific Consultants 太平洋顾问，49

Packwood，Robert 罗伯特·帕克伍德，207

Paiute Indians 派尤特印第安人，148

Palmer，Elihu 伊莱休·帕默尔，222

Palo Verde Diversion Dam 帕洛威尔第分水大坝，70

Paonia Dam 保尼亚大坝，70

Papago Indians 帕帕戈印第安人，148

Parker，William 威廉·帕克，219

Parker Dam 帕克大坝，70

Pascal，Blaise 布莱斯·帕斯卡，137

Pastoralism 畜牧业：as a capitalism enterprise ~ 作为资本主义企业，45；and the cowboy myth ~ 与牛仔神话，37-40，51-52；and environmental concerns ~ 与环境关注，37-39；and the hydraulic society ~ 与水利社会，230；and identity ~ 与归属感，230；and land ownership/management ~ 与土地所有权 / 管理，39-40，44-45；mountain 山地，39-40；nomadic ~ 游牧，37-39；origins of ~ 的发源，37-38；and ranching history ~ 与牧业史，37-40，44-45，51-52；and the West as a region ~ 与作为区域的西部，28-29

Peasants 农民，55

Pell，Claiborne 克莱伯恩·拜尔，207

Peters，W. J. W. J. 彼得斯，155-57

Petroleum Naval Reserve Number Four (Pet Four) 四号海军石油储备（宠物四号），184，192

Phillips Petroleum Corporation 菲利普斯石油公司，184-85，190-91

290 Pinchot，Gifford 吉福特·平肖，178-83，212

Plantation history 种植园史，34

Pollution，and the oil industry 污染与石油业，181，211

Pomeroy，Earl 厄尔·波姆罗伊，9，25-26，27

Populism 平民主义，21-22，228-29

Powell，John Wesley 约翰·韦斯利·鲍威尔，23，24，28，57，66-67，69，82，252

Power 权力：and conquest ~ 与征服，247-48；and the domination of nature ~ 与控制自然，73，74-75；and fossil-fuel economy ~ 与化石燃料经济，176-79；and Hoover Dam ~ 与胡佛大坝，71-72，73-75；and the hydraulic society ~ 与水利社会，30-31，57-63；and identity ~ 与归属感，229；and the oil industry ~ 与石油业，189，198；and regional history ~ 与区域史，26-27；as religious ~ 宗教权力，74；and revisionist history ~ 与修正史学，15-16；and technology ~ 与技术，65-66，71-72，73-75

Pressler，Larry 拉里·普莱斯勒，116

Price，Hickman 西克曼·普莱斯，99

Prince William Sound 威廉王子湾. 见 Exxon Valdez oil spill 埃克森·瓦尔迪兹号石油泄漏

Process，West as a region or 西部是区域还是过程，19-24，28

Process doctrine 过程论，6，12，16，73-74，247-48

Progressives 进步党成员，97-98，182

Proxmire，William 威廉·普洛克斯迈尔，207

Public land 公共土地：communal ownership of 公有制下的 ~，39-40，41-42，46，234；and minerals/mining ~ 与矿产 / 矿业，43，176-79；privatization of ~ 的私有化，41-50；and ranching history ~ 与牧场史，41-50；withdrawal of ~ 的封闭（不再进入市场），178，185，234

Public Land Law Review Commission 公共土地法评审委员会，49

The Quiet Crisis (Udall)《无声的危机》（尤德尔），210

R

Racism 种族主义，13，108，110-11，116，231

Ranching history 牧业史，牧场史：and capitalism ~ 与资本主义，40；and the cowboy myth ~ 与牛仔神话，34-52；and the definition of a ranch ~ 与牧场定义，37；

and the emergence of ranches ~ 与牧场的出现，40；and entrepreneurs ~ 与企业家，40-52；and environmental concerns ~ 与环境关注，42-5-；and freedom ~ 与自由，44；and hunting ~ 与狩猎，46；and laissez-faire commons ~ 与自由放任的公地，41-42，46；and land ownership/management ~ 与土地所有权 / 管理，41-52；and minerals ~ 与矿产，43；and multicultural labor ~ 与多文化劳工，35-36；and pastoralism ~ 与畜牧业，37-40，44-45，51-52；and the privatization of public land ~ 与工地私有化，41-50；and ranching as a disaster ~ 与牧业灾难，41-42；and the West as a region ~ 与作为区域的西部，34

Rasmusen，Elmer 艾尔默·拉斯姆森，186

The Reader's Encyclopedia of the American West (Lamar)《美国西部读者百科全书》（拉马尔），20

Reagan (Ronald) administration（罗纳德）里根当局，76，104，132；233

Red Cloud (Lakota Indian) 红云（拉科塔印第安人），119，124，126，129-30，131，144，150

Regional history 区域史，地区史，8，19-28，230-37

Rehnquist，William 威廉·雷恩奎斯特，132

Report on the Lands of the Arid Regions of the United States (Powell)《美国干旱区土地报告》（鲍威尔），23

Resettlement Administration "再安置局"，103

Revisionist history 修正史学：and the agrarian myth ~ 与农业神话，6-7，9，13-15；and capitalism ~ 与资本主义，13-15；and the cowboy myth ~ 与牛仔神话，51-52；and the economic growth thesis ~ 与经济增长论，8-11，12，13-15；and environmental concerns ~ 与环境关注，13-15；and government's role in society ~ 与政府的社会角色，14；and the hydraulic society ~ 与水利社会，30-31；and indigenous peoples/minorities ~ 与土著人 / 少数民族，4，11-13，17；multicultural aspects of ~ 的多文化视角，12-13；and myths ~ 与神话，5-16；and power/hierarchy ~ 与权力 / 等级制；15-16 and the "program of new western history" ~ 与"新西部史计划"，17-18；and the progress doctrine ~ 与进步论，6，12，16；and technology ~ 与技术，9，14，15；and the Turner thesis ~ 与特纳命题，7-8，10，12，13-15；

and violence ~ 与暴力，11-12，13；and World War II ~ 与二战，10-11

Richfield Oil Corporation 里奇菲尔德石油公司，185，186，187，188-89，190-91

Rifle Gap Dam 步枪口大坝，70

Right-of-Way Leasing Act (1972) 通行权出租法案，206

Robbins，William 威廉·罗宾斯，26-27，229

Roosevelt，Theodore 西奥多·罗斯福，85，177，178，185，234

Rousseau，Jean-Jacques 让·雅克·卢梭，85

Ruckelshaus，William 威廉·拉克尔舍斯，194

Rural proletariat 乡村无产阶级，54

Russell，Charlie 查理·罗素，41

Russia 俄罗斯，157

S

Sacred lands 神圣土地，圣地：and Black Hills'issues ~ 与黑山问题，136-52；and cultural survival ~ 与文化生存，151-52；and environmentalists ~ 与环保主义者，150-51；and restoration of lands to Indians ~ 与将土地归还给印第安人，147-48

Sagebrush Rebellion 艾草起义，43

Salinity buildup 盐分累积，75-77

San Joaquin and King's River Canal and Irrigation Company 圣华金河与金河运河及灌溉公司，59

San Joaquin Valley (Calif.) 圣华金河谷（加州），59，61，63

Santa Fe，New Mexico 新墨西哥圣菲，3，8

Santayana，George 乔治·桑塔雅那，70

Savery-Pot Hook Dam 西弗里波特河湾大坝，70

Saylor，John 约翰·塞勒，200

Scandinavia 斯堪的纳维亚，182-83

Scarcity 匮乏，贫乏，见 Abundance 富饶

Schrader，Frank C. 弗兰克·C.施雷德，155-57，158，164

Seaton，Fred 弗莱德·西顿，185

Seedskadee Dam 西斯卡迪大坝，70

291 Seiser，Virgil 维吉尔·塞瑟，186

Service，Robert 罗伯特·塞维斯，167

Seton，Ernest Thompson 欧内斯特·汤普森·塞顿，46

Sheepherders 牧羊者，28

Shoshone Indians 肖肖尼印第安人，148

Silver Jack Dam 银杰克大坝，70

Sinclair Oil Corporation 辛克莱尔石油公司，184

Sioux Indians 苏印第安人．见 Black Hills 黑山；Black Hills—ownership of the 黑山所有权；Lakota Indians 拉科塔印第安人

Sioux Nation of Indians v. the United States (1979) "苏族印第安人诉合众国案"，113-14

Sitting Bull (Lakota Indian) 坐牛（拉科塔印第安人），126

Six Companies (Hoover Dam) 六大公司（胡佛大坝），70

The Sixth Grandfather (Neihardt)《第六祖父》（内哈特），145

Smith，Adam 亚当·斯密，87，222，241-42

Smith，Henry Nash 亨利·纳什·史密斯，5，6，9，232

Smythe，William 威廉·史麦斯，57

Soap Park Dam 肥皂公园大坝，70

Social organization，and technology 社会组织与技术，65-66，67，71-78

Sohio (Standard Oil of Ohio) 苏亥俄（俄亥俄标准石油），187-88，200-201

Soil Conservation Service 土壤保持局，241

Solar energy 太阳能，163-64

South America 南美，28，39，73

South Dakota 南达科他州，128，225

South (region) 南方（区域），28，34，234

Spanish-Americans 西班牙裔美国人．见 Hispanics 讲西班牙语的人

Speculation 投机，101-2

Spencer，Robert 罗伯特·斯宾塞，161

Spit and Argue gang "唾骂争论帮"，185-86

Spooner，Brian 布莱恩·斯布纳，37

Spotted Tail (Lakota Indian) 斑点尾（拉科塔印第安人），119，124

Stafford，Robert 罗伯特·斯塔福德，207

Standard Oil of Ohio 俄亥俄标准石油．见 Sohio 苏亥俄

Standing Bear，Luther 卢瑟·立熊，149

Standing Bear (Lakota Indian) 立熊（拉科塔印第安人），146

State historical societies 州历史学会，230

Stegner，Wallace 华莱士·斯泰格纳，237

Steinbeck，John 约翰·斯坦贝克，31，53-55，57

Stevens，Joseph 约瑟夫·史蒂文斯，74

Stevens，Ted 泰德·史蒂文斯，198-99，207

Stevenson，Adlai 艾德莱·史蒂文森，185

Steward，Julian 朱利安·斯图尔德，55

Straus，Michael 迈克尔·斯特劳斯，73

Stuart，Granville 格兰维尔·斯图亚特，41

Suitcase farmers 皮包农民，99-100

Swain，William 威廉·斯温，227-28

Swanson River Unit Number 1 (oil well) 斯万森河第一单位（油井），185

Swift Bear (Lakota Indian) 快熊（拉科塔印第安人），119

Switzerland 瑞士，39-40

Sword，George 乔治·斯沃德，144

T

Taft (William H.) administration，and Alaska（威廉）塔夫脱当局与阿拉斯加，178，179，181

Taking issues，and the Black Hills 质疑黑山问题，113-14，130-35，143，152

Talent，Annie 安妮·塔伦特，122-23

Taos Indians 陶斯印第安人，147

Taylor Grazing Act (1934) 泰勒放牧法，43-44

Teapot Dome reserve 提波特山保护地，184

Technics and Human Development (Mumford) 《技术与人类发展》（芒福德），63

Technology 技术：and abundance ~ 与富饶，86-91；and Alaska ~ 与阿拉斯加，169-70，174-75，221；and conquest ~ 与征服，241-43，249，250，252；and the dust storms ~ 与沙尘暴，97；and environmental concerns ~ 与环境关注，99-100，220-24；fallibility of ~ 的缺陷，75；and freedom ~ 与自由，79-92，221；government's role in development of 政府在 ~ 开发中的作用，221；and Hoover Dam ~ 与胡佛大坝，65-78；hunting 狩猎，174-75；and the hydraulic society ~ 与水利社会，29-30；and the oil industry ~ 与石油业，188，219-20，221；and power ~ 与权力，65-66，71-72，73-75；and revisionist history ~ 与修正史学，14，15；and social organization ~ 与社会组织，65-66，67，71-78；and the Western Paradox ~ 与西部困境，79-92；worship of ~ 崇拜，77

Tennessee 田纳西，148

Tennessee Valley Authority 田纳西河流域管理局，110

Teremiut people 特里米特人，161，162

Texas 得克萨斯，29，40，45，47，96，98-99，100

Third World 第三世界，36

Thoreau，Henry David 亨利·大卫·索罗，84，251

Time (magazine) 《时代周刊》，104

Tobin，G. M. 托宾，228

Tourism 旅游，165，219

Tower，John 约翰·陶尔，207

Transhumance nomadism 季节性游牧活动，39

Treaty of 1868 1868 年条约，108，119-20，123，125，126，128，129，143

Trudeau，Pierre 皮埃尔·特鲁多，202，203，204

Turner，J. H. 特纳，157

Turner (Frederick Jackson) thesis（弗雷德里克·杰克逊）特纳命题：and conquest ~ 与征服，243，248；and the hydraulic society ~ 与水利社会，27，28，30；and progress ~ 与进步，247；and revisionist history ~ 与修正史学，7-8，10，12，13-15，22-23，24，25；and the "West" as a process rather than region ~ 与西部是过程，不是区域，22-23，24

Tyon，Tom 汤姆·泰恩，144

U

Udall，Morris 莫里斯·尤戴尔，200

Udall，Stewart 斯图尔特·尤戴尔，210

Union Carbide Corporation 碳化物联合公司，110

Union of Concerned Scientists 有良知的科学家联盟，111

Union Oil Company of California 加州联合石油公司，184-85，190-91

Uranium 铀，110，112

Urban，H. B. H. B. 乌尔班，100

Utah 犹他，29，50，75，148

Utah Construction Company 犹他建筑公司，70

V

Veblen，Thorstein 索斯坦·维布伦，181

Vegetation，and ranching history 植被与牧业史，46-48，50

Vernal Dam 春季大坝，70

Violence，and revisionist history 暴力与修正史学，11-12，13

The Virginian (Wister)《弗吉尼亚人》（维斯特），28，79-82

Virgin Land (Smith)《处女地》（史密斯），5，6

W

Walker，James R. 詹姆斯·R. 沃克，144-45

Wallerstein，Immanuel 以马内利·华勒斯坦，250-51

Washington (state) 华盛顿州，147，225

Water，in the Black Hills 黑山的水，110

292

Watkins，Ida 伊达·华特金斯，99

Wayburn，Edgar 埃德加·韦伯恩，198

Webb，Walter Prescott 沃尔特·普雷斯科特·韦伯，23-24，28，31，32，33，36，
　　93-94，228，229-30，249-50

Wellton-Mohawk Irrigation and Drainage District (Ariz.) 威尔顿-莫霍克灌溉与排水区
　　（亚利桑那），76

Wentworth，Cynthia 辛西娅·温特沃斯，175

West 西部：as a colony ~ 作为殖民地，229；death of the ~ 之死，21-22；definition
　　of the ~ 的定义，19-24，82；environmental challenges of the ~ 的环境挑战，
　　36；and escapism ~ 与逃避主义，232-33；geography of the ~ 的地理，20；as
　　a laboratory ~ 作为实验室，36；paradoxes about the ~ 困境，79-92，233-34，
　　248；and populism ~ 与平民主义，21-22；as a process/region ~ 作为过程/区域，
　　19-24，28；as regional history ~ 作为区域史，24-28；uniqueness of the ~ 的独
　　特性，32-33

Western Historical Quarterly《西部史季刊》，8，20

Western History Association 西部史学会，8，20

Westinghouse Corporation 威斯汀豪斯公司，110

Westward Expansion：*A History of the American Frontier* (Billington)《向西扩张：美
　　国边疆史》（比灵顿），21-22

Wheat farmers 麦农，98-100，104，241

When the Tree Flowered (Neihardt)《树木开花之际》（内哈特），145

Wien，Noel 诺埃尔·维恩，167-68

Wilderness areas 荒野区：in Alaska 阿拉斯加的 ~，168-70，198，210-11，219；
　　and the Black Hills ~ 与黑山，115；and oil ~ 与石油，198，210-11，219；
　　Stegner's letter about 斯泰格纳关于 ~ 的信，237

Wilderness Society 荒野协会，169-70，191-92，198

Wildlife 野生动物：in Alaska 阿拉斯加的 ~，154-55，158，161-62，197，210，
　　211，217-18；and the Black Hills ~ 与黑山，114-15；in Canada 加拿大的 ~，
　　197；and conquest ~ 与征服，245；and the Great Plains ~ 与大平原，240，241；

and oil ~ 与石油，185，197，210，211，217-18；and ranching history ~ 与牧场史，41，45-46

Wilson (Woodrow) administration 威尔逊（伍德罗）当局，179

Wind Cave National Park 风洞国家公园，115，150

The Winning of Barbara Worth (Wright)《芭芭拉·沃斯的胜利》（莱特），69

Wister，Owen 欧文·维斯特，28，79-82，85

Wittfogel，Karl 卡尔·维特弗格尔，55，56

Workman，John 约翰·沃克曼，50

World War I 一战，98-99

World War II 二战，10-11，29

Wounded Knee 伤膝、伍德尼，108，113，145

Wright Act (1887) 莱特法案，59

Writers 作家，236，237，252-53

Wyoming 怀俄明，46，70，75，129，184，225，236

Y

Yakima Indians 雅基玛印第安人，147

Yard，Robert Sterling 罗伯特·斯特林·雅德，169-70

Yellow Thunder camp "黄色雷霆"营地，108-9，110，111-13，117，151，152

Young，Don 多恩·杨，198

Young，Walker 沃克·杨，61

图书在版编目（CIP）数据

在西部的天空下：美国西部的自然与历史 /（美）沃斯特著；
青山译 . —北京：商务印书馆，2014（2017. 11 重印）
（生态与人译丛）
ISBN 978–7–100–09546–4

Ⅰ . ①在… Ⅱ . ①沃… ②青… Ⅲ . ①环境—历史—美国—
文集 Ⅳ . ① X–097.12

中国版本图书馆 CIP 数据核字（2012）第 232582 号

生态与人译丛
在西部的天空下
美国西部的自然与历史

〔美〕唐纳德·沃斯特 著
青山 译

商 务 印 书 馆 出 版
（北京王府井大街36号 邮政编码 100710）
商 务 印 书 馆 发 行
北 京 冠 中 印 刷 厂 印 刷
ISBN 978 - 7 - 100 - 09546 - 4

2014 年 5 月第 1 版　　　　开本 787×960　1/16
2017 年 11 月北京第 2 次印刷　　印张 24¾
定价：55.00 元